典型层状岩质边坡地质灾害变形分析模型及预警防治

贵州电网有限责任公司输电运行检修分公司
中国电建集团贵州电力设计研究院有限公司 编

中国水利水电出版社
www.waterpub.com.cn
·北京·

内 容 提 要

本书总结了贵州省层状地层分布特点、岩性特点及结构演化特点，建立了层状地层结构演化模型和层状边坡破坏模式的地质力学模型。应用理论分析、数值模拟、工程地质类比等研究方法，对典型层状岩质边坡破坏模式与稳定性分析进行深入探讨。在现有研究的基础上提出了滑坡地质灾害预测预报和预警的新方法。同时以抗滑桩和锚杆为例进行了滑坡防治工程适宜性与优化设计研究。本书研究成果对层状边坡的治理与预警预报工程具有重要的指导意义。

本书可供水利、电力、城市地铁、市政、交通、铁道、矿山工程等建筑领域中从事地质灾害防治和岩土工程方面的设计、施工、研究的科技工作人员参考。

图书在版编目（CIP）数据

典型层状岩质边坡地质灾害变形分析模型及预警防治/贵州电网有限责任公司输电运行检修分公司，中国电建集团贵州电力设计研究院有限公司编. -- 北京 : 中国水利水电出版社，2018.6
ISBN 978-7-5170-6630-9

Ⅰ. ①典… Ⅱ. ①贵… ②中… Ⅲ. ①层状构造－边坡－地质灾害－灾害防治－研究 Ⅳ. ①P694

中国版本图书馆CIP数据核字(2018)第149580号

书　名	**典型层状岩质边坡地质灾害变形分析模型及预警防治** DIANXING CENGZHUANG YANZHI BIANPO DIZHI ZAIHAI BIANXING FENXI MOXING JI YUJING FANGZHI
作　者	贵州电网有限责任公司输电运行检修分公司 中国电建集团贵州电力设计研究院有限公司 编
出版发行	中国水利水电出版社 （北京市海淀区玉渊潭南路1号D座　100038） 网址：www.waterpub.com.cn E-mail：sales@waterpub.com.cn 电话：（010）68367658（营销中心）
经　售	北京科水图书销售中心（零售） 电话：（010）88383994、63202643、68545874 全国各地新华书店和相关出版物销售网点
排　版	中国水利水电出版社微机排版中心
印　刷	北京瑞斯通印务发展有限公司
规　格	184mm×260mm　16开本　13.25印张　314千字
版　次	2018年6月第1版　2018年6月第1次印刷
印　数	0001—1200册
定　价	**65.00元**

凡购买我社图书，如有缺页、倒页、脱页的，本社营销中心负责调换

版权所有・侵权必究

编　委　会

主　编： 虢　韬

副主编： 杨　立　刘　锐　唐锡彬

参　编： 赵　健　李晓春　彭　赤　刘　超　杨明瑞
黄　隆　时　磊　周振峰　王亮清　葛云峰
李雪平　杨建华　甘小迎　张　赟　韦远武
严尔梅　杜万霞　崔　健

前 言

近几年，贵州省正在大力开展基础性建设，许多与岩土体有关的工程，特别是山区线性工程（如输电线路、铁路、公路等），均面临着滑坡灾害的威胁。会文变—渔安变 220kV 线路工程是贵阳市主要的电力线路工程，该线路的 J2 号铁塔位于贵阳市东山回迁安置区附近层状岩质边坡上（以下简称“J2 号铁塔边坡”）。J2 号铁塔边坡为层状切向坡，基岩为二叠系上统吴家坪组（P_2w）灰岩泥岩互层，风化严重，经历过反复的人工扰动及 J2 号铁塔荷载以及风荷载的影响，边坡稳定性受到较大影响，而该边坡失稳将严重威胁贵阳市用电及回迁居民的生命安全。此类威胁较大的潜在不稳定边坡在贵州地区广泛存在，深入开展层状边坡的破坏模式、稳定性评价、预测预报及预警体系以及防治工程等研究具有重要的理论意义与工程应用价值。

为研究典型层状岩质边坡地质灾害变形机理，分析其破坏模型及预警预报机制，本项目在现场踏勘与调研工作的基础上，进行了室内资料的整理与分析工作，完成了贵州省二叠系地层分布及结构演化特征研究、典型层状岩质边坡地质力学模型研究、典型层状岩质边坡稳定性评价、滑坡地质灾害预警预报研究、层状岩质边坡地质灾害防治工程等关键问题研究。

本书总结了贵州省层状地层分布特点、岩性特点及结构演化特点，建立了层状岩层结构演化模型和层状边城破坏模式的地质力学模型。应用理论分析、数值模拟、工程地质类比等研究方法，对典型层状岩质边坡破坏模式与稳定性分析进行深入探讨。在现有研究的基础上提出了滑坡地质灾害预测预报和预警的新方法。同时以抗滑桩和锚杆为例进行了滑坡防治工程适宜性与优化设计研究。本书研究成果对层状边坡的治理与预警预报工程具有重要的指导意义。

本书得到了贵州电网有限责任公司、中国地质大学（武汉）工程学院的大力支持和帮助。他们对研究内容、技术路线、研究方法等提出不少宝贵意见，特向他们表示诚挚的谢意。同时，本书在编写过程中参考和吸收了近年来国内外专家和同行的研究成果，在此一并表示感谢！

限于作者水平和时间有限，书中有疏漏不足之处，敬请读者批评指正。

编者

目 录

第1章 概 述

1.1 背 景

层状岩体是指具有层状结构的沉积岩、副变质岩及火山岩岩体，其中具有层状结构的沉积岩占陆地面积的2/3（占我国陆地面积的77%）。因此，在人类工程活动中将遇到大量的层状岩体稳定问题。层状岩质边坡的破坏与失稳是岩土工程重大灾害之一，如1959年法国Malpaset坝沿软弱夹层发生的边坡失稳事故；1963年意大利北部威尼斯省的瓦伊昂上游近坝库段库岸巨型滑坡导致下游几个市镇近2500人遇难，一直是备受关注的典型地质灾害案例；我国葛洲坝工程虽然历经40多年的反复勘察论证，却仍然在洞群进水口边坡（反向坡）出现了滑塌破坏现象等。虽然层状岩质边坡地质灾害问题多发，但通过对岩质边坡地质灾害的成因、变形规律及预测预报进行深入的研究，可以有效地监测边坡岩体滑移量，减少地质灾害造成的经济损失和人员伤亡。例如长江链子崖危岩体防治监测预警工程，其监测预报工作始终贯穿于危岩体防治的全过程，有效保障了工程治理安全；又如经过9年监测成功预报的长江新滩滑坡，保证了1371人的生命安全。上述事实既说明层状岩质边坡地质灾害的危险性，又表明地质灾害预测预报的重要性和必要性。

目前，贵州省正在大力发展道路、交通、水利电力等基础性建设，随着这些工程活动的展开，不可避免地会导致地质环境条件的改变，形成大量的人工边坡，由此将可能诱发更多的滑坡、崩塌等地质灾害。二叠系地层是贵州省出露最广的地层之一，其出露面积占总面积的30%以上。受沉积相、构造活动等因素影响，二叠系地层具有独特的工程地质特性，如岩性变化差异大、岩溶发育、软弱夹层众多等，所以在二叠系地层内发育有众多的地质灾害；据统计，贵州省发生于石炭（C）、二叠（P）、三叠（T）地层内的滑坡占滑坡总数的97%，崩塌所占比例更高，为97.89%。图1.1为贵州省地质灾害（滑坡、崩塌、地裂缝）发育的各地层所占比例。由图1.1可见，贵州省二叠系地层内发生的地质灾害所占比重最多。因此，需要对二叠系地层分布、岩体结构演化以及力学参数确定方法等进行系统研究，研究成果对贵州省区域地层的研究和地质灾害稳定性评价、预警预报及防治工程具有重要的指导意义。

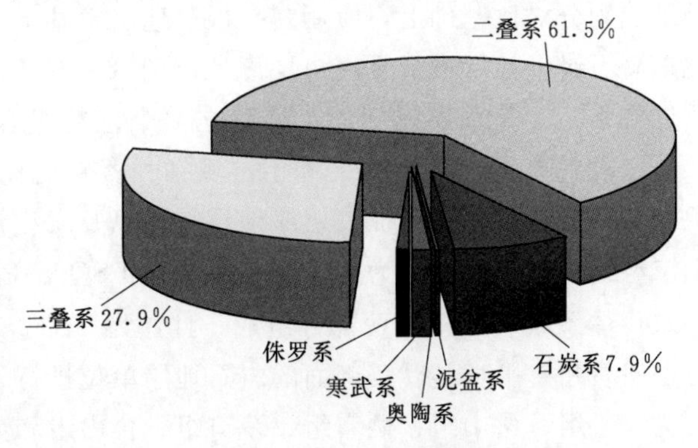

图1.1 贵州省地质灾害发育的各地层所占比例

贵阳市会文变—渔安变220kV线

路工程 J2 号铁塔位于贵阳市中天城投集团东山回迁安置区 E 组团西北侧边坡上，该边坡为层状切向破，基岩为二叠系上统吴家坪组（P_2w）灰岩泥岩互层，风化严重，经历过反复的人工活动扰动，再加上 J2 号铁塔荷载以及风荷载的影响，边坡的变形不仅威胁工农业的用电安全，还会直接威胁安置区居民的生命安全。

基于以上，本书归纳总结贵州省二叠系不同岩性地层的工程地质特征及物理力学参数的确定方法，综合目前对典型层状边坡的变形破坏模式、稳定性评价、预测预报、预警判据以及治理工程的理论研究，选择 J2 号铁塔边坡工程为研究对象，采用理论分析、数值模拟、现场监测等方法，首先建立相应的边坡失稳破坏模型，并分不同工况进行稳定性评价，然后建立典型层状边坡地质灾害预测模型，提出地质灾害综合预警指标体系，进行预警等级划分，最后开展抗滑桩、锚索等防治工程的适宜性与优化设计研究。

1.2　贵州省地层分布及特征

贵州省层序地层的研究是该地层工程地质特征研究的基础，国内学者对贵州省层序地层的研究较为深入。吉汝安[1]、杨瑞东等[2]、王立亭等[3]、董卫平[4]、杨有龙[5]、何树兴[6]分别从不同方面对贵州省不同地质时期的地层展开详细的研究，成果表明该地区地层发育齐全，中、晚元古宙以海相碎屑沉积为主，古生代至晚三叠世中期则是海相碳酸盐岩占优势，晚三叠世晚期之后则全为陆相碎屑沉积。不同沉积环境形成的地层岩性存在很大差异，但均有明显的原生岩层面，可整体划归为层状结构类型岩体，简称“层状岩体”。

1.2.1　贵州省二叠系地层

贵州省二叠系层序地层的研究是该地层工程地质特性研究的基础，前人对贵州省二叠系的层序地层研究较为深入，焦大庆等[7]研究表明，在二叠系中，船山统与下伏石炭系顶部的地层构成 1 个三级沉积层序（SQ_{19}），阳新统包含 4 个三级层序（SQ_{20}～SQ_{23}），乐平统包括 2 个三级层序（SQ_{24}、SQ_{25}）；孟庆芬等[8]通过对贵州省南部典型的二叠系剖面的层序地层研究，共识别出 7 个三级沉积层序，并基于不同相带剖面三级层序的对比建立了贵州省南部二叠系的层序地层格架；林春明等[9]在详细的岩石岩相学、沉积学研究和精细的地层划分对比基础上，应用露头层序地层学基本原理和方法，对贵州省宗地剖面早二叠纪—晚石炭世地层进行了露头层序地层研究；杨逢清等[10]综合研究了贵州省威宁岔河陆相二叠系、三叠系界线剖面，已建立 5 个孢粉组合带，1 个植物化石群，并确定了二叠系、三叠系界线；邹灏等[11]利用区域钻井资料对比层序地层，对贵州省平塘地区中上二叠统长兴组的沉积相特征、层序地层特征以及岩相古地理平面展布进行了综合研究，指出上二叠统长兴组可划分为两个三级层序（PSQ_1、PSQ_2），且均由海侵体系域（TST）与高水位体系域（HST）两部分组成，且皆为 TST＞HST；常晓琳等[12]利用多重地层划分方法对贵州省平塘县甘寨剖面的岩石地层单位进行了清理，将剖面中的二叠系由下至上划分为马平组、梁山组、栖霞组、茅口组、合山组和大隆组。以上众多学者的研究成果为贵州省二叠系层序地层研究奠定了坚实的基础。

1.2.2 贵州省二叠系地层岩性特征

沉积相决定了沉积岩的岩性，不仅能反映沉积岩的特征，还能揭示沉积环境，深入开展沉积相的研究对贵州省二叠系地层中地质体的工程地质特征具有重大意义。王立亭[13]对贵州古地理的演变进行了深入的研究，指出早泥盆系至早二叠系是一个海侵逐渐扩大的时期，早二叠世海侵范围最大，海水遍及贵州全省。在海侵的总背景上，曾出现多次的海侵、海退，表现为沉积间断及凝缩层的多次出现及陆源碎屑沉积与碳酸盐沉积的多次交替。早晚二叠世之交的东吴运动使贵州的岩相古地理格局发生了重大变化，使贵州大部分地区上升成陆，造成上下二叠统的假整合，西部大规模玄武岩喷溢不仅增加了组成沉积物的内容，也为某些矿产的形成提供了物源，川滇古陆的形成，使浅水沉积域成为西高东低的缓坡，南部紫云、望漠、罗甸等地的深水盆地的坳陷进一步加剧，并堆积了巨厚的安山质火山碎屑浊积岩。周国正[14]以贵州省织金矿区 4 个含煤向斜构造单元勘查资料为基础，对该区晚二叠世晚期沉积特征进行分析，提出区内广泛发育砂泥潮坪相和碳酸盐潮坪相。熊孟辉等[15]详细研究了贵州省晚二叠世含煤地层的沉积格局及其构造控制特征，提出不同断裂带在不同沉积阶段沉降活动的差异性，是导致龙潭早期、龙潭晚期、长兴期沉积格局和聚煤特征有所不同的重要原因。王安华等[16]通过安顺旧州地区地面调查及钻孔岩性分析研究，从岩性组合、沉积构造、沉积相特征、沉积模式分析，进一步说明该区处于晚二叠世三岔河地区龙潭相区与吴家坪相区的相变位置，属于潮坪—泻湖相至半局限台地相过渡带，是具有特殊组成含义的“龙潭组”。熊孟辉等[15]通过对贵州省盘县上二叠统钻井资料的研究分析，基于沉积岩石学、沉积学、古生物地史学及沉积地球化学等相标志识别出潮坪沉积以陆源碎屑沉积为主，可细分为砂坪、混合坪、泥坪、泥炭坪和潮沟等 5 种微相。分析认为：潮坪沉积发育海退型进积层序，沉积物粒度整体较细，分选性较好，发育潮汐层理。罗进雄等[17]以贵州省桐梓松坎二叠系剖面为例，通过岩性、古生物、沉积构造、地球化学等相标志的分析，划分出了滨岸和碳酸盐岩开阔台地两种沉积环境，其中碳酸盐岩开阔台地内局部出现浅滩环境。

1.2.3 贵州省二叠系地层工程地质特征

对贵州省二叠系地层工程地质特征开展研究具有重大意义。姚智[18]研究了贵州省西部石炭、二叠和三叠系地层中崩塌滑坡地质模式及其敏感性地层；沈春勇[19]介绍了贵州省思南县境内的乌江思林水电站的主要工程地质问题，该区域出露的主要地层为二叠系下统栖霞组与茅口组灰岩、二叠系上统吴家坪组硅质结核灰岩及硅质黏土岩与长兴组灰岩；卿三惠等[20]结合贵州省二叠系地层中的何家寨隧道地质灾害整治实践，就有关设计与施工问题进行探讨；邹林[21]对贵州省务川县境内的洪渡河石垭子水电站的工程地质条件和工程地质问题进行概述，二叠系是该库区出露的主要地层之一；徐必根等[22]等对贵州省山岭隧道围岩力学行为进行数值模拟，该隧道围岩岩性主要为二叠系上统峨眉山玄武岩组；赵帅军等[23]对贵州省某隧道隧址区二叠系灰岩中岩溶发育的特征进行研究；闫建[24]以贵州省典型岩层组合为切入点，系统研究了典型组合层状岩质边坡的类型、影响因素、变形机制、破坏模式、稳定性评价理论等内容；张显书[25]对贵州省二叠系地层的工程地质特征进行了综合性的研究。

综上所述，贵州省二叠系地层是滑坡灾害及其他地质问题多发的地层，开展该地区地层分布及工程地质特征的研究对贵州省的经济建设具有重大意义。但目前的研究中仍存在许多不足之处，如：

（1）系统开展地层分布与物理力学性质结合的研究成果较少。

（2）地质灾害研究目前只注重影响因素、破坏模式以及稳定性评价等方面，考虑自然历史尺度及人类工程活动尺度演化过程的研究成果相对较少。

1.3 层状岩质边坡变形破坏机制

1.3.1 岩体力学参数研究方法

如何合理地确定工程岩体力学参数一直以来都是岩石力学界的重要研究课题。目前，常用的研究岩体力学参数的方法大致可分为五类，即试验方法、经验方法、解析方法、反分析方法和数值方法。

1. 试验方法

试验方法是研究力学性质、确定岩体力学参数最直接、最基本的方法。Barton[26]、Pratt 等[27]、黄建陵等[28]发现室内试验参数是原位试验的 2～5 倍，有的甚至达到 10 倍以上，因此，室内岩石试验结果不能直接应用于工程。Muller[29,30]教授认为只有通过原位试验结果才可能正确判断岩体强度和变形性质。客观上，原位试验岩体也受到了一定程度的扰动，考虑到岩体力学参数有明显的尺寸效应特征[31]，故理论上来说，原位试验的结果也不能直接运用到工程实际。

2. 经验方法

经验分析法主要是通过对众多试验资料进行回归分析，得到量化经验公式来确定岩体力学参数，该法可以考虑影响岩体力学参数的诸多地质因素。Beiniawski[32]和 Serafim 等[33]经过统计分析，建立了 RMR 与变形模量的经验公式；Barton[34]和 Singh[35]提出了变形模量与 Q 之间的经验公式；Serafim 等[36]和 Hoek 等[37]提出了岩体变形模量与 GSI 指标间的关系式；卢书强等[38]成功将 Hoek 基于地质强度指标 GSI 建立的估算岩体变形模量公式运用于实际工程中；张志刚等[39]在研究国内外岩体变形模量经验确定方法的基础上，提出了改进的节理岩体变形模量经验确定方法，即“尺寸效应折减”与“节理特征折减”的二次折减法。

3. 解析方法

目前，常用的解析法包括变形等效法、能量等效法、裂隙组构张量法、自洽理论和损伤力学方法。徐光黎等[40]根据等效应变原理，利用解析方法建立节理应力应变本构方程，推导出岩体变形模量随空间方位变化的预测方程；陈庆发等[41]推导了层状岩体弹性模量随层理面倾角的变化关系曲线；张志强[42]基于变形等效原理和裂隙岩体细观变形特征，分别推导了含单组和多组非贯通裂隙岩体的变形参数表达式，研究了岩体变形模量、泊松比、剪切模量等变形参数随岩体裂隙连通率、裂隙倾角、裂隙厚度率的变化规律；杨旭

等[43]根据脆性材料的研究成果，采用自洽理论建立了岩体的损伤力学模型，并结合岩体原位试验的要求，提出了岩体力学试验的模拟方法。解析方法主要优点在于能直接反映岩体各向异性，但由于解析方法计算一般建立在一定的假设条件下，故难以反映节理间的相互作用。

4. *反分析方法*

自 Kavanagh 等[44]发表了有限元法反演固体材料弹性模量的论文后，根据现场量测信息确定岩体力学参数的反分析研究得到了国内外学者的广泛重视，目前，反分析方法以位移反分析法应用最为广泛；冯夏庭等[45]将人工神经网络和遗传算法相结合，提出了一种新的位移反分析方法，即进化神经网络法；邓勇[46]基于均匀设计、有限元、神经网络和遗传算法建立了新的边坡岩体力学参数反分析方法。

5. *数值方法*

20 世纪 60 年代，Goodman 等[47]在有限元的基础上引入节理刚度单元来模拟结构面性质，用于研究和分析节理岩体的力学性质，拉开了不连续变形模拟分析的序幕；晏长根等[48]利用 Monte Carlo 法建立了结构面网络模型，采用有限差分软件 FLAC^{3D}对随机节理岩体的变形与强度及其尺寸效应进行了数值试验研究；朱维申等[49]推导了等效变形与等效强度的基本公式，提出了一种等效连续模型；薛廷河等[50]研究了含层状斜节理的灰岩岩体力学参数随岩体试件尺寸的变化关系，研究表明岩体力学参数具有明显的尺寸效应。

目前国内外开展岩体力学参数研究的方法较多，但由于岩体性质的复杂性、岩体结构的特殊性，用单一的方法确定岩体的物理力学参数往往较为片面。在实际应用中，建议综合多种方法进行力学参数的确定，更具可靠性。

1.3.2 层状岩质边坡破坏模式

为了较准确地判断边坡的稳定性，研究边坡破坏模式是十分必要的，许多学者采用了很多方法对边坡变形机理和破坏模式进行研究，并取得一定研究成果。Skempton 等[51]将边坡的破坏模式划分为 3 种基本类型：崩塌破坏型、滑坡破坏型和侧向扩离破坏型。Brawner 等提出边坡破坏的六种破坏模式，即圆弧滑动、块状破坏、整体与非连续节理破坏、平面破坏、楔体破坏和倾倒式破坏等。Hoek 等[53]在《岩石边坡工程》中，将岩石边坡变形破坏类型分为 4 种：圆弧破坏、平面破坏、楔体破坏和倾倒破坏，并对边坡破坏机制、破坏类型、破坏方式以及如何抽象边坡稳定性分析力学模型等问题进行了详细研究。20 世纪 80 年代，国际工程地质与环境协会（IAEG）滑坡委员会建议采用 Varnes 的滑坡分类作为国际标准方案，并将边坡按运动方式划分为 5 种基本类型：崩落（塌）（Falls）、滑动（落）（Slides）、倾倒（Topples）、侧向扩离（Lateral spreads）和流动（Flows）。王恭先[55]按边坡变形破坏机制和性质分为坍塌、崩塌、滑坡、错落、倾倒五种类型。华安增等[56]在其专著《层状非连续岩体稳定学》中，阐述了层状非连续性岩体稳定的若干问题，论述了层状非连续岩体中块体的可动条件、判别方法与步骤，系统研究了层状非连续岩体可动块体稳定性；张倬元等[57]通过大量研究，从岩体变形破坏过程中划分若干基本单元，即拉裂、蠕滑、弯曲、塑流，并用这些单元的特定组合表征岩体变形机制和演进特征，建立了 5 种岩体变形破坏的地质力学模式：蠕滑-拉裂、滑移-压致拉裂、弯曲-拉裂、塑流-拉裂、滑移-弯曲，这些模式在层状岩体中均可能发生；陈沉江等[59]在综合考虑层状岩质边坡的具体工程地质条件、力的作用模式及其破坏形式的基础上，针对层状岩质边坡的蠕变破坏形式进行了分类；彭仕雄等[60]结合具体工程，系统研究了工程地质条件复杂、岩质条件差的层状岩质高边坡的变形破坏机理，并归纳出5种破坏模式，即松散堆积体的局部滑塌和沿基岩接触面的滑移、沿层间错动带的压缩、塑流、挤出-拉裂破坏、强风化卸荷带破碎岩体的局部倾倒和滑塌、楔体滑动、向斜核部范围的顺层滑动或溃屈破坏。

边坡岩土体经历了漫长的变形演化过程，导致岩土体成分、结构具有特殊性与复杂性，仅用完整岩体的变形破坏理论进行分析，不足以描述边坡岩土体的变形机制和破坏模式。对于典型层状岩质边坡，需要根据地形地貌、岩土体特性、坡体结构等，对不同层状岩质边坡体情况进行分类并展开研究，全面分析可能的破坏模式。

1.4 边坡稳定性评价

边坡稳定性是岩土工程中比较重要的问题，而稳定性分析与评价也是边坡研究的重中之重。而随着各种工程的出现，伴随着各种类型边坡失稳事故的发生，许多方法都对边坡稳定性提供了一定的解释。这些方法在不同角度对边坡进行稳定性分析得出的结果不尽相同。总的来说，边坡稳定性分析方法的应用经验积累得非常多，稳定性评价方法渐趋成熟。

边坡稳定性分析研究涉及工程数学、力学、工程地质学、现代计算技术等多个学科，其研究历史已达100余年。边坡稳定性分析评价方法经历了3个阶段，即传统的定性定量分析评价方法阶段、数值分析方法阶段和目前采用的综合评价方法阶段[61]。

第一阶段采用的主要是工程地质分析法、类比法和极限平衡法。前两者是工程工作人员根据工程经验所总结的一种经验方法；后者则是运用莫尔-库仑准则对滑体进行受力分析的方法，根据滑体的力（力矩）平衡，建立边坡安全系数表达式，进行定量评价分析，由于其方法简单、安全系数直观而被工程人员所广泛采用。

第二阶段始于20世纪60年代，数值方法被引入到边坡稳定性分析中。数值方法包括：从早期的有限差分法（Finite Difference Method）、有限单元法（Finite Element Method）、边界单元法（Boundary Element Method）到近些年出现的主要针对岩土介质的离散元法（Discrete Element Method）[62]、关键块体理论（Key Block Theory）[63]、快速拉格朗日分析法（Fast Lagrangian Analysis，FLAC）[64]等数值计算技术[65]，能从较大范围考虑介质的复杂性，全面分析边坡的应力-应变状态，有助于加强对边坡变形和破坏机理的认识，对极限平衡法也有很大的改进和补充。

第三阶段始于20世纪70年代，这个阶段一些新理论和现代评价方法应用在边坡分析中，如可靠性理论[66]、模糊数学、灰色预测理论等非线性理论[67]以及人工智能与神经网络、损伤力学等，这些新理论和现代评价方法在工程中都显示了其良好的应用前景，大大推动了边坡稳定分析的研究进展。由于它们处于探索阶段，仍然存在很多不足，如：滑坡系统参数的选择往往受到实际监测资料的限制，资料自身的误差影响滑坡过程中的非线性

方程的建立；对于滑坡的自组织特征和边坡系统内部-外部之间的相互作用和耦合机制不清楚，难以建立模型来分析和研究，只能通过系统的一些宏观参数的数值分析来研究系统的复杂性。

我国边坡稳定性的研究大致可划分为以下阶段：

20世纪50年代，主要是从研究铁路路堑边坡、公路路堑边坡和引水渠道边坡开始的，采用工程地质类比法给出边坡坡角，作为边坡设计的依据。

20世纪60年代，开始形成了岩体结构及控制的观点，划出了边坡岩体结构类型，并在应用赤平极射投影的基础上，提出了实体比例投影方法用以进行块体破坏的计算，判断边坡的稳定性[68]。

20世纪70年代，开始研究边坡破坏机制。在计算方面，不仅应用了极限平衡原理，还应用了弹塑性力学理论，并且随着计算机的发展，广泛应用有限单元法来分析边坡变形破坏条件及评价边坡的稳定性。70年代末，已经形成了一套比较完整的地质力学学术观点和方法，积累了较丰富的实践经验[68]。

20世纪80年代，边坡稳定性研究进入比较全面的发展阶段。一方面，建立了典型边坡工程地质模型，对岩质边坡稳定性的工程地质认识有了一个飞跃；另一方面，随计算理论及计算机技术的发展，数值模拟技术已广泛应用于边坡稳定性研究，且从定性过渡到半定性、半定量研究边坡变形破坏过程及内部作用机制过程，并从整体上认识边坡变形破坏机制，认识边坡稳定性的发展变化。与此同时学科之间的相互渗透使许多与现代科学有关的系列理论方法，如系统论、非线性科学、不确定性等研究方法被引入边坡稳定性研究，从而使其进入一个新阶段。

1.4.1 定性分析法

定性分析法主要是根据岩土工程勘察数据和资料，岩体结构面与坡向、坡角的组合关系分析边坡稳定性，常用的方法主要有赤平投影法、工程地质类比法、边坡稳定性分析数据库、专家系统及图解法等。它的优点是能综合考虑影响边坡的多数因素，迅速对边坡的稳定性及其破坏趋势作出评价；缺点是受人为主观影响较大，不同研究人员在对相同地质环境作评价时往往会得出不同的结果。不管是赤平投影法、工程地质类比法还是历史成因分析法，都受人为因素的影响，经验性较强，而且没有实际评价的依托，所以其准确性较差，可靠性有待商榷。

1.4.2 半定量分析法

半定量分析法是首先对边坡进行工程类比，运用数理统计方法处理、分析大量表征边坡稳定性的模糊性参数，然后再运用模糊综合评判等简单计算方法对边坡的稳定性进行评价和预测。该方法的基本思想是，分析影响边坡稳定性的各种因素对稳定性的影响程度(贡献值)，然后按照模糊综合评价法的最大隶属度原则进行选择，判别边坡属于哪个类别，最后得到边坡的稳定性状态。

1.4.3 定量分析法

定量分析法主要有极限平衡法、数值分析法等，其中数值分析法又包括有限单元法和有限差分法、边界元法、离散单元法等。

1. 极限平衡法

极限平衡法是一种分析边坡稳定性比较传统且相当成熟的方法。它主要以莫尔-库仑(Mohr-Coulomb)抗剪强度理论为基础，并把滑动趋势范围内的岩土体划分为若干个小块体，以小块体为研究对象，建立整个平衡方程分析边坡稳定性。

极限平衡法的具体计算过程可概括如下：

(1) 假定边坡破坏时滑动面的位置和形状，经过许多实际工程证明，均匀土质边坡的破坏面都趋近于圆弧形。当边坡内存在软弱结构面时，边坡岩土体将总会沿着它们中的一个软弱结构面或几个软弱结构组合面滑动。

(2) 再确定岩土体极限抗滑动力和滑动力，并根据静力平衡条件和莫尔-库仑破坏准则计算每个可能滑动面所对应的安全系数。

(3) 将安全系数最小的滑动面定义为最危险滑动面。

极限平衡方法经历了3个重要阶段。

(1) Petteson首先提出了瑞典条分法，该法假定土条底部法向应力可以简单地看作是土条重量在法线方向的投影，不考虑土条间的作用力。Fellenius[69]首次提出了极限平衡法，边坡稳定分析的圆弧滑动分析方法，即瑞典圆弧法。该方法假定土条重量在法线方向的投影是土条底部的法向应力，不需要考虑土条之间的作用，因此大大简化了计算工作。这一方法虽然引入过多的简化条件，但形成了近代边坡稳定分析的雏形。Bishop[70]进一步发展了条分法，对传统的瑞典圆弧法作了重要改进，通过假定土条之间为水平方向的作用力求出土条底的法向应力，并提出了安全系数的概念。

(2) Morgenstern等[71]提出了能运用不同形状滑动面的严格性方法，并且最早提出了极限平衡方法解的合理性问题，它必须满足两个假定：①条块之间不可以允许有拉应力；②按莫尔-库仑破坏准则求得的抗剪强度大于条分面上的剪应力。如果满足以上两个基本假定，相应的安全系数相差不会太大，适用于任何形状滑动面严格方法。Spencer提出了土条之间力倾角为常数的方法，即条块间的水平作用力与垂直作用力的比值为常数；Janbu[72]提出了既可以满足力的平衡条件，又可以也满足力矩平衡条件的“通用条分法”，安全系数通过假定的土条侧向力作用点的方向确定的，而不是由作用方向来确定的；Goodman等[73]提出了倾倒分析方法；Revilla和Eastillo提出了剩余推力法。

(3) 极限平衡方法已经从二维发展到三维。对于如何确定最危险的滑移面，张天宝、Duncan、陈祖煜、Anthony等采用的方法包括变分法、最优化方法、遗传算法、随机搜索法等。

国内学者对极限平衡法也进行了大量的研究工作，并获得了一些较为重要的研究成果，如郑颖人等[74,75]较全面地概括总结了土坡稳定性的发展，并推导出了单阶边坡安全系数和多阶边坡安全系数的计算公式。杨明成等[76]以极限平衡原理和莫尔-库仑破坏准则为基础，考虑运动许可条件及最优控制理论，确立了土坡局部安全系数及临界滑动面的位置。朱禄娟等[77]对二维土坡稳定性进行了各种统一计算公式的研究。还有大量国内学者运用极限平衡法分析各类边坡的稳定性，为实际工程奠定了坚实的基础。

2. 有限元法和有限差分法

近年来，随着计算机技术和计算方法的进一步发展，采用理论体系更为严密的应力-应变分析方法分析岩土体变形和稳定性。目前，评价岩土体稳定性分析的分析方法主要有有限元法、有限差分法、边界元法和离散单元法等。

有限元法和有限差分法是近年来常用的分析边坡稳定性的数值分析方法，同传统的刚体极限平衡法相比较具有非常多的优点，如边坡的几何形状和材料性质不受限制，能更真实地模拟边坡内部复杂的地质情况等。在分析边坡稳定性时，可以不需要先假定边坡破坏的形状如何和位置所在，它能够模拟边坡破坏的全过程，并且能够得到边坡内部任何一点的应力-应变关系[78,79]，但不能直接得出边坡的最小安全系数，也不能直接确定边坡破坏的滑动面位置。

截至目前，通过有限元法和有限差分法分析岩土体稳定性的方法主要分为两类：第一类是间接法，采用刚性极限平衡法的计算步骤分析岩土体，通过比较得到边坡的最小安全系数和最危险滑动面；第二类是直接法，通过不断降低岩土体的强度（如 C、φ）或不断增加岩土体的自重 g，从而使岩土体趋于破坏，最终得到边坡的安全系数。可以看出，采用第二类方法不必先假定滑动面的形状、位置，而只需不断地增加岩土体的自重 g 或者降低岩土体的强度，这样岩土体的破坏就首先发生在抗剪强度最弱的位置。因此，通过不断反复计算可以得到边坡的最小安全系数和最危险滑动面。

3. 边界元法

边界元法是 Brebbia 采用加权余量法导出边界积分方程的一种计算方法，通过近年来的研究与探索实践，得到了长足的发展。边界元法是一种比较精确的工程数值计算分析方法，它的控制方程是定义在边界上的边界积分方程，只需要离散边界，分成单元，再对建立起的代数方程组进行求解。边界元法具有一定的优点，即输入的数据比较少、计算精确度比较高、便于处理无限域及半无限域问题。目前，在许多工程领域，边界元法都有应用。在软件应用方面，它的发展进一步提升，即由原来解决单一问题的计算程序过渡到具有前后处理功能且能解决多种问题的边界元程序。我国学者在求解各种问题的边界元法的研究方面做了很多工作，邓琴等[80]用边界元法对边坡稳定性进行了分析，得出边界元法对应的矢量及安全系数和极限平衡法基本一致，且对边界单元尺寸不敏感。

4. 离散单元法

离散单元法是 P. Cundall 提出的一种处理非连续介质问题的数值模拟方法，于 20 世纪 80 年代中期由王泳嘉等[81]引入我国。离散单元法把非连续介质区域划分为无数个多边形块体单元，再将每个单元通过接触处理建立力和位移的方程。最后，通过采用不同本构关系的牛顿第二定律，运用动态松弛方法求出方程的解。在岩体力学方面，因为离散单元能能更真实地反映岩体节理的几何特点，处理集中在节理面上所有非线性变形的岩体破坏问题，所以广泛地应用于模拟边坡、节理岩体地下渗流和滑坡等力学过程。近年来，刘可定等[82]运用离散单元法分析岩体边坡稳定性，使其得到广泛应用。

1.4.4 边坡稳定性分析不足之处

综上所述，边坡稳定性分析研究仍存在如下不足：

(1) 在对边坡进行稳定性评价的过程中，大多数的实例工程对边坡的演化过程考虑不足，不能很好地了解边坡在各个演化过程中的稳定性。

(2) 考虑输电线路单个塔基或多个塔基作用下，开展边坡各演化过程中的稳定性研究成果比较少。

(3) 在对边坡进行稳定性评价时，综合采用有限元法、离散单元法、可靠度分析法等评价方法的研究成果较少。

1.5 滑坡预测预警

1.5.1 区域滑坡空间预测模型

近十多年来，随着区域性的滑坡空间预测模型研究内容的逐步深入，众多国内外学者基于GIS平台在区域滑坡空间预测方面取得了很多研究成果，极大地推动了区域滑坡灾害预警区划的定量化评价。

国外的Finlay等[83]建立滑坡风险和可接受风险水平指标，对中国香港和澳大利亚洲两个地区的滑坡进行危险性分析，得到区域滑坡类型、致灾概率等结果；Mirco Galli等[84]通过对意大利某地大量滑坡资料和影响范围的研究，得出区域的危险性分布图；Candan Gokceoglu[85]对滑坡变形模式、影响因子等进行深入的讨论研究，研究思路和成果具有较大参考意义。

国内最初在对区域滑坡研究时主要是先进行野外调查，通过专家现场调查和经验判断，直接得到危险性结果，即定性评价[86]。随后又引入众多定量方法，即利用各种评价模型对滑坡区域进行预测。其中，定量的数学预测模型是标志性研究成果，应用较多的数学模型主要有层次分析法[87]、信息量法[88]、逻辑回归法[89]、人工神经网络法[90]、支持向量机法（SVM）[91]。这些方法无需收集大量有关滑坡物理特征方面的数据，而是通过统计方法分析历史滑坡与滑坡影响因子之间的关系来预测区域上或某段边坡将来产生滑坡的可能性，对研究区域进行稳定性评价，适宜于大范围的滑坡灾害危险性评价和预测预报，因而得到广泛应用。

以上的定性评价和定量评价都具有一定的缺陷。首先，在区域滑坡影响因素中，除了地层岩性、地质构造等离散数据外，还有坡度、坡向、高程、降雨量等连续数据，区域滑坡空间预测研究中需要对这些连续数据进行离散化处理，连续数据的离散化处理过程中必然会带来信息的损失，造成误差。区域滑坡空间预测指标权重的确定也一直是困扰滑坡空间预测研究的一个难题，定量方法可以避免预测指标权重取值的主观性，但又往往忽略了对区域滑坡地质成因规律方面的专家知识。

1.5.2 单体滑坡预测模型

自20世纪60年代起，国内外专家学者们在单体滑坡预测分析领域进行了大量深入的研究，也提出了各种类型的预测模型[92,93]，有学者开始利用一定的仪器设备监测得到边坡位移-时间曲线，预测边坡失稳时间。从此滑坡预测预报理论和方法得到了很大的进展，

其研究历程可总结为以下几个阶段。

1. 半定量的滑坡发生时间预测阶段

在 1960 年之前，人们对滑坡的研究中很少涉及预测预报，只有根据大量的滑坡自然现象积累的经验进行粗略预判。

日本学者斋藤提出蠕变三阶段理论图解法，得出第一个关于失稳时间预测的公式，即著名的斋藤模型，随后他在 1969 年推演得出一个关于加速蠕变阶段中的蠕变速率与边坡失稳时间的公式[94,95]，并表明加速蠕变阶段中蠕变速率与边坡失稳时间呈反比。1985 年日本学者福囿[96]提出的福囿模型、Voight[97,98]提出的 Voight 模型均在斋藤模型上做出一些改进，在这之后也有一些学者提出新的时间预报计算公式。斋藤模型曾成功地预报了 1970 年日本的高汤山滑坡。另一个早期典型的成功预报案例是智利的 Chuquicamata 采矿边坡预测预报，该预测时间比实际失稳时间提前了 5 周[99,100]，当时只利用了手绘的粗略监测时间-位移曲线进行趋势外延并推求滑动时间，虽然这样的推求可能出现好几种结果，预测时间范围达到两个月，但这样的具有误差的预测范围已经能够为实际工程提供一定的预警信息，从而达到减少灾害损失的效果。

这些实例告诉人们，对边坡监测需要选好合适的物理监测指标，并且需要得到持续监测的数据。之后的学者又提出新的时间预报计算公式，如梯度正弦模型[101]、苏爱军模型[102]、蠕变-样条联合模型[103]等。

该阶段的方法是定性预报和经验预报为主的定性方法，缺乏工程地质理论依据，适用面较窄，所求剧滑时间可靠性较低，仅适用于中短期与临滑预测预报。

2. 统计分析预测预报阶段

本阶段中，我国学者采用现代数学理论，如灰色理论、模糊数学论等，建立了多种滑坡预测预报模型，如 GM (1,1) 模型[104]、Verhulst 曲线预报模型[105]、Verhulst 反函数模型[106]等。但是这些模型同样存在适用范围窄的局限性，例如灰色理论要求位移数据为非负数，采用指数函数来逼近拟合，并不适用于存在负位移或者上凸位移-时间曲线情形下的位移预测。

该阶段的方法已逐步转向定量化方向，主要是先进的数学理论与方法的应用，多数注重于预报方法和模型的研究，但难以将岩质边坡变形演变内部和外部机理等关键问题耦合到预测模型中，导致预测模型的可靠性受到了较大影响。

3. 非线性预测预报阶段

20 世纪 90 年代以来，非线性、人工智能等现代科学不断被引入边坡问题研究，主要从非线性系统和非线性方法这两方面产生了很多新的预测思路和方法上的突破点。一方面，建立了一些初步描述崩塌及滑坡的动力学方程，如分形理论及非线性动力学理论的预测模型[107,108]；另一方面引入非线性智能预测方法，并探索综合集成预测法。例如，使用较多的神经网络预测模型[109]。许强等[110]引入地质力学和数值模拟等现代技术手段进行预报，该方法初步运用于三峡库区的一些滑坡。

从目前来看，这些国内外研究中，大多数预测模型的有效性还没有经过事前预测的滑坡实例的支撑，而且缺乏操作性强、适用性广的预测系统，脱离了专家经验知识的监测预报系统尚难以达到好的预测效果。

1.5.3 滑坡预警预报判据

滑坡预警预报判据是指判定滑坡发生空间和时间范围的各类临界阈值或临界标志，或者综合判定值，既可能是滑坡体的物理状态指标，如位移速率、声发射率、地下水压力等表示自身状态的指标阈值，也可能是启动滑坡的诱发因素，如临界降雨量、降雨强度等降雨阈值，还可以是多个因素按一定规则计算的综合预警指标。

许强等[111]通过对多个典型滑坡实例变形-时间曲线加速度特征的深入研究，依据8个滑坡的累计位移时间曲线和改进 $T-t$ 曲线切线角 α 得出四级预警定量划分标准表。在边坡变形进入临滑阶段之前，加速度在边坡进入临滑阶段前后呈现出完全迥异的特点，在进入临滑阶段时具有骤然突变特征，据此可进行临滑预警（表1.1）。

表1.1　　加 速 度 判 据[111]

变形阶段	初始变形阶段	等速变形阶段	加速变形阶段	临滑阶段
加速度 a	$a<0$	$a\approx0$	$a>0$	$a\gg0$
稳定性系数 K	$1.05\leqslant K<1.15$	$1.00\leqslant K<1.05$	$K<1.00$	$0<K\ll1.00$

国内外学者提出了近20种用于判断边坡处于临界失稳状态的预报判据，如：稳定性系数、可靠概率、变形速率及位移加速度等，具体可归纳为表1.2。

表1.2　　滑坡的各种预报判据[112]

<table>
<tr><th colspan="2">判据名称</th><th>判据值或范围</th><th>适用条件</th><th>备　注</th></tr>
<tr><td colspan="2">稳定性系数 K</td><td>$K\leqslant1$</td><td>长期预报</td><td></td></tr>
<tr><td colspan="2">声发射参数</td><td>$K=A_0/A\leqslant1$</td><td>长期预报</td><td>A_0为岩土破坏时声发射记数最大值；A为实际观测值</td></tr>
<tr><td colspan="2">塑性应变 ε_f^p</td><td>$\varepsilon_f^p\rightarrow\infty$</td><td>小变形滑坡
中长期预报</td><td>滑面或滑带上所有点的塑性应变均趋于无穷大</td></tr>
<tr><td colspan="2" rowspan="2">变形速率 v_f
/(mm·d^{-1})</td><td>0.1</td><td>黏土页岩、黏土
边坡短临预报</td><td rowspan="2">新滩滑坡 $v_f=3500$mm/月，$v_f=116$mm/d；黄蜡石滑坡，地表变形速率10mm/月，地下变形速率5mm/月或连续三日的日变形速率达到2mm</td></tr>
<tr><td>10.0，14.4，24.0</td><td>岩质边坡
临滑预报</td></tr>
<tr><td colspan="2">位移加速度 a</td><td>$a\geqslant0$</td><td>临滑预报</td><td>加速度值应取一定时间段的持续值</td></tr>
<tr><td colspan="2">蠕变曲线切线角 α</td><td>$\alpha\geqslant70°$</td><td>临滑预报</td><td>黄土滑坡 α 在89°～89.5°为危险段</td></tr>
<tr><td colspan="2">位移矢量角</td><td>突然增大或减小</td><td>临滑预报</td><td>堆积层滑坡位移矢量角锐减</td></tr>
<tr><td rowspan="2">双参数判据</td><td>蠕变曲线切线角和位移矢量角</td><td>$\alpha\geqslant70°$且位移矢量角突然增大或减小</td><td>临滑预报</td><td>新滩滑坡变形曲线的斜率为74°，位移矢量角显著变化，锐减至5°</td></tr>
<tr><td>位移速率和位移矢量角</td><td>位移速率不断增大或超过临界值，位移矢量角显著变化</td><td>堆积层滑坡
临滑预报</td><td></td></tr>
</table>

多年来，人们一直试图找到适用于某一地区的降雨量临界值，以便对不同危险级别的滑坡进行监测和预警。国际上对降雨诱发滑坡的研究中，主要是对降雨因子（雨强、雨量

和雨时）与滑坡发生的关系进行分析得出预报模式。1980 年 Caine[113] 对全球不同地区降雨诱发滑坡和泥石流灾害关系进行了研究，1998 年 Glade[114] 分析了新西兰惠灵顿地区滑坡和降雨的关系，总结出适用于该地区的日降雨量模型、前期降雨量模型和前期土体含水状态模型，得到降雨诱发滑坡临界值的确定方法。国内对诱发滑坡的降雨临界值的研究主要始于 2000 年以后，如吴树仁等[115] 在对三峡库区滑坡灾害预报关键判据研究中首次提出滑坡状态评价的分数维判据、滑坡临滑的位移比判据和破裂长度判据；在 2006 年，李媛[116] 采用统计方法对四川雅安降雨临界值作了研究；国内的降雨诱发滑坡临界值模型也都可以归结为上述的日降雨量（或降雨强度）和前期降雨量模型，采用小时降雨强度、当日降雨量、前几日累计降雨量（或前期有效降雨量）、前期降雨量占年平均雨量的百分比值等表达式对临界降雨量进行刻画，其基本思路均为历史滑坡和降雨因子的数理统计关系，但由于脱离地质背景的预测预报会降低判据的说服力。殷坤龙[117] 在“浙江省突发性地质灾害预警预报”的研究中基于区域地质因素的滑坡灾害空间易发性信息和降雨量时间信息来确定空间预警区划和等级，是对区域滑坡灾害进行预警预报的有效方法。在 2015 年，唐辉明[118] 综合采用降雨强度时间模型和地质-气象耦合及有效降雨量模型，分岩组对恩施地区滑坡有效降雨强度和持续时间关系进行了统计，突出了岩组与滑坡的关系，并利用不同的有效降雨强度阈值线进行降雨危险性分级。李长江等[119] 对浙江省的滑坡频度-降雨量分形关系进行研究，得出降雨引发滑坡的频度与降雨量之间遵循分形的幂指数关系，并且在两个尺度的降雨量范围内具有不同的标度指数，并分别得出 4 个累计降雨时段中引发 75%左右滑坡的累计降雨阈值。此外，浙江、云南、陕西、山东、宁夏等省（自治区），陇南、青岛等地都建立了自己的降雨诱发滑坡临界值，并进行了实际的预警预报。但由于预警的范围太大，在具体的单点滑坡灾害防治上，难以做到有效，这表现在：一方面，在成功预警实例中，专业预警所占比例过低；另一方面，发生的大量的地质灾害处于已有的预警点之外。

可以看出，地质灾害预测预报是多信息、多方法集成的复杂工作，目前，虽然国内外研究者提出了不少地质灾害预测预报理论和技术方法，并且也有成功预报的实例，但是由于边坡变形演化过程的复杂性、随机性和不确定性，加之这些理论和方法的适用性，某种理论模型往往只适用于特定类型的滑坡预报。考虑到岩质边坡变形破坏成因的多样性和复杂性、预测预报方法的局限性以及预警判据研究不足等问题的制约，监测预报是国内外地学领域正在探索而尚未完全攻克的科技难题，想要准确预报地质灾害发生时间还有较大的困难。

1.6 层状岩质边坡防治工程

随着我国铁路、高速公路等大量工程项目的迅猛发展，由于地形和地质条件的限制，在工程建设中或者建成后，都可能会形成岩质边坡，通过野外调查和资料搜集发现，岩质边坡大多为层状岩质边坡，结构面发育。桩锚工程是目前滑坡治理中采用的主要工程措施之一。

1.6.1 抗滑桩工程

在滑坡治理工程中，常用的治理措施主要有支挡工程、排水工程、减荷压脚工程以及滑带土改良工程等。在这些治理措施中，支挡工程的发展与应用较为迅速，抗滑桩作为一种以横向受力为主的支挡结构在滑坡治理工程中广泛应用，主要原因是其具有施工方便、工期短、抗滑效果好等优点。目前国内外对于抗滑桩内力和变形计算研究方面，以理论分析、试验研究和数值模拟为主。理论分析方面，Ito 等[120,121]推导了考虑抗滑桩与土相互作用的理论分析方法，并且提出了一套抗滑桩加固边坡的方法；Hassiotis 等[122]基于 Ito 等学者提出的抗滑桩加固边坡理论，推导出桩身内力与变形的理论计算公式；Cai 等[123]基于地基系数法，推导了抗滑桩内力和变形的计算公式，并分析了线性水平滑动土层对弹性抗滑桩的作用；戴自航等[124]对悬臂桩法进行了改进，考虑实际情况，把滑动面上下建立在统一的坐标系下，改进了把滑动面上下分别单独计算的传统方法；戴自航等[125]和刘可定等[126]在考虑滑动面上下统一坐标系的基础上，通过 MATLAB 编程，分别设计了适用于滑坡推力、桩前抗力各种分布形式的"K"法和"m"法计算程序，对抗滑桩结构进行了优化设计；戴自航等[127]通过有限差分法对全桩进行受力分析，推到了桩身内力计算公式，从而使抗滑桩设计更加合理化；杨佑发[128]考虑桩的各种支承条件，基于"m－K"法原理，提出了锚索抗滑桩全桩内力计算的有限差分法，提高了抗滑桩内力计算精度；Mylonakis 等[129]在广义 Winkler 地基模型基础上，提出了多层土单桩或群桩内力计算方法。詹红志等[130]利用"K"法将滑床部分岩体地基系数水平分成 n 层进行计算。

试验研究方面，张永兴等[131]开展了抗滑桩受力特征的模型试验研究，研究桩设计参数的变化对桩内力分布的影响；尤迪[132]对抗滑桩加固顺层岩质边坡进行了室内物理模型试验和三维数值模拟研究，将理论结果与试验成果进行对比分析，总结了顺层岩质边坡中抗滑桩的内力特性，并探讨了理论方法的适用性；钱同辉等[133]通过物理模型试验研究框架式抗滑桩的内力特性和变形规律；刘洪佳等[134]通过悬臂式抗滑桩加固滑坡的模型试验，研究滑坡推力分布、土体抗力、桩身变形破坏模式。数值模拟方面，随着数值模拟软件在工程地质领域的应用日趋广泛，很多学者开展了抗滑桩承载特征的数值模拟研究。Cai 等[135]、Jeong 等[136]、Martin 等[137]、Won 等[138]和 Wei 等[139]先后分别通过建立理想边坡模型，采用数值模拟方法分析了施加抗滑桩后的桩土作用效应及其稳定性；胡新丽等[140]在三峡库区实际运行条件的基础上，进行不同桩位滑坡变形规律及稳定性变化规律的 Geostudio 数值模拟研究；张晓平等[141]通过对 EI 折算，对抗滑结构进行了二维离散元模拟，得出符合实际情况的结果；于洋等[142]推导了桩周土体位移双排抗滑桩理论计算模型，并与简化的数值模型计算对比，得出随着桩排距的增大，理论模型与数值模型计算得到的内力误差变大的结论。

当前理论分析多将滑床岩体等效成均质体或水平的非均质体，且考虑滑床复合倾斜岩体对抗滑桩内力与变形影响的研究还不够深入，而我国大量滑坡位于沉积岩分布区，滑床多为复合倾斜岩体，所以有必要开展倾斜滑床岩体的不同岩性特征抗滑桩内力计算方法研究。

1.6.2 锚固工程

近20年来，国内外对岩土锚固的研究很多，工程应用迅猛发展。明显地，自20世纪80年代以来，国内外岩土锚固的研究重点和发展趋势主要集中在锚杆摩阻力的分布、锚杆的支护效果以及岩土锚固的稳定性等3个方面[143]。

侯朝炯等[144]通过实验室试验和理论分析，研究了锚杆支护对锚固范围岩体峰值强度和残余峰值强度的强化作用以及对锚固体峰值强度前后的E、C、φ值等力学参数的改善，分析了锚固体强度强化后对围岩塑性区和破碎区的控制程度；陈安敏等[145]以水电站岩质高边坡加固工程为背景，采用地质力学模型试验方法，完成了预应力锚索加固边坡模型和无锚索加固边坡模型的对比试验，研究边坡双滑面楔体稳定性和锚固效应的问题，锚固和未锚固状态下边坡双滑面楔体的相对位移和绝对位移的变化形态、锚索预应力-时程变化特征、轴力变化及边坡不同部位锚索的破坏特点等；张玉军[146]从建立应力平衡方程、水连续性方程入手，开发出用于分析饱和-非饱和岩土介质中水-应力耦合弹塑性问题的二维有限元程序，并对处于渗流场中的饱和-非饱和土体使用预应力锚杆的支护效果进行模拟。结果表明，在有地下水赋存的饱和-非饱和条件下，预应力锚杆的作用主要是减少土体中的塑性区，而对位移的约束依部位而异，但对渗流场的影响不大。无支护的边坡稳定分析方法包括极限平衡法、极限分析法、有限元法和可靠度分析等。熊文林等[147]对锚索方向角对边坡锚固稳定系数的影响进行研究，提出了考虑坡面与滑面倾角影响的计算锚索方向角的新方法；赵杰[148]比较研究了滑面应力分析法与强度折减法在安全系数大小及滑动面形状和位置的差异。通过算例对比分析，基于非关联流动法则，采用与经典莫尔-库仑破坏准则相匹配的等效准则，对均质边坡、有下卧软弱层、有软弱夹层带及稳态渗流作用下的稳定性开展了对比研究工作。研究表明，两类有限元法得到的安全系数及相应滑动面形状和位置均十分接近。

在锚固工程的研究工程中，清楚地分析锚固机理成为目前的难点。而国内外学者在锚固段力学传递模型方面进行了大量卓有成效的研究工作，建立了很多内力分布模型，但由于岩土锚固技术实际工作环境复杂的特性，上述各种模型都存在着一些缺陷，且很多国家的锚固设计规范都采用剪应力均匀分布模型，与实际出入过大。当前很多工程都是处于典型层状岩体中，但目前没有关于层状岩体锚固方案的设计，故研究新的岩质边坡锚杆内力分布模型，提出新的边坡锚固段设计方案具有重要的意义。

第2章　典型层状地层分布与工程地质特征

2.1　概　　述

开展地层分布及工程地质性质特征的研究，对滑坡的治理以及预测预报具有重要意义。在贵州省境内，地层发育齐全，自中元古宇至第四系均有出露。其中，中、晚元古宙地层主要为陆源碎屑岩，其次为火山岩及火山碎屑岩，少量碳酸盐岩，多属陆缘活动类型沉积；寒武系除其下统下部有碎屑岩外，主要以碳酸盐岩为主；而中古生带至晚三叠世中期则以海相碳酸盐沉积为主，晚三叠世晚期以后全为陆相碎屑沉积。这些地层虽在岩性上有所差别，但整体均由沉积作用形成，有明显的岩层面，据其工程地质性质，可整体划归为“层状结构类型岩体”，简称“层状岩体”[149]。贵州省二叠系地层分布广泛，发育完整，沉积类型多样，因此主要对二叠系地层进行详细分析。

2.2　贵州省典型层状地层分布

2.2.1　下二叠统

根据地层发育情况和岩相差异，将贵州省下二叠统分为黔南、黔北和南盘江3个地层区，每个地层区又可进一步细分。

1. 黔南区

黔南区可分为盘县—六枝、晴隆花贡、册亨—紫云和威宁—贵阳等区。除威宁—贵阳地区外，下二叠统在大部分地区连续于石炭系之上。地层发育齐全，主要为开阔台地相质地较纯的碳酸盐岩，化石极为丰富，岩相较为复杂，厚度变化大，为100～1200m。

洒志组：伏于栖霞组燧石灰岩之下，整合在龙吟组之上的一套台地相灰黑色中至薄层含碳泥质灰岩和浅灰色厚层含核形石白云质灰岩，夹少量黏土岩。洒志组横向变化甚大，往南东至册亨者王、紫云克凹、猫营等地灰岩质地变纯，黏土岩夹层递减，厚100～150m；向北西则碎屑增多，厚度增大，在300m以上。

下二叠统地区地层柱状图如图2.1所示。

花贡组：整合于栖霞组和龙吟组之间的一套台洼相碎屑岩和灰岩，底部的泥灰岩与下伏龙吟组泥质岩分界清楚，厚200～500m。花贡组可分为包磨山段和鱼塘段。包磨山段以灰岩和泥灰岩为主，夹石英砂岩、粉砂质黏土岩、黑色黏土岩，厚150～450m；鱼塘段则以石英砂岩为主，夹灰岩和黏土岩，普遍含煤线，厚80～110m。

梁山组：伏于栖霞组燧石灰岩之下、超覆于石炭系或更老地层之上的海陆交互相的含

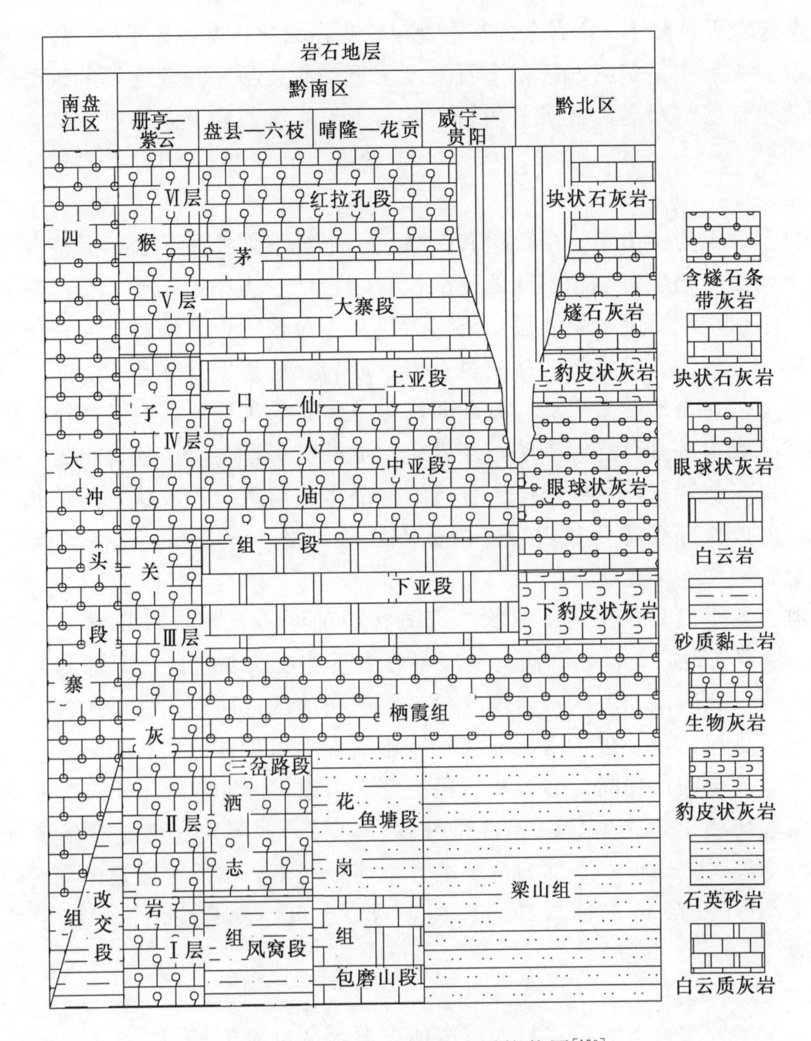

图 2.1 下二叠统地区地层柱状图[150]

煤碎屑岩。以石英砂岩为主，夹黏土岩及煤层，威宁、水城一带砂岩发育最佳，厚约100m，最厚达190m，其他地区厚20～60m。在凯里炉山、福泉等地黏土岩夹薄菱铁矿及煤层，至息烽、瓮安一带为厚不及2m的黏土带。在南部的长顺、惠水、摆金等地为深灰色页岩夹炭质页岩和泥灰岩，逐渐向洒志组过渡。在从江、剑河、天柱等地，为页岩、炭质页岩，偶夹白云岩，厚度在10m以下，部分地段缺失，并可直接超覆在下江群之上。

栖霞组：本区栖霞组整合于茅口组之下、洒志组/花贡组/梁山组之上的一套地台相深灰色燧石灰岩。其岩性及厚度均较稳定，除燧石灰岩外，底部灰岩常含泥质条带或间夹少量页岩，厚度约100m，最厚150m。在从江、剑河、天柱等地，由灰黑色中厚层含碳泥质灰岩间夹黑色页岩及少量燧石灰岩组成。

茅口组：栖霞组燧石灰岩之上、龙潭组之下，台地相浅色厚块状白云化灰岩、白云岩。因该组灰岩普遍含不规则斑块状白云质，风化后突出于岩石表面，故俗称豹皮状灰岩。自上而下可分为3段：仙人庙段、大寨段、红拉孔段。以上岩性段除大寨段在大部分地区为燧石条带灰岩所代替外，余者全区基本稳定，唯白云化程度各地不一，厚400～720m。

猴子关灰岩：册亨—紫云地区，上石炭统至下二叠统唯一一套连续的碳酸盐沉积。将该地下二叠统下部灰岩命名为猴子关灰岩，其与上石炭统灰岩及茅口组灰岩在岩性上无法辨别。

2. 黔北区

黔北区自下而上为梁山组、栖霞组和茅口组。下统下部发育不全，假整合于下古生代地层之上，主要为半局限台地相不纯的碳酸盐岩，岩性较为稳定，厚200～500m。

梁山组：本组在剖面上常呈3层，下层为浅灰色含植物根茎的黏土岩；中层为黑色炭质页岩或煤层；上层为含腕足类的深灰色页岩、砂岩夹硅质岩。厚0～52m，一般约10m，由南往北变薄，但在南部遵义尚嵇、石阡蒲沟等地常有缺失现象。遵义团溪—毕节燕子口一带，下层黏土层中常富存有铝土矿、菱铁矿、赤铁矿等，与下伏地层均为假整合接触。

栖霞组：以深灰、灰黑色中至厚层含燧石泥晶生物屑灰岩、波状—透镜状层理含碳泥质灰岩为主，尤以顶部菊花石灰岩为区内标志岩层，厚60～80m。全区岩性及厚度较稳定，与下伏梁山组为连续过渡。

茅口组：主要由白云化灰岩、波状—透镜状层理泥质条带灰岩和燧石灰岩组成，厚100～400m。除遵义地区外，在剖面上一般可分为下豹皮状灰岩段、眼球状灰岩段、上豹皮状灰岩段、燧石灰岩段和块状灰岩段5段。在遵义地区（西起仁怀桑树湾，东至遵义和尚场，北起遵义丁村、董公村，南至乌江）普遍缺失本组顶部的块状灰岩段，其他岩性段除燧石灰岩段外均与前述相同。燧石灰岩段在遵义市附近厚约60m，下部为具微细层纹的硅质岩、含锰硅质黏土岩夹少量白云岩和粉砂岩薄层，上部为含锰燧石条带灰岩、泥灰岩。局部地段（遵义大通坝）下部为含煤的透镜体。往南，本段厚度逐渐变薄，在遵义尚嵇附近仅有下部厚20余m的薄层硅质岩夹页岩，至乌江则全段消失，整个茅口组仅厚100m左右。

3. 南盘江区

南盘江区下统发育最为完整，与上、下地层呈连续过渡关系，由浅海盆地和台地边缘边坡深水相暗色碳酸盐岩和硅泥质岩组成，厚360～650m。仅有四大寨组一个岩石单元，主要为黏土岩和重力流形成的各种碳酸盐碎屑岩、燧石条带灰岩组成。整合于石炭统深色灰岩之上。四大寨组可分为改交段和冲头段。改交段以杂色黏土岩为主，夹灰岩及少量炭质页岩，厚145～314m。冲头段基本上全由深灰色中厚层燧石（或硅质）条带微晶灰岩、砂砾岩组成，厚172～550m。

2.2.2　上二叠统

根据地层发育及沉积环境的差异，将贵州省上二叠统分为苗岭、三岔河、乌蒙山和南盘江4个区，每个地层区又可进一步细分。

上二叠统地区地层柱状图如图2.2所示。

1. 苗岭区

苗岭区上二叠统发育较全，主要由海相碳酸盐岩组成。一般厚200～300m。本区分布最广的岩石地层单元是吴家坪组，仅在贵阳—都匀地区该组顶部相变为凝灰岩和硅质岩而

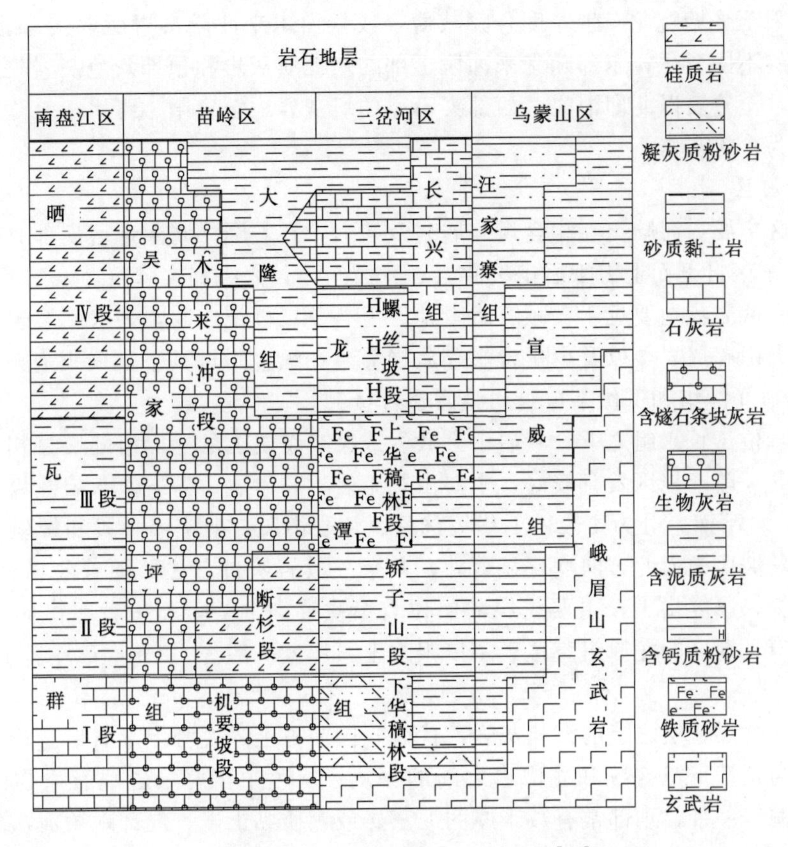

图 2.2　上二叠统地区地层柱状图[150]

称为大隆组。

吴家坪组：为位于下三叠统之下、王坡页岩之上的一套燧石灰岩，而王坡页岩为该组底部的陆相沉积。册亨—紫云地区的吴家坪组可分为机要坡段和木来冲段。机要坡段深灰色中夹薄层含燧石条带灰岩，一般厚 200～250m。木来冲段灰岩不仅富含有机质和燧石，还常夹页岩，尤其中部一层灰黑色具波状—透镜状层理的炭泥质灰岩是地区性标志层，本段灰岩以色浅、层厚、少含燧石区别于机要坡段。贵阳—都匀地区的吴家坪组较特殊，它是伏于大隆组之下的一套以燧石灰岩为主夹硅质岩和黏土岩，以中部的硅质岩和黏土岩为标志。自下而上分为机要坡段、断杉段、木来冲段。①机要坡段为燧石条带灰岩、珊瑚灰岩夹少量页岩，底部在贵定—平塘一线以东含煤，在都匀、剑河、天柱等地为中至薄层具微细层纹燧石条带灰岩和硅质岩夹页岩，厚 0～300m，一般 150～200m；②断杉段为灰色薄层硅质岩、黏土岩，偶含灰岩透镜体，贵阳—断杉一带含煤 1～2 层，厚 0～90m，贵阳附近最厚，向南、北、东 3 个方向变薄，以致消失；③木来冲段一般为燧石条带灰岩间夹页岩，在都匀、贵定一线以东地段顶部普遍为一层炭泥质灰岩，但在贵定—马场坪以北地段，本段岩性特征与石阡地区相似，即炭泥质灰岩之上还有数十米灰岩，该层灰岩在贵定附近夹有煤层。

贵阳—都匀地区大隆组位于下三叠统和吴家坪组之间，以惠水断杉、独山卡蒲一带发育最好，岩性为硅质岩、玻屑凝灰岩夹灰岩，厚 0～78m。大隆组在横向上变化较大，南

部在罗甸边阳至平塘航龙一带厚度急骤减薄，或全由木来冲段灰岩所取代；北部出现东、西两个方向的不同变化；东部随木来冲段上部的炭泥质灰岩和顶部灰色灰岩先后出现，本组厚度递减，至瓮安以北即消失；西部夹不厚的蜓灰岩，至贵阳、惠水一带除下部和顶部外，均相变为含蜓灰岩。

2. 三岔河区

三岔河区主要为海陆交互相含煤碎屑岩及灰岩，在安顺—晴隆地区底部有玄武岩，厚81～500m。本区自下而上为峨眉山玄武岩、龙潭组、长兴组和大隆组。

峨眉山玄武岩：主要见于安顺—晴隆地区上、下二叠统之间，为玄武熔岩，夹火山碎屑岩、沉积火山碎屑岩，以及少量含煤碎屑岩等。在织金附近其下部尚夹有灰岩，厚0～342m。与上覆龙潭组和下伏茅口组均为假整合接触。

龙潭组：位于长兴组之下、峨眉山玄武岩或茅口组之上的一套海陆交替相含煤碎屑岩地层。以安顺—晴隆地区发育较好，主要由黏土岩、粉砂岩、砂岩、灰岩及煤层组成，厚180～350m。自下而上分为4段：下华稿林段、轿子山段、上华稿林段和螺丝坡段。本区龙潭组除螺丝坡段为南北方向变化显著外，其余三段岩层自东往西随着陆相沉积的增多，灰岩页岩减少，厚度增大，主要煤层的层位有渐次递高之势，而三者在横向上呈楔形消长。毕节—遵义地区的龙潭组直覆于茅口组之上，厚度一般为100m，最厚者160m，薄者仅40m。

长兴组：含煤地层之上的海相灰岩，代表我国南方上二叠统上部岩层。毕节—遵义地区的长兴组为位于下三叠统和龙潭组之间的深灰、灰色中至厚层含燧石生物碎屑泥晶灰岩；遵义—桐梓一带，顶部常有数米厚的泥灰岩或钙质黏土岩，局部地段泥灰岩夹有蒙脱石化玻屑凝灰岩或凝灰质黏土岩，厚40～65m。安顺—晴隆地区东部的长兴组则伏于大隆组之下，为灰色厚层燧石灰岩夹少量泥灰岩和钙质页岩。往西至纳雍、晴隆一带，与其层位相当者是直伏于下三叠统之下的钙质黏土岩、钙质粉砂岩和泥灰岩，厚40m左右。

大隆组：安顺—晴隆地区东部发育于长兴组之上、下三叠统之下的硅质岩夹蒙脱石化玻屑凝灰岩，其厚度在15m以下。本组在黔西附近夹灰岩和泥灰岩，往北灰岩夹层增多，至大方、金沙一带被长兴组顶部的泥灰岩夹凝灰质黏土岩所取代。往西至纳雍、晴隆一带，包括长兴组在内均变为钙质黏土岩等。

3. 乌蒙山区

乌蒙山区由大陆溢流拉斑玄武岩和过渡相—陆相含煤碎屑岩组成。本区岩石地层包括峨眉山玄武岩、宣威组和汪家寨组。

峨眉山玄武岩：分布较广、厚度也大，一般为400～500m，西部厚者达800m。其岩石组合同三岔河区，但产出的层位更高，尤其是威宁养街附近几乎占据了整个上二叠统。

宣威组：在威宁地区较典型，为伏于下三叠统之下的陆相含煤碎屑岩。下部以深灰、灰绿色黏土岩和鲕粒黏土岩为主，夹粉砂岩及少量岩屑砂岩，局部地段黏土岩含膏盐假晶；上部由砾岩（或含砾砂岩）、岩屑砂岩、粉砂岩、黏土岩、炭质页岩或煤层构成多旋回层所组成。全组厚一般约150m。

汪家寨组：本组只见于六盘水地区。六盘水东部最厚，由深灰色钙质粉砂岩、岩屑细—粉砂岩、黏土岩、菱铁矿薄层、泥灰岩及煤层所组成的多旋回层组成，厚约100m，

最厚150m。与下伏宣威组为整合接触。通常以该地11号煤层之上富含头足类的粉砂岩作为本组的底界标志，界限清晰可辨。

4. 南盘江区

南盘江区为连续于下二叠统之上的一套海相深水碎屑岩夹少量碳酸盐岩，厚130～1650m。

本区上二叠统为一套复杂的深水碎屑沉积，定名为晒瓦群。自下而上可分为4段：第一段以灰、深灰色薄层硅质灰岩、硅质岩为主，夹黏土岩及少量岩屑粉—细砂岩、砾岩，厚275m；第二段以灰色薄至中厚层长石岩屑砂岩为主，夹黏土岩及泥灰岩，厚316m；第三段以灰、黄褐色黏土岩为主，夹薄层含黏土质生物屑灰岩、泥灰岩，以及少量硅质岩，厚111.4m；第四段为灰色厚层泥晶砾一砂屑灰岩与薄层硅质岩互层，夹黏土岩，厚165.4m。此外，本岩群在本区北缘全部相变为深灰色薄至中厚层硅质条带泥晶灰岩、生物屑灰岩、砂砾屑灰岩夹滑塌角砾岩等。厚度普遍较薄，薄者仅130m。

2.3　典型层状地层岩性特点

二叠系地层按岩性划分，主要包括灰岩、硅质岩、砂岩、泥岩、页岩、黏土岩和煤系地层。沉积岩岩性由沉积相所决定，不同沉积环境形成不同的岩性。

沉积相是沉积物的生成环境、生成条件和其特征的总和。完整、准确的沉积相概念，包括两层含义：一是反映沉积岩的特征；二是揭示沉积环境。沉积环境包括岩石在沉积和成岩过程中所处的自然地理条件、气候状况、生物发育情况、沉积介质的物理化学条件等。沉积岩特征包括岩石成分、颜色、结构等岩性特征以及古生物特征。沉积相的分类通常是以自然地理条件为主要依据，并结合沉积岩特征及其他环境条件进行具体划分。大致可以分为陆相组、海相组和海陆过渡相组，各相组还可细分，详见表2.1。

表2.1　　沉积岩岩相分类[150]

相　组	陆相组	海相组	海陆过渡相组
相	坡积-坠积相 山麓-洪积相 河流相、湖泊相 沼泽相、沙漠相 残积相、冰川相	滨岸相 浅海陆棚相 半深海相 深海相	三角洲相 泻湖相 障壁导相 潮坪相 河口湾相

贵州省二叠世时期海水由南侵入，由于古地貌和同沉积断裂影响，沉积相带呈北西向展布，并出现了台、盆相间的沉积格局。浅水台地以碳酸盐沉积为主，台盆内则出现了深水泥岩、硅质岩、碳酸盐岩及各类重力流沉积；在黔桂交界地区尚有基性岩浆的喷出和浸入。后来东吴运动使得大部分地区上升成陆，沉积相带由早二叠世的近东西向变为晚二叠世的北东向排布。贵州省二叠系地层古地理沉积岩相大致可分为早二叠世碳酸盐岩台地时期（可分为栖霞期、茅口期）和晚二叠世陆地和滨—浅海时期（可分为龙潭期和长兴期）。贵州省碳酸盐台地综合沉积模式如图2.3所示。

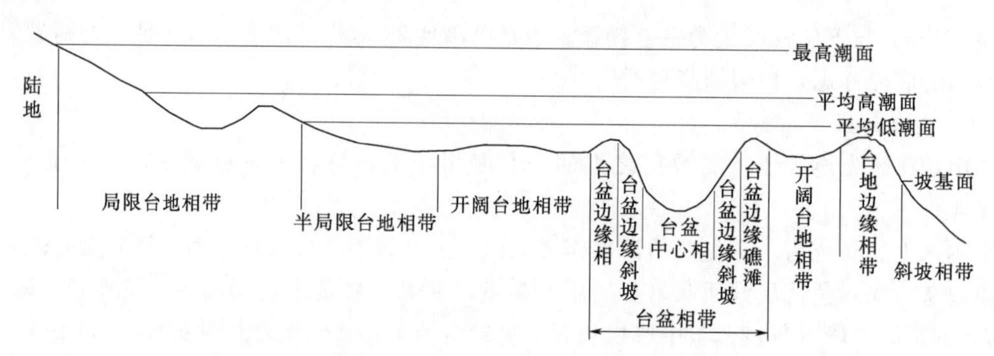

图2.3　贵州省碳酸盐台地综合沉积模式示意图[150]

2.3.1　早二叠世碳酸盐岩台地时期

晚石炭世末的黔桂运动使贵州省大部短暂上升后，早二叠世海侵范围逐渐扩大，至栖霞中期全部变为碳酸盐沉积。在贵州省北半部，以泥晶灰岩和生物屑灰岩为主，颜色相对较暗，属于半局限海台地相带。贵州省南半部属开阔海台地相带，岩性为灰岩。在此开阔海台地内的紫云—望谟一带，主要为深灰、灰黑色波层泥晶灰岩间夹黑色硅质岩，属于较深还原水体的台盆地沉积。沿此台盆靠台地一侧的生物礁滩发育，构成了台地边缘礁滩相。由此相往台盆方向，发育了碳酸盐角砾岩这种滑塌堆积，代表了台盆边缘斜坡相。

早二叠世栖霞期岩相以黔桂深水碳酸盐岩盆地为主，同时还分布着3个孤立的浅水碳酸盐岩台地。在黔桂碳酸盐岩盆地的周缘为斜坡，即环盆地斜坡，在3个孤立的周缘亦存在斜坡，即环台地斜坡。

(1) 黔桂碳酸盐岩盆地：形状不规则，边界受不同沉积断裂所控制。岩石主要为深灰色—灰黑色中薄层的灰泥石灰岩夹碳酸盐重力流沉积岩。灰泥石灰岩的水平纹层较发育。该盆地应为局限的较深水盆地。

(2) 台地：均分布于黔桂碳酸盐岩盆地之中，其沉积特征相似，岩石均以浅灰色、灰色及深灰色中厚层及块状灰泥生粒石灰岩为主。自孤立台地的内部向边缘，岩石有岩层变厚、颜色变浅的趋势，这表明台地内部的水体循环可能受到一定限制。

(3) 斜坡：按其所处位置，可分为环绕盆地的斜坡和环绕孤立台地的斜坡。这两类斜坡的沉积特征相似，均以暗色中薄层灰泥石灰岩夹碳酸盐重力流沉积岩为特征。斜坡带基本上为较深水的沉积环境。

茅口期以黔桂深水碳酸盐岩盆地为主，在其中也分布着3个孤立的碳酸盐岩台地。在这些盆地的周缘及孤立台地的周缘是斜坡。

(1) 台地。台地均分布于深水盆地之中，均是从栖霞期续承下来的，而且范围也基本一致。岩石相似，主要为浅灰色、灰色厚层状生粒灰泥生灰岩、生粒灰质石灰岩和含生粒灰泥石灰岩。礁、滩的出现，表明这些孤立台地边缘的水体已较为动荡，能量也相对增强。

(2) 盆地。从栖霞期续承下来的，其范围变化不大，沉积特征也相似。岩石仍主要为

深灰色—灰黑色薄层—中层状的灰泥石灰岩夹碳酸盐重力流沉积岩。这个盆地的水体仍相当深。

(3) 斜坡。岩石主要为暗色中薄层灰泥石灰岩，夹薄层硅质泥岩、硅岩及碳酸盐重力流沉积岩等。斜坡范围不大且较陡峻。

2.3.2 晚二叠世陆地和滨—浅海时期

东吴运动改变了早二叠世的古地理格局。早、晚二叠世之交，随着川、滇、黔交境地区玄武岩的大规模喷溢，大部分地区上升成陆，沉积相带由早二叠世的近东西向变为晚二叠世的北东向排布。该时期古地理岩相分为乐平期和长兴期。

乐平期由西向东依次出现冲积平原、滨岸、浅海环境，它们之间呈渐变过渡。冲积平原以河流和湖泊为主，沉积形成细—粉砂岩、泥质岩和煤组成的含煤岩系。滨岸的海陆过渡环境主要为潮坪和泻湖，并伴有小型三角洲，沉积形成海岸平原含煤岩系。岩性为粉—细砂岩、泥质岩、灰岩和煤。浅海为半局限碳酸盐岩台地，以泥晶灰岩、含生物屑灰岩夹少量陆源碎屑岩为主。在本区的海域中，仍有碎屑岩台地、碳酸盐岩台地、斜坡和盆地。但与茅口期不同的是，由于陆地的出现，导致了碎屑岩台地发育，面积大增；而碳酸盐岩台地和盆地的面积相应地大大萎缩。

(1) 川、滇、黔碎屑岩台地碎屑岩含量大于50%，碳酸盐岩含量小于50%。该台地呈南北向延伸。在其西部，潮坪环境发育，东部则为浅水潮下带。

(2) 中上扬子碳酸盐岩台地分布于黔东，龙潭期最大的一个碳酸岩盐台地。台地上沉积物主要为灰色、深灰色中厚层灰泥生粒石灰岩和含生粒灰泥石灰岩，此外还有少量的泥岩、页岩和硅岩等。

(3) 贵州省龙潭期的斜坡为陡斜坡，环绕西南部的黔桂火山碎屑岩硅岩碎屑岩盆地周缘的环盆地斜坡，以及此盆地的几个孤立碳酸岩台地周缘的环台地斜坡。斜坡带的水体较深，处于缺氧还原沉积环境。

长兴期岩相古地理续承了乐平期古地理格局，只是海侵范围向西扩大，陆地相对缩小，但宣威—威宁一带则仍为淡水湖泊、沼泽及河流环境。岩性为砂岩、泥质岩和煤。长兴晚期，陆地稍有扩大，海岸线稍向东移。

(1) 川、滇、黔碎屑岩台地的范围较龙潭期的小。台地上仍以潮坪较发育为特征，在其靠近陆地的一侧属潮间—潮上带，沉积了泥岩、粉砂岩、玄武岩岩屑砂岩和煤。

(2) 与龙潭期相比，长兴期碳酸盐岩台地的范围明显扩大，主要是川黔碳酸盐岩台地的西部边界向西迁移很多。台地内部岩石主要是灰色、深灰色的中厚层灰泥生粒石灰岩。

(3) 望谟孤立碳酸盐岩台地位于深水盆地中，是从龙潭期延续下来的，岩石为浅灰色、灰色厚层状生粒石灰岩和礁石灰岩。

(4) 环台地斜坡，指位于望谟孤立碳酸盐岩台地的斜坡。其沉积特征与龙潭期相似，重力流沉积岩较发育，但火山碎屑物质有所减少，仍属陡斜坡。

(5) 黔桂火山碎屑岩盆地的范围和沉积特征与龙潭期相似。岩石主要为火山碎屑凝灰岩和火山碎屑浊积岩，靠近盆地边缘主要为中薄层灰泥石灰岩夹碎屑流沉积岩和浊流沉积岩。

根据贵州省二叠系古地理沉积相和地层时代，贵州省二叠系地层古地理岩相与岩性见表2.2。

表2.2　贵州省二叠系地层古地理岩相与岩性[150]

沉　积　相			主　要　岩　性	
			早二叠	晚二叠
陆相	陆地河流相	Ⅰ		砂页岩
海陆过渡相	陆地边缘相	II_1	泥晶灰岩、生物屑灰岩	陆源细屑沉积岩夹煤层
海相	台地相	II_1^1	灰岩	灰岩
	台地边缘礁滩相	II_2^2	灰岩	灰岩
	台盆相	II_3^1	泥晶灰岩夹硅质岩	泥晶灰岩
	台盆边缘斜坡相	II_3^2	碳酸盐（岩）角砾岩	碳酸盐（岩）角砾岩

2.4　典型层状地层结构演化特点

沉积建造、构造改造和浅表生改造对于地层结构的形成与演化起着决定性作用，而地层结构又控制着地质灾害的发生。由于地质体经受过漫长的地质作用，其结构和赋存环境复杂，沉积建造作用形成岩层面等原生结构面；构造改造将形成节理、断层等构造结构面；浅表生构造将形成卸荷裂隙等结构面。除此之外，岩层结构还受水文及人类活动扰动的影响，因此地层结构演化过程极其复杂。本文拟将以上因素简化，重点探讨地层结构的演化特点，通过概化地质模型建立地层结构演化的全过程。

2.4.1　层状地层结构演化影响因素

2.4.1.1　地质建造

大量的工程实践和理论总结已经证明，岩体稳定性明显受岩体结构的控制。而岩体结构的宏观基础是地质结构，地质结构又是地质建造和改造的结果。地质建造过程中，由于建造类型的不同，地质体形成了不同的岩相特征。而且，受各种因素的作用和影响，建造体中会出现不同的原生结构面，如：沉积岩建造中的层面、层理和纹理等，岩浆岩建造中的冷凝裂隙、似层面、喷发间断面等。这些原生结构面对岩体的构造改造有一定的控制作用。贵州省二叠系主要为沉积岩地层，其最主要的原生构造为层面、层理。

层面是比较明确的岩性分界面，上下岩体在空间上往往不连续。识别层面的方法很多，可以通过岩石成分的变化、结构的变化、颜色的变化来区分层面与其他不连续面，也可以通过波痕、层面暴露标志如泥裂、雨痕等来识别层面。层面主要反映了沉积环境的变化，所以往往是区域性分布的，延伸范围大。沉积条件不同，层面形态往往差异很大，而且层间充填物的成分亦有明显不同。

层理是指岩层中物质的成分、颗粒大小、形状和颜色在垂直方向发生改变时产生的纹理。可分为水平层理、平行层理、粒级层理和斜层理四大类。根据沉积相分区贵州省二叠世地层沉积建造简述如下：贵州省早二叠世黔北区地层区主要沉积建造为波状—透镜状层

理；黔南区主要为小型交错层理；南盘江区主要为波状层理、小型斜层理、水平层理及冲刷面。晚二叠世乌蒙山区和三岔河区地层区主要为平行层理、板状交错层理、槽状交错层理；苗岭区地层区主要为小型交错层理；南盘江区主要为波状层理、小型斜层理、水平层理及冲刷面。

2.4.1.2 构造改造

贵州省位于华南板块内，处于东亚中生代造山与阿尔卑斯—特提斯新生代造山带之间，横跨扬子陆块和南华活动带两个大地构造单元。在已知 14 亿年地质历史时期中经历了武陵、雪峰、加里东、华力西—印支、燕山—喜山等 5 个阶段。

雪峰运动奠定了扬子陆块的基底，广西运动使黔东南地区褶皱隆起与扬子陆块融为一体，以后又经历了裂陷作用、俯冲作用，燕山运动奠定了现今构造的基本格局。多次造山作用的地应力场在变化多端的地应力条件下，形成了挤压型、直扭型和旋扭型三类构造型式，交织成一幅复杂多变的应变图像。本书主要讨论二叠纪及二叠纪之后的构造运动。

(1) 黔桂运动原指广西壮族自治区二叠系栖霞组与石炭系马坪组之间的假整合。但在贵州地区该时期二叠系与石炭系具有多种接触情况。黔西南地区为连续沉积；黔西和黔南，下二叠统与上石炭统顶部普遍为假整合；黔中地区，下二叠统假整合与上石炭统中部甚至与志留系和奥陶系假整合。黔桂运动在贵州省表现为岩石圈张裂沉陷不均，部分地块作间歇性相对抬升，也可看作华力西－印支构造阶段的一幕。

(2) 贵州省普遍见上、下二叠统之间为假整合接触。整合于栖霞组之上的茅口组虽然缺失上部某些层段，但从未见整个茅口组缺失。上二叠统各地层单元之间都是连续沉积。当年李四光所称的栖霞组相当于现在所称栖霞组与茅口组之和，故贵州省二叠系上系统的间断面应与东吴运动相当。东吴运动是贵州省岩石圈断陷达到上地幔的表现，除有玄武岩大量喷发外，尚有大量同岩辉绿岩墙和岩墙侵入。

(3) 安源运动原指赣西萍乡发生在晚二叠世瑞替期之前与早、中三叠世地层或下二叠统茅口组间的不整合，安源运动结束了贵州省海相沉积的历史，标志着地壳演进中的一次重大变革，为华里西—印支构造的上限。

(4) 燕山运动代表侏罗纪末期、白垩纪初期产生的不整合、火成活动和成矿作用。它是贵州很重要的一次造山运动，使晚白垩世以前的地层普遍发生褶皱断裂，奠定了现今所见地质构造和地貌发育的基础。除黔西南末见白垩系存在以及黔北嘉定群与上侏罗统为假整合外，其余地区零星分布的上白垩统与下伏不同时代地层均为明显的角度不整合接触，而上白垩统与上侏罗统直接的角度不整合关系，仅在临近黔东北且同属于北北东向褶皱的川东南黔江正阳盆地才能见到。

(5) 喜马拉雅运动：贵州省新生代地层记录不全，构造运动踪迹仅能根据少量零星资料结合大区域对比加以分析。四川省台拗的上白垩统已经褶皱变形，邻区有关证明下第三系古新统与上白垩统又为整合关系，黔西南始新世末至渐新世初的石脑群与下伏二叠系、三叠系呈角度不整合，这就可以认为渐新世和始新世之间有一个间断面，当是喜马拉雅运动的一幕。喜马拉雅运动在黔北习水地区的地层形成 3 个大规模的背斜。

在历次构造活动的作用下，二叠系地层岩体中形成的结构面主要有三类：劈理、节理和断层。

(1) 劈理：一种将岩石按一定方向分割成平行密集的薄片或薄板的次生面状构造，多发育在强烈变形、轻度变质的岩石里。劈理可进一步分为流劈理、破劈理和滑劈理：流劈理的形态与变质岩中的片理、片麻理类似，它是岩石变形时，内部组分发生压扁、拉长、旋转和重结晶作用的产物；破劈理可理解为微观尺度上的剪节理，但较剪节理更为密集，劈理面垂向间距一般小于 1cm；滑劈理是一组切过先存面理的差异性平行滑动面或滑动带，带内矿物具有新的定向排列，先存面理一般发生弯曲。

(2) 节理：岩石中的裂隙，是没有明显位移的断裂。按力学成因节理可分为剪节理和张节理。剪节理的主要特征为：产状较稳定，沿走向和倾向延伸较远；一般平直光滑，有时具有因剪切滑动而留下的擦痕；发育于砾岩和砂岩中的剪节理，一般切穿砾岩和胶结物；典型的剪节理常常组成共轭“X”型节理系，往往呈等距离排列；主剪裂面由羽状微裂面组成。张节理的主要特征为：产状不稳定，延伸不远，单条节理短而弯曲，节理常侧列产出；节理面粗糙不平，无擦痕；在胶结不太坚实的砾岩或砂岩中，张节理常绕砾石和粗砂砾而过，如切穿砾石，破裂面也凹凸不平；张节理多开口，一般被矿脉充填，脉宽变化大，壁面不平直。岩体经受不同的构造作用，往往会形成不同形态的节理组或节理系。对岩体中节理的分组，有助于反演岩体所经历的构造作用。

(3) 断层：一种面状构造，但大的断层一般不是一个简单的面，而是由一系列破裂面或次级断层组成的带，带内还常夹杂和伴生有搓碎的岩块、岩片及各种断层岩。断层规模越大，断裂带也就越宽、越复杂。断层可总体划分为脆性断层和韧性断层两大类，其中韧性断层又称韧性剪切带。脆性断层普遍发育于地壳表层；而韧性断层则多产生于地壳一定深度范围以内，需要较高的温度和压力。在断层两侧，尤其是剪性断层两侧，常常伴生有大量的次生断裂和节理，这些派生节理在主断面两侧呈羽状排列。

2.4.1.3　浅表生改造

岩体结构的表生改造是指在地面风化剥蚀、河谷下切或人工开挖过程中，由于应力释放，岩体发生向临空面的卸荷回弹，应力场产生调整，进而引起岩体结构一系列新的变化。表生改造以卸荷作用为主，其对岩体结构的影响一般表现为两种形式：①对岩体中原有结构面的进一步改造；②形成新的表生破裂面，该破裂面又称为卸荷裂隙。

贵州省处于云贵高原东侧梯级状斜坡地带，突起于四川盆地和广西丘陵之间的亚热带岩溶高原。总的来说是西高东低、中部高南北低，形成东西三级阶梯，南北两面斜坡。除贵州省西部和中部一些地区仍保存着高原景观外，其余地区高原面多遭破坏，形成山原和山地。西部地区地形起伏较大，河流侵蚀较深，地貌切割破碎；中部地区地面虽有起伏，地形比较平坦；东部地势最低，丘陵广布，起伏较小。高原和山地占全省面积 89%，丘陵河谷盆地约占 11%。

贵州省二叠系地貌形态是晚新生代以来地壳在内外营力相互作用下的综合产物，地貌个体形态多样，正、负地形组合形态复杂。根据塑造地貌外营力的主导因素，将贵州省二叠系地貌形态类型进行划分，见表 2.3。

表 2.3　　贵州省二叠系地貌形态类型划分表[150]

成因类型	岩石建造类型	形态组合类型
溶蚀	碳酸盐岩	峰丛洼地、峰丛谷地、峰林洼地、峰林谷地、溶丘洼地、溶丘盆地
溶蚀-侵蚀	碳酸盐岩与碎屑岩互层	峰丛峡谷、峰丛沟谷
溶蚀-构造	碳酸盐岩夹碎屑岩	溶蚀平台、断陷盆地、垄脊槽谷（垄岗谷地）
侵蚀-剥蚀	火山岩、碎屑岩	缓丘谷地、缓丘坡地
侵蚀-构造	碎屑岩、碎屑岩夹碳酸岩	台状山峡谷、桌状山峡谷、单面山沟谷

2.4.1.4 水文地质特征

1. 降雨

贵州省各地年降水量的多年平均值为 850～1600mm，是国内降水量比较丰富的地区，在地区分布上，由南到北，由东到西逐渐减少。全省有 3 个多雨区，分布在西南部、东南部和东北部。其中西南部多雨区范围最大，降水量在 1300mm 以上；东南部多雨区呈北东—南西向条带状分布，其中的丹寨可达 1505.8mm；东北部多雨区在梵净山东南麓的铜仁、松桃一带降水量多为 1000～1300mm。在时间分布上，雨季在东部来的最早，始于 4 月上旬，相继向西推移，最迟是威宁、盘县一带，5 月中旬才进入雨季。雨季延续的时间东部最长，铜仁、镇远、榕江一带达 210 天以上，西部最短仅 150 天左右，中部平均在 180 天左右。四季降水量冬季最小，介于 25～100mm，占总降水量的 3%～4%；夏季各地降水量介于 450～800mm，占年降水量的 40%～55%。

贵州省夏半年降水强度最大，一般是南部大于北部，多雨区大于少雨区，日降水量达 50mm 的暴雨南部多在 4 天以上，普定最多达 52 天，而北部少雨区一般不超过 20 天。

2. 地表水

贵州省河流分属长江、珠江两大流域，苗岭为省内一级分水岭，以北属长江流域，以南属珠江流域。长江流域面积 115747km^2、占全省总面积的 65.7%；珠江流域面积 60381km^2，占全省总面积的 34.3%。其中长江流域分为 4 个水系：乌江水系、牛栏江—横江水系、赤水河—綦江水系；珠江流域分为 3 个水系：南盘江水系、北盘江水系、红水河水系。

贵州省主要河流多发源于西部高原，水流方向受地势与地质构造条件制约，由我国第二级地势阶梯分别向东及南、北方向呈扇形展布。多数河流上游河谷开阔，比降平缓，中游束放相间，水流湍急，下游河谷狭窄，急流深切。贵州省二叠系主要为碳酸盐岩，岩溶地貌发育。岩溶地区地表水系少，水流多经地下排泄。当地下水排泄不畅时，则部分低洼地区易形成洪涝区。贵州省非岩溶地貌区以黔东南及赤水地区最为集中，地表水系发育，河谷切割较深，而赤水河地区因岩层产状平缓而多瀑布陡滩，河床比降大。因此，非岩溶地区河流上游与支流易发生山洪及泥石流。

3. 地下水

贵州省二叠系地层地下水主要有岩溶水及基岩裂隙水两大类型。

(1) 下二叠统石灰岩岩溶水：集中分布于黔南，在乌江及北盘江上源的黔西北地区亦有较大面积分布。岩层为厚层状石灰岩为主，白云岩及白云质灰岩次之，溶蚀管道及孔洞十分发育，含水极不均一。地下水最丰富年均产水模量为 46 万 m^3/(a·km^3)。地下河发

育密度为贵州省各岩溶岩组之冠。

（2）上二叠统基岩裂隙水：含水介质主要为上二叠统峨眉山玄武岩，主要分布于贵州省西部。柱状节理、改造裂隙及风化裂隙中，泉水平均流量为 1.76L/s。

2.4.1.5　人类活动

贵州省近几年正在大力发展基础性建设，一大批道路、交通、水利、水电、能源、矿产等项目都在紧锣密鼓地进行之中。如与二叠系地层相关的大型工程有息烽县鱼简河水利工程、思南县沙坨水电站、务川县沙坝水电站、兴义县黄泥河老江底水电站、贵州省镇水公路等。这些活动大规模地改变了斜坡的平衡状况，导致生态环境的改变，形成大量的人工边坡，并由此将可能诱发更多的滑坡、崩塌等地质灾害。

另外，贵州省斜坡多，耕地少，为解决粮食短缺问题，毁林开荒种植严重。由于森林植被地破坏，改变了径流形成的条件，使水对斜坡的不良作用得到充分发挥，导致滑坡灾害日趋频繁。

2.4.2　层状地层演化过程

本节将结合概化地质模型，探讨层状岩体结构在自然历史尺度上的演化过程。

（1）原生结构面形成阶段：在沉积岩沉积过程中，沉积环境变化以及沉积间断等均可能导致沉积岩的矿物成分、粒序大小甚至是岩性发生变化，从而形成层理和层面等原生结构面。由于层理面强度较大，不易引起岩体破坏，这里只考虑层面，如图 2.4（a）所示。

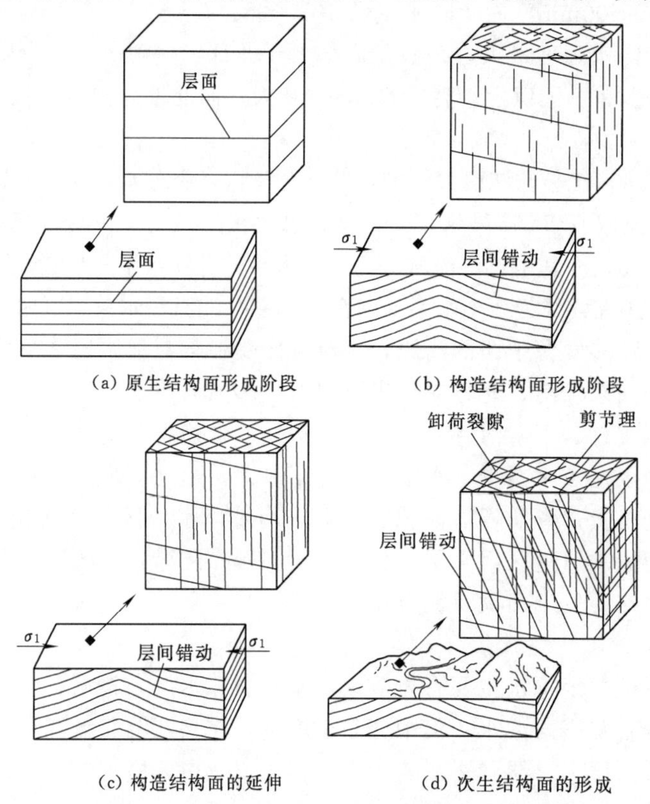

图 2.4　层状地层结构演化图

(2) 构造结构面形成阶段：这类结构面是岩体形成后在构造应力作用下形成的各种破裂面，可显著影响岩体的完整性和力学性质，包括断层、节理、劈理和层间错动。如图2.4（b）所示，在构造应力σ_1作用下，形成背斜褶皱。该过程中共生成3种结构面，即：与主应力夹角（$45°-\varphi/2$）两组剪节理，与褶皱轴线平行的张节理以及岩层面之间的层面错动。

(3) 构造结构面的延伸：随着构造应力的持续，并伴随风化作用的影响，已形成的结构面会继续扩展、破裂，如图2.4（c）所示。

(4) 次生结构面的形成：多组构造结构面的组合，使得岩体变得非常破碎，特别是背斜核部，因此核部最易被风化，逐渐形成河谷。在形成河谷的同时，会伴随卸荷裂隙、风化裂隙等次生结构面的产生，如图2.4（d）所示。

综上所述，地层结构的演化受多种因素影响，时间跨度大、作用复杂。研究并查明地区地层结构演化过程，对整个地区的地质灾害破坏模式、稳定性分析、预测预报及防治具有重要意义。

2.5 实 例 分 析

拟建的贵阳市会文变—渔安变220kV线路工程J2号铁塔位于贵阳中天城投集团东山回迁安置区E组团西北侧边坡上。地面坡度20°～75°，地面高程1106.00～1156.00m，边坡高差40m。为贵阳盆地东部边缘低中山—丘陵地貌，场地边坡向东南倾斜，地形北西向高，南东向低。

2.5.1 边坡岩层分布及岩性特征

据地表调查、坑探及钻探揭露，勘察范围内岩土构成主要为第四系可塑状粉质黏土、二叠系上统吴家坪组（P_2w）强风化泥岩、互层状强风化泥岩、灰岩及强—中风化灰岩，J2号铁塔工程地质剖面图如图2.5所示，现自上而下依次描述如下：

①$_1$第四系（Q_4^{ml}）人工素填土：杂色、稍密，稍湿，成分以黏土、碎石为主，级配一般，均匀性中等，厚1.5～3.9m，分布于坡顶原铁塔基坑内。

①$_2$混凝土：为坡顶原铁塔基础底板，厚0.7～1.7m。

②第四系残坡积（Q_4^{el+dl}）粉质黏土：褐色，可塑，能搓成细长条，手捻有砂感，含强风化泥岩碎块，粒径2～20mm，一般厚0.5～1.5m，平均厚度1m，表层0.5m为耕殖土，分布于J2号铁塔附近。

③二叠系上统吴家坪组（P_2w）泥岩：褐色，薄层状，泥质结构、泥质、铁锰质胶结，强风化，锤击声哑、镐可挖掘，岩块手可扳断、捏碎，为极软岩。

④二叠系上统吴家坪组（P_2w）互层状泥岩、灰岩：泥岩呈褐色褐色，薄层状，泥质结构、泥质、铁锰质胶结，强风化，锤击声哑、镐可挖掘，岩芯呈砂状、碎块状、岩块手可扳断、捏碎，为极软岩。

⑤二叠系上统吴家坪组（P_2w）灰岩：灰色，中厚层状，隐晶结构，钙质胶结，部分区段夹薄层泥岩。

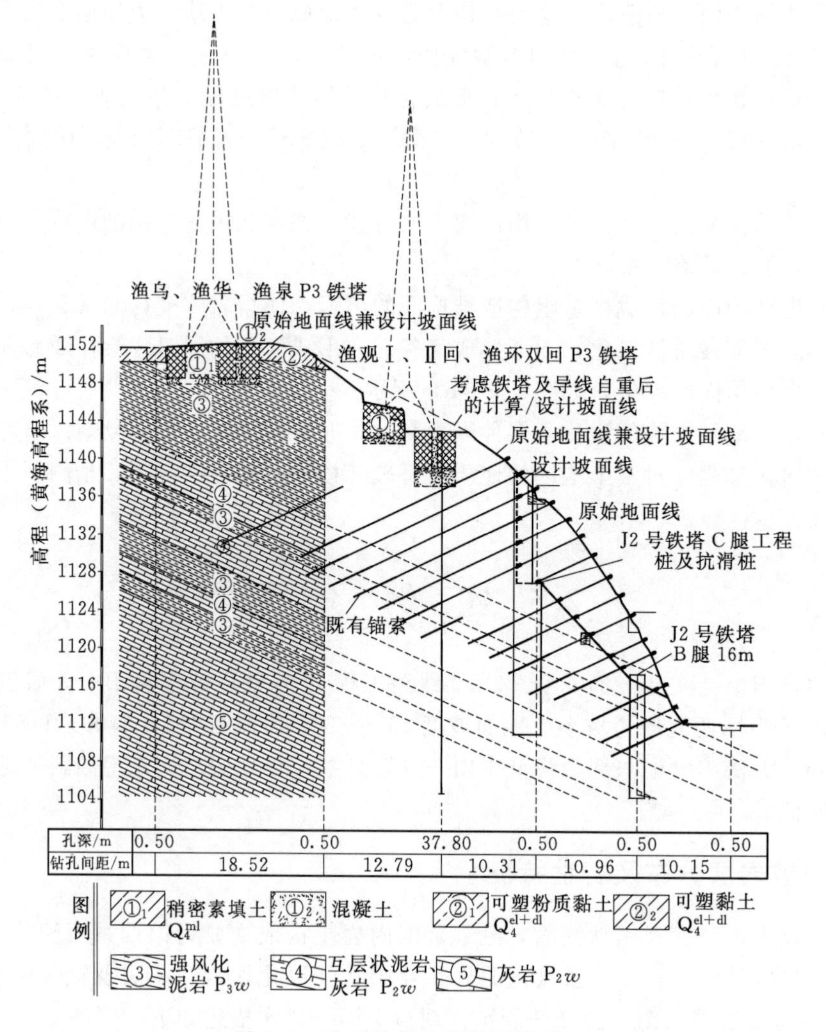

图 2.5　J2号铁塔工程地质剖面图

2.5.2　边坡岩体结构演化特点

1. 边坡岩体结构面统计

边坡基岩风化严重且出露条件较差，故节理裂隙统计只能在强风化泥岩中进行。共测得31组结构面，利用DIPS软件处理得到6组结构面，包括1组岩层面和5组节理，统计结果见表2.4。其中Y结构面为岩层面，受燕山构造运动和新构造运动的影响岩层面产状从水平状演变为倾角为43°的陡倾状；其余5组结构面平直光滑且延伸长，可判定为剪节理。

2. 边坡地表水及地下水

据现场地表调查，场地及周边未见泉点、泉眼、河流等地表水，且场地处于斜坡地带，地势较高，有利于地表水的排泄。场地地下水主要为第四系松散孔隙水和基岩裂隙水。

表 2.4　**J2 号铁塔处泥岩节理裂隙统计结果**

编号	倾向/(°)	倾角/(°)	起伏差	粗糙度	节理充填物	延伸长度/m	备注
Y	213	43	平直	光滑	泥质填充	贯通	层面
J_1	300	65	平直	光滑	泥质填充	>1	
J_2	67	63.5	平直	光滑	泥质填充	>1	
J_3	52	36	平直	光滑	泥质填充	>1	
J_4	112	52	平直	光滑	泥质填充	>1	
J_5	2	51	平直	光滑	泥质填充	>1	

(1) 第四系松散孔隙水：埋藏于第四系（Q_4^{el+dl}）黏土、粉质黏土、素填土层中或岩土接触面附近，多呈透镜状分布，水量受季节性降雨影响变化较大，属上层滞水，为区内弱含水层。

(2) 基岩裂隙水：赋存于场地下伏泥岩、灰岩、白云质灰岩节理裂隙和岩层面中，水量及水文联系受节理裂隙和层面控制，泥岩为弱含水岩组，灰岩、白云质灰岩为中等含水岩组，富水性中等；基岩裂隙水分布在整个拟建场地，地下水接受大气降水及上层滞水的补给，沿节理裂隙渗入地下，沿岩层层面及裂隙之间输移。

3. 人类活动

人类活动对 J2 号塔基边坡影响显著，先后经历了锚索支护→施加铁塔荷载→切坡→重新支护→施加 J2 号铁塔荷载等一系列人类活动。这些活动对边坡岩体的扰动很大，是影响边坡稳定的重要因素。

根据边坡岩层的岩性特征及岩体结构特征，后续章节会针对该边坡的破坏模式、稳定性计算、预警预报以及防护治理进行详细研究。

第3章 典型层状岩质边坡地质力学模型

3.1 概 述

层状岩质边坡的岩体结构、岩性组合、坡体结构均具有特殊性与复杂性，且易受边坡体外部环境的影响。因此，建立边坡地质力学模型，不仅能够更明确直观地了解边坡工程地质特性，也便于进行边坡稳定性评价。而对于典型层状岩质边坡岩体力学参数、破坏模式的确定以及地质力学模型的建立，需要综合多方面因素进行考虑。本文将对这几个方面进行详细介绍。

3.2 力学参数的确定

对于层状岩质边坡，其岩体力学参数取值的准确与否在很大程度上决定着岩体工程力学分析及边坡稳定性评价结果的可靠性。合理地确定工程岩体力学参数，是工程设计、稳定性评价和其他研究工作的前提和基础。本文将简单介绍目前常用的研究岩体力学参数的方法，并结合贵州地区主要地层（二叠系地层），给出力学参数建议值。

3.2.1 力学参数确定方法

3.2.1.1 试验法

试验法是研究力学性质、确定岩体力学参数最直接、最基本的方法。试验法分室内试验和原位试验两种。常用的岩体室内试验有单轴压缩变形试验、单轴抗压强度试验、三轴压缩强度试验、抗拉强度试验、直剪强度试验等；常用的原位试验有承压板试验、狭缝法试验、隧洞液压枕径向加压法试验、隧洞水压试验、岩体直剪试验、岩体三轴压缩试验、结构面直剪试验等。

室内试验一般是在现场用钻探或其他方法取得岩体以及结构面的试样，在试验室中加工成标准的岩样，用单轴、三轴或直剪试验测得相关的试验参数。

原位试验主要是测定结构面的参数，一般在经过一定的地质勘探以后，选定几组有代表性的结构面，测定其 C、φ 值，法向刚度、切向刚度等。

岩体室内试验虽然简单，便于操作，但由于受到试样尺寸、取样和制样过程中对岩体本身结构的扰动等的影响，试验结果往往不能很好地反映工程中岩体的力学性质和参数。相比而言，用原位试验确定岩体力学参数，能较好地体现岩体的自然特性，但原位试验存在着试验条件高、周期长、费用高的缺点。

3.2.1.2 经验分析法

经验分析法主要是通过对众多试验资料进行回归分析，得到量化经验公式来确定岩体力学参数，该法可以考虑影响岩体力学参数的诸多地质因素。基本思路是观察确定岩体工程地质特征，进行工程地质岩组划分，并通过分级、分类系统，将岩体划分为不同的级别，或得到岩体质量的综合评分值；然后依据岩体级别或类别，依照经验取值表，确定岩体宏观力学参数的取值范围，或者由岩体质量综合评分值结合有关强度准则与经验公式，估算岩体力学参数的确定性量值。由于岩体的复杂性，对于不同类型的工程岩体往往需要不同评判标准的岩体质量分类办法。目前常用的有 *RMR* 法、*BQ* 法、*Q* 分级法、*GSI* 法等。

1. 工程地质岩组划分

工程地质岩组是指工程中岩石的实际工程地质组合，是构成岩土体的主要物质成分，是工程设计的依据，是评价岩土体工程稳定性的必要条件，也是工程地质学研究的一个重要课题。工程地质岩组是工程地质条件评价中的主要可操作方法之一。就岩组的划分而言，通常是在岩体工程地质力学原则的基础上进行的。由于地质体与岩体之间的差异较大，为了保证岩组划分的有效性，应该将岩组划分控制在一定范围内。

在实际的岩石工程中，需要通过工程地质岩组的划分对岩石结构及稳定性等方面进行有效判断。正确的划分岩组有利于对岩体结构的认识，有利于对岩体稳定性进行评价分析，有利于工程技术人员对工程地质资料的应用。与其他方法相比，工程地质岩组对应的结构面与体的级别相对较低。就结构面而言，其五级划分依据为土体断裂及由其他相应成因引发的地质结构面规模。就结构体而言，其分级的影响因素主要是结构面的层次性。随着结构体级别的变化，结构体对岩体稳定性分析产生的作用也存在相应的区别。由于工程岩体比地质体小很多倍，岩组划分不能过大，必须在建造类型基础上进行。工程地质岩组一般是为工程规划和设计服务的，其所对应的结构面和结构体的级别一般都比较低，而宏观上非大区域范围的划分。

2. 工程岩体分级

(1) *RMR* 法。该方法主要有 5 个参数及 1 个调整参数：岩石强度（用点荷载或单轴抗压强度）、岩芯质量（*RQD*）、结构面间距、结构面开度充填等条件、水文地质条件，视结构面空间不利展布即结构面的走向和倾向的影响对评分进行调整。每个参数有 5 个重要的等级数量，对以上影响岩体稳定性的 6 种主要因素进行评分来计算岩体的 *RMR* 值，表达式为

$$RMR=R_1+R_2+R_3+R_4+R_5+R_6 \tag{3-1}$$

式中 R_1——岩石强度评分值；

R_2——*RQD* 值评分值；

R_3——节理间距评分值；

R_4——结构面性状评分值；

R_5——地下水评分值；

R_6——主要结构面产状影响修正值。

在采用 *RMR* 法进行工程岩体分级时，首先确定 *RMR* 初值，再根据节理方向的影响

对初值进行修正作为最后的总评分值，RMR 值是衡量隧道围岩质量的“综合特征值”。它随着岩体质量而从0递增到100，根据表3.1可以确定岩体等级。

表3.1 **RMR 法岩体质量分类表**

类别	岩体描述	RMR 值	类别	岩体描述	RMR 值
Ⅰ	很好的岩体	81～100	Ⅳ	较差的岩体	21～40
Ⅱ	好的岩体	61～80	Ⅴ	很差的岩体	0～20
Ⅲ	较好——一般的岩体	41～60			

RMR 法有3个基本参数是定量的，另3个基本参数是定性的，是一个半定量半定性的方法。其优点是多指标综合考虑确定岩体质量，且除岩块单轴抗压强度外不需测试其他参数，方法简便可行。缺点是该法需要做大量的地质工作，需要有经验的地质人员参加，此外该方法没有考虑各种节理的粗糙度、节理充填物的抗剪强度及岩石本身的荷载。

（2）BQ 法。《工程岩体分级标准》（GB/T 50218—2014）[151]中对岩体基本质量的定性描述进行概化与规定，确定岩体坚硬程度的定性划分与岩体完整程度的定性划分方式，并且提出各级别岩体基本质量的定性特征。岩体基本质量指标采用综合指标法，以2个定量指标 R_c 与 K_v 为参数，按公式计算 BQ，并以 BQ 作为划分岩体级别的定量指标，其计算公式为

$$BQ=100+3R_c+250K_v \tag{3-2}$$

式中 R_c——岩石单轴饱和抗压强度；

K_v——岩体完整性指数。

需要注意的是，在运用式（3-2）时应遵循下列限制条件：①当 $R_c>90K_v+30$ 时，以 $R_c=90K_v+30$ 和 K_v 代入计算 BQ 值，即 $BQ=180+520K_v$；②当 $K_v>0.04R_c+0.4$ 时，以 $K_v=0.04R_c+0.4$ 和 R_c 代入计算 BQ 值，即 $BQ=190+13R_c$。

对具体的工程岩体进行质量分级时，应结合工程特点（地下水具体状况、初始应力状况等因素）对岩体基本质量分级进行修正，$[BQ]$ 的计算公式为

$$[BQ]=BQ-100(K_1+K_2+K_3) \tag{3-3}$$

式中 $[BQ]$——岩体基本质量指标修正值；

K_1，K_2，K_3——地下水、主要软弱结构面产状及初始应力状态的修正系数。

按照修正后的岩体基本质量指标 $[BQ]$，结合岩体的定性特征综合评判、确定围岩的最终 BQ 值。岩体基本质量分级应根据岩体基本质量的定性特征和岩体基本质量指标 BQ 两者相结合按表3.2来分级，从优至劣分为5个等级，即Ⅰ～Ⅴ级。

表3.2 **岩体基本质量等级[153]**

基本质量等级	岩体基本质量的定性特征	岩体基本质量指标
Ⅰ	坚硬岩，岩体完整	>550
Ⅱ	坚硬岩，岩体较完整；较坚硬岩，岩体完整	550～451
Ⅲ	坚硬岩，岩体较破碎；较坚硬岩或软硬岩互层，岩体较完整；较软岩，岩体完整	450～351

续表

基本质量等级	岩体基本质量的定性特征	岩体基本质量指标
Ⅳ	坚硬岩，岩体破碎；较坚硬岩，岩体较破碎—破碎；较软岩或软硬岩互层，且以软岩为主，岩体较完整—较破碎；软岩，岩体完整—较完整	350～251
Ⅴ	较软岩，岩体破碎；软岩，岩体较破碎～破碎；全部极软岩及全极破碎岩	≤250

（3）Q分级法。Q分级法主要考虑以下6种因素对岩体质量分级的影响：①岩石质量指标RQD；②节理组数系数J_n；③节理面粗糙度系数J_r；④节理面蚀变度系数J_a；⑤节理水折减系数J_w；⑥应力折减系数SRF。在岩体分级时分别对这6个指标进行评分，然后以乘积的形式求得Q值，其表达式为

$$Q=\frac{RQD}{J_n}\frac{J_r}{J_a}\frac{J_w}{SRF} \tag{3-4}$$

式中 $\frac{RQD}{J_n}$——岩体的完整程度，它是岩块大小的粗略标准；

$\frac{J_r}{J_a}$——岩体的抗剪强度；

$\frac{J_w}{SRF}$——地下水与初始应力对岩体的影响。

Q值的范围为0.01～1000，根据Q值大小将岩体分为9级。具体见表3.3。

表3.3　由Q值大小确定的岩体等级

Q值	0.001	0.1	1	4	10	40	100	400	1000
等级	特别差	极差的	很差的	差的	一般	好的	很好的	极好的	特别好

该法除了岩芯质量指标RQD外，其余5项指标都是根据现场调查的描述得出，基本上是一个定性的分类评价方法，主观随意性较大。该法优点是考虑因素较全面，特别注意结构面的分析描述指标定量化，尤其以考虑了地应力作用与支护标准相联系而著称，用RMR法的优点，改进缺陷和不足。缺点是由于岩体工程具有很强的针对性，但Q系统没有明显针对性的表达，并且该系统没有岩石强度指标，此分类涉及的因素较多，需要做大量的工作，因此限制了该法广泛运用。

（4）GSI法。地质强度指标GSI提供了一种评价在不同地质条件下评价隧道围岩质量的方法，见表3.4。相应地使得Hoek-Brown经验强度准则从适用于坚硬岩体强度估计扩展到适用于极差质量岩体强度估计。一旦对地质强度GSI作出估计，就可对围岩的力学参数进行估算。Hoek-Brown经验强度准则的GSI系统考虑了围岩结构面的条数和组数及其组合方式对围岩质量的影响。

GSI质量体系利用岩体结构类型与岩体风化程度两个参数来确定隧道围岩的GSI值，简洁明了，便于工程应用，此外，两个参数仅仅依靠经验来确定，人为误差很大，限制了Hoek-Brown经验强度准则的GSI体系的应用，因此，对两个参数SCR、SR进行定量描述可消除主观因素的影响。

1）结构面表面特征等级SCR的取值。参照岩体质量分级RMR系统中结构面特征的

评分标准，SCR 的取值也主要考虑结构面的粗糙度 R_r、风化程度 R_w 及充填物状况 R_f，其计算公式为

$$SCR = R_r + R_w + R_f \tag{3-5}$$

式中　R_r、R_w、R_f——可查具体的评分标准。

2）岩体结构等级 SR 的取值。岩体结构等级 SR 值是利用体积节理数 J_v，通过半对数图表进行取值，SR 值分为 0～100。J_v 是指单位体积岩体内所交切的节理总数，是国际岩石力学委员会 ISRM 推荐用来定量评价岩体节理化程度和单位岩体块度的一个指标。

体积节理数 J_v 的计算公式为

$$J_v = \frac{N_1}{L_1} + \frac{N_2}{L_2} + \cdots + \frac{N_n}{L_n} \tag{3-6}$$

$$J_v = \frac{1}{S_1} + \frac{1}{S_2} + \cdots + \frac{1}{S_n} \tag{3-7}$$

式中　N_n——沿某一测线的节理数；

L_n——测线的长度，m；

S_n——某一组节理的间距，m；

n——节理的组数。

3. 工程岩体力学参数确定

本书主要探讨基于岩体质量分级如何确定变形模量 E_m、黏聚力 c 和摩擦角 φ 3 个岩体宏观力学参数值。

（1）基于 RMR 值确定岩体力学参数。

1）岩体变形参数确定。依照评分值的数值大小可采用以下的经验公式对变形模量 E_m 进行计算：

$$\left.\begin{aligned} E_m &= 2RMR - 100 \quad (55 < RMR < 90) \\ E_m &= 10^{(RMR-10)/40} \quad (30 < RMR < 55) \end{aligned}\right\} \tag{3-8}$$

2）岩体强度参数确定。基于 Hoek - Brown 强度准则和 RMR 值可确定岩体的黏聚力和摩擦角。

Hock - Brown 强度准则提出岩块和岩体破坏时的主应力之间的关系为

$$\sigma_1 = \sigma_3 + \sigma_c \left(m_i \frac{\sigma_3}{\sigma_c} + s \right)^{0.5} \tag{3-9}$$

对于扰动岩体，有

$$m = m_i \exp\left(\frac{RMR - 100}{14} \right) \tag{3-10}$$

$$s = \exp\left(\frac{RMR - 100}{6} \right) \tag{3-11}$$

对于未扰动岩体，有

$$m = m_i \exp\left(\frac{RMR - 100}{28} \right) \tag{3-12}$$

$$s = \exp\left(\frac{RMR - 100}{9} \right) \tag{3-13}$$

m_i 为完整岩块常数，采用测试点的回弹值作为完整岩块的单轴抗压强度值完成参数的估算。

$$T=\frac{m-\sqrt{m^2+4s}}{2} \tag{3-14}$$

Hoek-Brown 强度准则确定岩体力学参数的计算公式为

$$C_m=A\sigma_c\left(\frac{\sigma}{\sigma_c}-T\right)^B-\sigma\left[AB\left(\frac{\sigma}{\sigma_c}-T\right)^{B-1}\right] \tag{3-15}$$

$$\varphi_m=\arctan\left[AB\left(\frac{\sigma}{\sigma_c}-T\right)^{B-1}\right] \tag{3-16}$$

（2）基于 BQ 值确定岩体力学参数。

1）岩体变形参数确定。依照评分值的数值大小可采用以下的经验公式对变形模量 E_m 进行计算：

$$E_m=\frac{37.73}{1+2900\exp(-0.018[BQ])}(R^2=0.9960) \tag{3-17}$$

2）岩体强度参数确定

$$C=\frac{2.42}{1+335\exp(-0.014[BQ])}(R^2=0.9986) \tag{3-18}$$

$$\varphi=\frac{71.11}{1+8.69\exp(-0.0062[BQ])}(R^2=0.9992) \tag{3-19}$$

（3）基于 GSI 值确定岩体力学参数。突破了 RMR 法中 RMR 值在质量极差的破碎岩体结构中无法提供准确值的局限性[152]，其中 GSI 值可根据表 3-4 确定。

1）岩体变形参数确定。依照评分值的数值大小可采用以下的经验公式对变形模量 E_m 进行计算：

当 $\sigma_{ci}<100\text{MPa}$ 时，有

$$E_m=\left(1-\frac{D}{2}\right)\sqrt{\frac{\sigma_{ci}}{100}}\times10^{(GSI-10)/40} \tag{3-20}$$

当 $\sigma_{ci}\geqslant100\text{MPa}$ 时，有

$$E_m=\left(1-\frac{D}{2}\right)\times10^{(GSI-10)/40} \tag{3-21}$$

2）岩体强度参数确定。岩体强度参数确定同样需结合 Hoek-Brown 强度准则，利用 GSI 值求取 Hoek-Brown 强度准则表达式中的参数，进而求取黏聚力、摩擦角。

$$m_b=m_i\exp\left(\frac{GSI-100}{28-14D}\right) \tag{3-22}$$

$$s=\exp\left(\frac{GSI-100}{9-3D}\right) \tag{3-23}$$

$$a=\frac{1}{2}+\frac{1}{6}(e^{-GSI/15}-e^{-20/3}) \tag{3-24}$$

$$\varphi=\sin^{-1}\left[\frac{6am_b(s+m_b\sigma'_{3n})^{a-1}}{2(1+a)(2+a)+6am_b(s+m_b\sigma'_{3n})^{a-1}}\right] \tag{3-25}$$

$$C=\frac{6am_{\mathrm{b}}(s+m_{\mathrm{b}}\sigma'_{3n})^{a-1}}{(1+a)(2+a)\sqrt{1+\frac{6am_{\mathrm{b}}\ (s+m_{\mathrm{b}}\sigma'_{3n})^{a-1}}{(1+a)(2+a)}}} \tag{3-26}$$

（4）基于 Q 值确定岩体力学参数。Hoek E[153] 对大量工程进行了对比研究，提出了 GSI 和 Q 值间的经验关系为

$$GSI=A\ln Q+B \tag{3-27}$$

式中　A、B——拟合参数，通过该关系就可以间接求取岩体的变形模量 E_{m}、黏聚力 C 和摩擦角 φ。

3.2.1.3　工程类比法

工程类比法是岩体力学参数确定中常用方法。当边坡没有相关的试验参数，根据已建工程的资料，经过对比分析，将经验数据加以调整后用于计算。采用工程类比法即经验法确定岩体的力学参数要求设计人员要有很丰富的经验，而且一般来说，经验法所取的参数趋于保守。

3.2.1.4　其他方法

上述方法是边坡工程中常用的选取岩体参数的方法，大多是定性定量相结合，下面介绍几种运用数学理论及现代计算机技术，对岩体参数进行研究的方法。

1. 解析法

解析法主要以岩块和结构面的参数为基础，结合结构面的展布规律，通过数学力学方法，获得岩体力学参数的解析式。目前，常用的解析法包括：变形等效法、能量等效法、裂隙组构张量法、自洽理论和损伤力学方法等。解析法主要优点在于能直接反映岩体的各向异性，但由于解析法计算一般建立在一定的假设条件上，故难以反映节理间的相互作用。

2. 反分析法

反分析法主要包括位移反分析、应力反分析、混合反分析，以位移反分析法应用最为广泛。位移反分析法不仅可以对岩体力学参数进行估计，而且能够与边坡岩体工程稳定分析相结合对工程变形稳定性进行预报和事后检验。

3. 数值试验法

数值试验法可通过现场地质调查、节理的抽样和统计，并结合室内小试件试验来模拟岩体节理裂隙，切取不同尺度“岩体试件”进行数值分析，再根据数值分析的结果应用“连续等效应变理论”来确定岩体力学参数。该方法把野外工程地质调查、室内力学试验和数值模拟方法相结合，具有方便高效、经济实用等优点，可在一定程度上代替各种大尺度岩体试验，可以方便地模拟任意大尺度的工程岩体力学参数试验，为准确地确定工程岩体力学参数开辟了一条崭新的途径。

3.2.2　贵州省二叠系地层岩体力学参数建议值

3.2.2.1　岩体物理力学参数建议值

根据第2章，贵州省二叠系地层分布广泛，发育完整，沉积类型多样，因此主要针对二叠系地层进行详细分析，岩体力学参数的确定也主要针对二叠系地层岩体。

表 3.4　　量化 *GSI* 图表[154]

岩体结构	结构面表面特征				
	很好：十分粗糙，新鲜，未风化（14.4<*SCR*<18）	好：粗糙，微风化，表面有铁锈（10.8<*SCR*<14.4）	一般：光滑，弱风化，有蚀变现象（7.2<*SCR*<10.8）	很差：有镜面擦痕，强风化，有软黏土膜或黏土充填的结构面（0<*SCR*<3.6）	很差：有镜面擦痕，强风化，有软黏土膜或黏土充填的结构面（0<*SCR*<3.6）
散体结构：块体间结合程度差，岩体极度破碎，呈混合状，由棱角状和浑圆状岩块组成（0<*SR*<20）	90 80			N/A	N/A
块状结构：很好的镶嵌状未扰动岩体，由三组相互正交的节理面切割，岩体呈立方块体状（60<*SR*<80）		70 60			
镶嵌结构：结构体相互咬合，由四组或更多组的节理形成多面棱角状岩块，部分扰动（40<*SR*<60）			50 40		
碎裂结构/扰动/裂缝：由多组不连续面相互切割，形成棱形状岩块，且经历了褶曲活动，层面或片理面连续（20<*SR*<40）				30	
散体结构：块体间结合程度差，岩体极度破碎，呈混合状，由棱角状和浑圆状岩块组成（0<*SR*<20）				20	10

注：表中斜线上的数值即为 *GSI* 取值；“N/A”表示在这个范围内不适用。

岩体作为地质体的一部分，赋存于一定的应力环境、水环境中。岩体力学参数不仅取决于本身的材料性质和结构特征，而且还受岩体的赋存环境的影响，与工程岩体所处的状态紧密相连。因此，在不同地区、不同风化程度、不同应力条件、不同地下水环境下，二叠系地层岩体物理力学参数均不相同。本文给出弱微风化、无地下水岩体的物理力学参数建议值，见表3.5，具体边坡岩体还需根据风化状态和所处环境等条件对参数进行折减。

表3.5　二叠系地层岩体力学参数建议值

地层系统	分组	岩体类别	重力密度 γ /(kN·m^{-3})	抗剪断峰值强度		变形模量 E /GPa
				摩擦系数 f	黏聚力 C/MPa	
上二叠统（乐平统）	大隆组（P_2d）	硅质岩	26～27	1.0～1.2	1.0～1.2	10～15
		硅质页岩	23～24	0.5～0.8	0.3～0.5	3～5
	长兴组（P_2c）	含燧石结核或条带灰岩	26～27	1.1～1.3	1.5～2.0	10～15
		泥灰岩	25～26	0.6～0.8	0.8～1.2	10～15
		钙质黏土岩	24～25	0.6～0.8	0.3～0.7	3～5
	吴家坪组（P_2w）	燧石灰岩	25～26	1.0～1.4	1.2～1.5	10～15
		炭泥质灰岩	25～26	0.8～1.0	1.2～1.4	8～10
		煤层	24～25	0.4～0.6	0.1～0.3	0.5～2
	龙潭组（P_2l）	黏土岩	24～25	0.6～0.7	0.3～0.7	3～5
		粉砂岩	25～26	0.8～1.0	1.0～1.2	8～10
		砂岩	26～27	1.2～1.4	1.5～1.8	10～15
		灰岩	26～27	1.2～1.4	1.5～2.0	10～15
		煤层	24～25	0.4～0.6	0.1～0.3	0.5～2
	峨眉山组（P_2）	玄武岩	30～31	1.2～1.5	1.5～2.0	15～18
下二叠统（阳新统）	茅口组（P_1m）	白云质灰岩	27～28	1.2～1.4	1.5～2.0	10～15
		白云岩	26～27	1.2～1.4	1.5～2.0	10～15
	栖霞组（P_1q）	石灰岩	26～27	1.2～1.4	1.5～2.0	10～15
		含泥质灰岩	25～26	1.0～1.2	1.2～1.5	8～12
		燧石团块灰岩	26～27	1.0～1.4	1.5～2.0	10～15
	梁山组（P_1l）	石英砂岩	25～26	1.2～1.4	1.5～1.8	10～15
		钙质泥岩	24～25	0.5～0.7	0.3～0.7	1～3
		页岩	23～24	0.5～0.7	0.3～0.7	1～3

3.2.2.2 岩体结构面力学参数建议值

岩体结构面力学参数的影响因素是相当复杂的，主要包括结构面的结合程度和充填状况、结构面表面形态特征、软弱夹层厚度和物质成分以及岩壁特性等，国内各单位都着力对结构面的抗剪强度进行实验研究，特别是现场原位测试。《工程岩体分级标准》（GB/T 50218—2014）[151]给出了岩体结构面抗剪峰值强度建议值，见表3.6，同时提到《岩土锚杆与喷射混凝土支护工程技术规范》（GB 50086—2015）和水利水电规划设计总院给出的结构面抗剪强度参数表，分别见表3.7和表3.8。

表 3.6　　岩体结构面抗剪断峰值强度建议值

序号	两侧岩体的坚硬程度及结构面的结合程度	内摩擦角 φ /(°)	黏聚力 C /MPa
1	坚硬岩，结合好	＞37	＞0.22
2	坚硬—较坚硬岩，结合一般；较软岩，结合好	37～29	0.22～0.12
3	坚硬—较坚硬岩，结合差；较软岩—软岩，结合一般	29～19	0.12～0.08
4	较坚硬—较软岩，结合差—结合很差；软岩，结合差	19～13	0.08～0.05
5	较坚硬岩及全部软质岩，结合很差；软质岩泥化层本身	＜13	＜0.05

表 3.7　　岩体结构面的黏聚力和摩擦系数

序号	类　型	摩擦系数	黏聚力 C/MPa
1	一般结构面	＞0.6	＞0.1
2		0.45～0.6	0.06～0.1
3		0.35～0.45	0.03～0.06
4	软弱结构面	0.25～0.35	0～0.02
5		0.17～0.25	0

表 3.8　　岩体结构面抗剪强度参数表

序号	名　称	摩擦系数	黏聚力 C/MPa
1	平直刚性结构面	0.5～0.7	0.05～0.1
2	岩块、岩屑型（含泥膜）	0.4～0.55	0.035～0.05
3	岩屑夹泥型	0.3～0.4	0.025～0.035
4	泥或泥夹岩屑	0.2～0.3	0.005～0.02

需要注意的是，由于不同岩体结构面性质有着显著区别，因此需结合表 3.6、表 3.7 和表 3.8，并根据边坡岩体结构面工程地质特征进行调整取值。在确定岩体参数和结构面物理力学参数时，需要注意以下两个方面：

（1）确定所获得的岩土参数的可靠性和适用性。首先分析岩土参数的来源。如果通过室内试验方式获得，则应了解岩样的取样方法、取样位置、样品的代表性等采用的试验方法，以及对试验结果的影响因素及取值标准。如果通过原位试验方式获得，则除应了解上述内容外，还应了解现场的制样过程，试验环境对试验结果的影响程度等。由试验方法获得的参数或者通过工程类比或反分析等其他途径获得的参数，都应结合参数的来源认真分析这些参数的可靠性和适用性。

（2）根据岩体质量提出岩体参数取值的控制范围。如前所述，岩体参数有评价指标和计算指标之分，评价指标用以划分岩体类别，根据类别评价岩体质量，由此可以知道岩体参数的取值范围，验证岩体参数选取的正确性和合理性。

3.3 破坏模式的确定

层状岩质边坡的破坏模式主要受控于坡体结构、层状岩体结构和岩层组合方式，其变

形不仅是材料本身的变形与破坏，更多的是结构的变形和失稳。不同岩层组合方式及不同边坡坡体类型，都有不同的边坡破坏模式，因此需对典型层状岩质边坡特征进行分析，认识不同层状岩质边坡类型的特点，找出影响边坡破坏模式的主要因素与次要因素，从而确定典型层状岩质边坡的变形机理与破坏模式。本文将典型层状岩质边坡分为散体或碎裂岩体边坡、土岩混合边坡、块状或中厚层状岩体边坡和其他破坏模式，并分析其变形机理与破坏模式。

3.3.1　散体或碎裂岩质边坡

散体或碎裂岩质边坡破坏模式主要由岩性控制，一般为弧面滑动破坏。

该类型边坡往往风化严重，其岩体存在大量结构面，切割岩体至较破碎，致使结构松散。该类型岩质边坡具有较差稳定性，边坡坡角受控于岩体的抗剪能力或岩块间的镶嵌状态及咬合力，此时可视为类土质边坡。其破坏模式为弧面滑动破坏，滑动面形状近似弧形。

在均质的岩体中，特别是在均质泥岩或页岩中，岩坡破坏的滑面通常呈弧形状，岩体沿此弧形滑面滑移。在非均质的岩坡中，滑面是由短折线组成的弧形，近似于对数螺旋曲线或其他形状的弧面。弧面滑动破坏示意图如图 3.1 所示。

3.3.2　土岩混合边坡

土岩混合边坡破坏模式主要由土岩接触面控制，一般沿土岩接触面发生滑动破坏。

该类型边坡往往具有明显的垂向分布分化带，上部岩土体风化较为严重，岩体破碎，性质较差，可视为土体；下部岩土风化较弱，具有明显的层状结构。由于岩性的显著差别，其滑动往往发生在土岩接触面上。土岩接触面破坏示意图如图 3.2 所示。

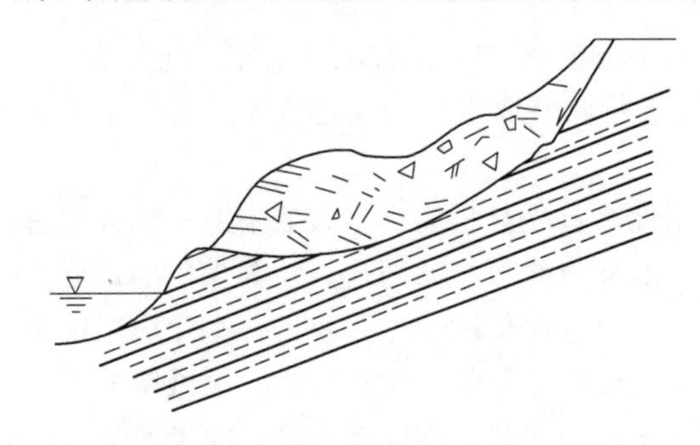

图 3.1　弧面滑动破坏示意图

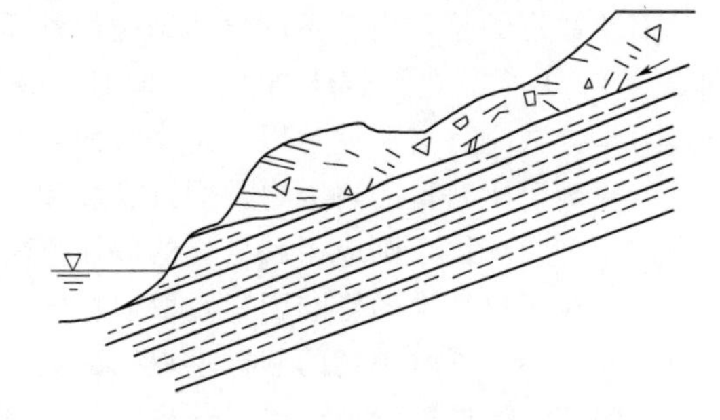

图 3.2　土岩接触面破坏示意图

3.3.3　块状或中厚层状岩质边坡

块状或中厚层状岩质边坡破坏模式主要由结构面控制，局部由岩性控制，具体破坏模式取决于结构面发育情况。

该类型边坡岩体基本呈块状或中厚层状，发育有结构面，有些情况下具有软弱夹层及层间错动带为代表的贯穿性软弱结构面，使得岩体表现出不均匀性及不连续性等特点。其可能的破坏模式有以下几种。

3.3.3.1 平面滑动破坏

平面滑动破坏是指滑坡体沿单一滑面滑移的破坏现象。滑面一般为岩体内发育的构造结构面，如岩层层面、层间软弱夹层和长大断层节理裂隙等，主要发生在顺倾向坡中。其特点是块体运动沿着平面滑移。其破坏机理是在自重作用下岩体内剪应力超过层间结构面的抗剪强度导致不稳体作顺层滑动。岩体沿岩层面滑动与岩层强度、层面表面形态与粗糙度、层间充填物及其力学特性等有关。由于坡脚开挖或者某种原因（如风化、水的浸润等）降低了软弱面的内摩擦角，使地质软弱面以上的部分岩体沿此平面而下滑，造成边坡破坏，如图 3.3 所示。

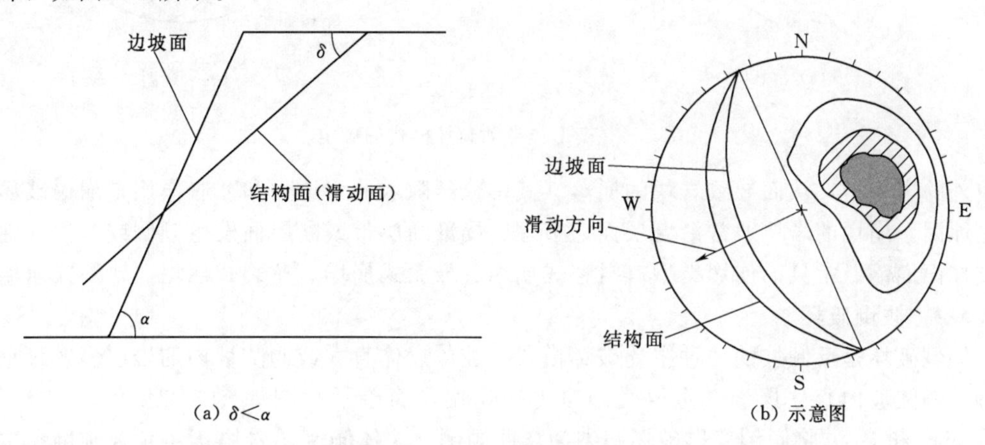

(a) $\delta<\alpha$　　(b) 示意图

图 3.3　平面滑动破坏模式

实际工作中，可以运用赤平投影法判断边坡是否发生平面滑动破坏。岩体边坡发生平面滑动需要具备以下条件：①结构面的倾角 δ 大于内摩擦角 φ 而小于边坡坡角 α；②边坡中存在侧向切割面；③结构面的倾向与边坡倾向相同。

3.3.3.2 楔形体破坏

楔形体破坏又称为 V 形破坏，是由两组或两组以上优势面（破裂面）与临空面和坡顶面构成不稳定的楔形体，并沿两优势面的组合交线下滑，是顺向坡、切向坡和垂向坡中常见的一种破坏模式。当坚硬岩层受到两组倾斜面相对的斜节理切割，节理面以下的岩层又较碎时，一旦下部遭到破坏，上部 V 形节理便失去平衡，于是发生崩塌，崩塌后边坡上出现 V 形槽。这类崩塌往往是一次性发生。影响楔体块体稳定的因素有滑体自重、底面抗剪强度、外荷载等。

实际工作中，可以运用赤平投影法判断边坡是否发生楔形体破坏，示意图如图 3.4 所示。岩体边坡发生楔形体滑动需要具备以下条件：①结构面交线的倾伏角大于内摩擦角而小于边坡坡角；②结构面交线的倾伏向与边坡面的倾向相同。

3.3.3.3 崩塌破坏

崩塌破坏是指岩体在陡坡面上脱落而下的一种边坡破坏形式，经常发生于陡坡顶部裂隙发育的地方，示意图如图 3.5 所示。崩塌破坏的机理如下：①风化作用减弱了节理面间的黏结力；②岩石受到冰胀、风化和气温变化的影响，减弱了岩体的抗拉强度，使得岩块松动，形成了岩石崩落的条件；③由于雨水渗入张裂隙中，造成了裂隙水的水压力作用于

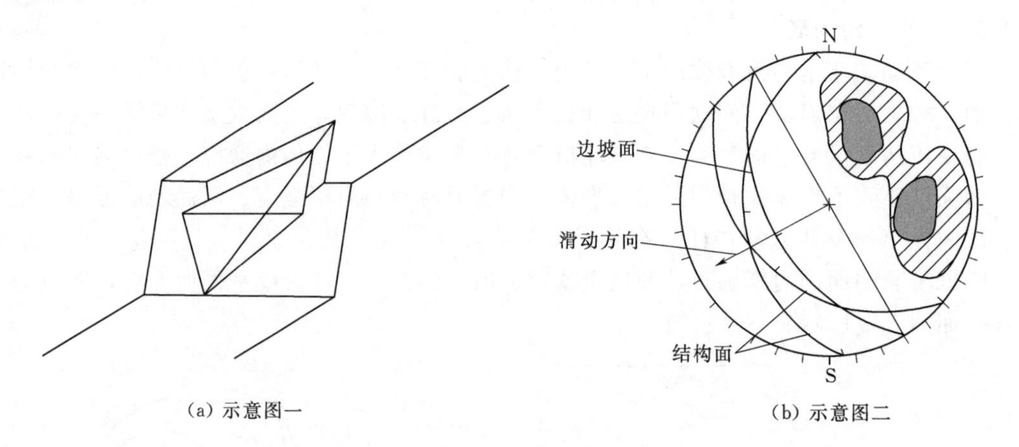

(a) 示意图一　　(b) 示意图二

图 3.4　楔形体滑动破坏模式的确定

向坡外的岩块上，从而导致岩块的崩落。其中，裂隙水的水压力和冰胀作用是崩塌破坏的常见原因。崩塌的岩块通常沿着层面、节理、局部断层带或断层面发生倾倒或其下基础失去支撑而崩落。常见的崩塌类型有滑移式崩塌、鼓胀式崩塌、拉裂式崩塌、错断式崩塌。

3.3.3.4　倾倒破坏

倾倒破坏是反倾坡的一种主要破坏模式。坡体岩体直立或倾陡坡内的岩层多发育垂直节理、倾陡坡内直立层面，主要受倾覆力矩作用，简单示意图如图 3.6 所示。1976 年，Goodman 和 Bray 将倾倒变形破坏归纳为弯曲倾倒、块体倾倒、岩块弯曲复合倾倒和次生倾倒四种基本类型。

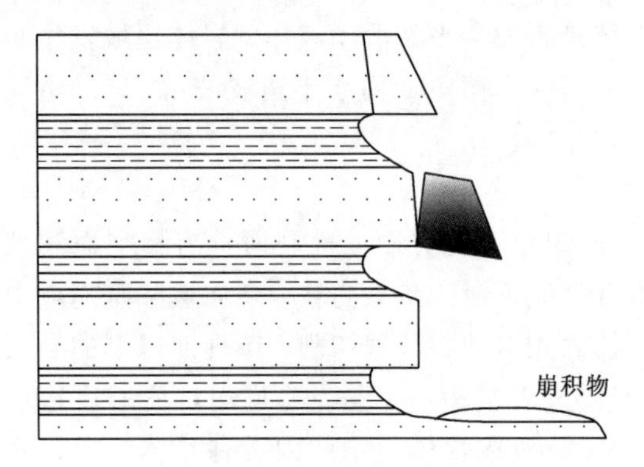

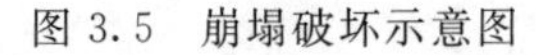

图 3.5　崩塌破坏示意图

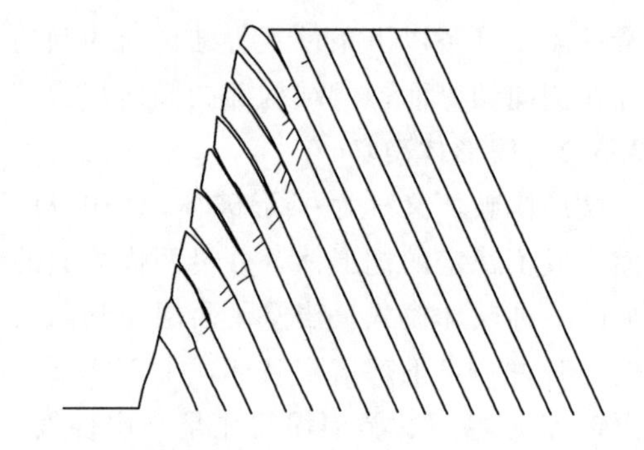

图 3.6　倾倒破坏简单示意图（以弯曲倾倒为例）

（1）弯曲倾倒：连续岩柱在发育不连续的陡倾斜结构面分割时，当同时向前弯曲时就会发生弯曲式破坏。边坡倾倒过程一般发生在根底挖空、滑动、被侵蚀后，并且会在深宽张裂缝的形成过程中慢慢向深部岩体发展。边坡下部覆盖的一些杂乱岩体给识别从坡底部开始倾倒破坏的边坡带来困难。

（2）块体倾倒：坚硬的岩体在大间距正交理的切割作用下，会发生岩块式的倾倒破坏。在从短岩柱后面翻倒下来的长岩柱产生的荷载作用下，构成边坡坡脚的短岩柱会被向前推出，进而使边坡坡脚发生滑移。从而使得倾倒破坏发展至扁平更高的部位。相比于弯曲式倾倒破坏，岩块式倾倒破坏的底面易发现得多，一般是由横切节理组成的上向阶梯

组成。

(3) 岩块弯曲复合倾倒：似连续性弯曲是岩块弯曲复合倾倒的主要特征。在很多横节理切割下的长岩柱上会发生这种弯曲作用。此时，岩柱倾倒的主要因素是横节理方向的累积位移，而不是连续岩柱由于弯曲产生的破坏。由于这种复合倾倒破坏会产生数量巨大的微小位移，所以与弯曲倾倒相比，它形成的张裂缝较少。与岩块式倾倒相比，其棱与面间的间隙和接触较少。

(4) 次生倾倒：次生倾倒是由一种独立的因素所引起的，如坡脚削割、河流侵蚀、风化或人类工程活动等，主要的破坏模式是岩土体滑移或物理强度弱化而导致的倾倒变形。

3.3.3.5 溃屈破坏

溃屈破坏是中、陡倾坡的一种典型破坏模式。中倾坡的破坏首先是顺层滑动，由于不均匀的层间错动，岩体在裂隙面上的剪应变累积起来，在坡体后缘出现一系列的拉裂缝和顺层错动，同时还在层间出现了局部的陷落带。这种剪位移受软弱层面本身剪切特性所控制，在前缘坡脚处受阻时，也可能由岩体的变形特性所控制，一般是在坡脚处发生鼓胀。随河谷深度不断增大，在层状结构面比较密集、层状体较薄时，坡脚处应力集中，主应力、剪应力最终达到一个临界值，发生弯曲，即转化为溃屈破坏。

3.3.4 其他破坏模式

上述各类边坡破坏模式均为基本破坏模式，而在大型层状岩质边坡中，其岩土介质组成一般较为复杂多样，因此其破坏模式往往不是上述单一破坏模式，而是两个或两个以上基本破坏模式的组合，称为复杂破坏模式，常见的复杂破坏模式有以下 4 种。

(1) 滑移-拉裂破坏模式：边坡岩体沿下伏软弱面向坡前临空面方向滑移，并使滑移体拉裂解体。受已有软弱面控制的这类变形，其进程取决于软弱面的产状与特性。当滑移面向临空面方向倾角已足以使上覆岩体的下滑力超过该面的实际抗剪阻力时，则该面一经被揭露临空，后缘拉裂面一出现即迅速滑落，蠕变过程极为短暂。

(2) 滑移-压裂破坏模式：这类变形破坏主要发育在坡度中等至陡的平缓层状体边坡中，坡体沿平缓结构面向坡前临空方向产生缓慢的蠕变性滑移。滑移面的锁固点或错列点附近，因拉应力集中生成与滑移面近于垂直的拉张裂隙，向上（个别情况向下）扩展且其方向逐渐转成与最大主应力方向趋于一致（大体平行于坡面）并伴有局部滑移。滑移和压裂变形是由边坡内软弱结构面处自下而上发展起来的。

(3) 弯曲-拉裂破坏模式：这类破坏主要发育在陡立或陡倾内层状体组成的中—极陡坡中。一般都发生在边坡前缘，陡倾的板状岩体在自重弯矩作用下，于前缘开始向临空方向作悬臂梁弯曲，并逐渐向坡内发展。弯曲的板梁之间互相错动且伴有拉裂，弯曲体后缘出现拉裂缝，形成平行于走向的反坡台阶和槽沟。板梁弯曲剧烈部位往往产生横切板梁的折裂。

(4) 楔形-平面组合破坏模式：这类破坏模式为横向上与直立岩层大角度斜交并呈 X 形组合的两组结构面，与一组倾向坡外的陡立结构相叠加的变形破坏。前两组结构面常表现为剪切滑移，后者表现为拉裂变形，空间组合成楔形体。楔形一平面组合破坏的形态为上部是楔形破坏，下部是平面破坏。其破坏机理是在自重荷载作用及水患诱导下，岩体内

剪应力超过组合剪切滑移面的抗剪强度，导致不稳定体坡可同时出现两种或多种变形模式，并以一定的方式组合在一起。

对于层状岩质边坡破坏模式，不同学者提出了不同的观点，但总体而言，都是基于边坡的变形破坏机理，确定边坡破坏模式。本文选取较为典型的层状地层岩体破坏模式进行介绍。需要注意的是，针对大型边坡或者滑坡，因其规模较大，岩土体成分复杂，边坡形态多样，破坏模式大多较为复杂；对于输电线路边坡，相对于大型滑坡，规模较小，岩土体成分较为简单，边坡形态鲜明，因此其破坏模式多为基本破坏模式。

3.4　地质力学模型的建立

地质力学模型是基于边坡形态和岩体的各种性状及其物理力学性质，与工程结合建立起来的、综合的、具体的或抽象的地质模型。建立工程地质模型主要需考虑边坡内部因素和边坡外部条件。边坡内部因素包括岩性组合、岩体结构、坡体结构；边坡外部条件包括地应力、地震、水文地质条件、人类工程活动等。本文将从以上两个方面，阐述层状岩质边坡地质力学模型建立的方法。

3.4.1　边坡内部因素

3.4.1.1　地形地貌

边坡的坡形、坡高和坡度直接影响边坡内的应力分布特征，进而影响边坡的变形破坏形式及边坡的稳定性。边坡的高度越大、坡度越陡，破坏区域范围越大，边坡的稳定性越差。同时，地表的覆盖也对边坡的稳定性影响很大，根较深的植被（如林地）能够稳定表层土壤，是减少滑坡灾害发生的一种重要因素。

3.4.1.2　岩体结构

不同类型的岩体结构元素在岩体内的排列及组合形式称为岩体结构。岩体的力学性质和变形破坏模式受控于岩体的结构特征，同样，边坡岩体的变形、破坏也受到了岩土结构特征的控制，因此，对不同的边坡岩体结构类型进行分类是研究层状岩质边坡破坏模式的有效方法。

目前，我国工程地质界主流的岩体结构类型的划分标准是谷德振[155]首先提出的，其核心是根据岩体的建造和改造两个方面进行划分，基本类型有整体块状结构、层状结构、碎裂结构和散体结构四大类，其中又分出若干亚类。《岩土工程勘察规范》(GB 50021—2001)[156]在此基础上进行修正，将岩体结构类型划分为整体状结构、块状结构、层状结构、碎裂状结构和散体状结构。其中，《水利水电工程地质勘察规范》(GB 50487—2008)[157]将层状岩体结构分为巨厚层状结构、厚层状结构、中厚层状结构、互层状结构、薄层状结构。

根据边坡岩体的不同特征，对边坡岩体进行结构分类，从而便于确定岩体力学参数。在考虑岩体结构面影响时，对于Ⅳ、Ⅴ级结构面，往往将其考虑在岩体的参数内，便于建立模型及进行计算。

3.4.1.3 坡体结构

坡体结构是指构成坡体的岩层和各类结构面组合关系。坡体结构研究的主要内容包括结构面的产状、性质、厚度、含水状况以及在边坡上的分布位置、与开挖面之间的关系。分析哪些结构面对边坡的稳定起控制作用，以此来确定边坡可能发生变形的范围、类型、规模。可见，查明坡体结构对于分析边坡变形破坏的发育特征、形成机制及其稳定性评价，都具有十分重要的意义。据刘汉超等[158]选取岩层倾角 γ，岩层倾向与边坡倾向间的夹角 β 作为边坡结构划分的基本依据，划分结果见表 3.9。

表 3.9　　边坡坡体结构分类[158]

岸坡结构类型	岩层倾向与岸坡倾向间的夹角 β	岩层倾角 γ	分　类
Ⅰ平缓层状岸坡	$0°\leqslant\beta\leqslant180°$	$\gamma<10°$	Ⅰ$_1$缓倾内层状岸坡
			Ⅰ$_2$缓倾外层状岸坡
Ⅱ横向岸坡	$60°\leqslant\beta\leqslant120°$	$0°\leqslant\gamma\leqslant90°$	横向岸坡
Ⅲ顺向层状岸坡	$0°\leqslant\beta\leqslant30°$	$10°\leqslant\gamma\leqslant20°$	Ⅲ$_1$缓倾外顺向层状岸坡
		$20°<\gamma\leqslant45°$	Ⅲ$_2$中倾外顺向层状岸坡
		$\gamma>45°$	Ⅲ$_3$陡倾外顺向层状岸坡
Ⅳ逆向层状岸坡	$150°\leqslant\beta\leqslant180°$	$10°\leqslant\gamma\leqslant20°$	Ⅳ$_1$ 缓倾内逆向层状岸坡
		$20°<\gamma\leqslant45°$	Ⅳ$_2$ 中倾内逆向层状岸坡
		$\gamma>45°$	Ⅳ$_3$陡倾内逆向层状岸坡
Ⅴ斜向层状岸坡	$120°<\beta<150°$	$0°\leqslant\gamma\leqslant90°$	Ⅴ$_1$斜向倾内层状岸坡
	$30°<\beta<60°$		Ⅴ$_2$斜向倾外层状岸坡

对于层状岩质边坡，岩层与边坡面的组合情况对边坡变形破坏和稳定性有极大的影响，对于不同坡体结构的边坡，其变形机理、破坏模式不尽相同，因此在建立地质力学模型时，应将坡体结构特征反映出来。

3.4.1.4 岩性组合

贵州省主要以碳酸盐岩分布为主，地层整体由沉积作用形成，且具有明显的岩层面，其岩体结构类型可划归为层状岩体。虽然整体属于层状岩体，但却以不同岩层组合方式构成层状岩质边坡，它们的失稳机理、破坏模式以及稳定性计算也有差异，不同岩层的组合方式对边坡的影响是不容忽视的。从岩性出发，自然界的岩体可划分为软质岩层和硬质岩层两大类。若将其归纳为岩层组合方式，可有如下几种类型。

(1) 软质岩层组合：软质岩层常见的有泥岩、页岩、黏土岩、泥质粉砂岩、泥质细砂岩、片岩、板岩等。软质岩层的特征为单轴抗压强度较低，易风化且遇水易软化。因此，软质岩层是层状岩质边坡失稳破坏的主要影响因素，即岩性是影响边坡稳定性的主要因素，它受软岩的力学性质控制。自然界中，此类软质岩层很难形成高陡的边坡，受水的作用和岩体风化程度的影响也较大。

(2) 硬质岩层组合：硬质岩层常见的有硅质、钙硅质、钙硅质胶结的砾岩、砂岩、粉砂岩、石灰岩、白云岩等，它们往往相间互层，构成独特的岩性组合特征。同软质岩层相比，硬质岩层的单轴抗压强度较大，受其力学特性的影响，硬质岩层组合的层状岩质边坡较软质岩层边坡的稳定性好。

（3）硬质岩夹薄层软质岩组合：此类岩层是由硬质岩层夹软质岩层的组合方式，一般称所夹软岩为软弱夹层。软弱夹层指在硬质岩层中夹有的力学强度低、泥质或炭质含量高、遇水易软化、延伸长、厚度薄的软弱层。通常情况下，此类组合形成的层状岩质边坡稳定性较差。由于软质岩层中的层间剪切错动是比较强烈的，而且软质岩层的顶面、底面会有泥化现象。

（4）软、硬质岩层互层组合：自然界中的层状岩质边坡大多数由软质岩层、硬质岩层互层的组合方式存在，岩体的工程性质在很大程度上取决于软、硬质岩层的组合特征，即随着软、硬质岩层互层的厚度和层数不同，边坡的性质及稳定性都会变化。层状岩体中软弱结构面的性质及分布规律也受软、硬质岩层组合特征的影响。由于软、硬质岩层数不一、岩层厚薄也各不相同，故边坡的稳定性会随不同的组合方式而发生变化。

不同的岩性组合，往往影响边坡的变形机制及破坏模式，尤其是层状地层岩体，其组合形式更为多样，其对边坡体的影响更为明显，因此，在构建地质力学模型时，应该注意不同的岩性组合情况。

3.4.2 边坡外部条件

3.4.2.1 地应力

地应力是影响岩体稳定和破坏机理的一个重要因素。假定边坡为均质、各向同性、弹性体材料，在边坡坡面附近应力一般很低，而在坡顶附近通常为拉应力集中区，在坡脚附近却为剪应力集中区。同时，由于岩体常包含大量的不连续面，受结构面切割，其应力分布会更复杂。而对于人工开挖边坡而言，由于开挖面形成后，边坡初始应力释放同样会导致边坡应力重分布。因此，边坡岩体的变形、失稳破坏与岩体应力存在着一定的关系。

因此，对于自然状态下的层状岩质边坡，在地层表部，边坡岩体的应力水平往往较低，在建立地质力学模型时可以不考虑；但如果进行深开挖等工程活动，对边坡岩体应力扰动较大，此时则不能忽略应力的影响。

3.4.2.2 地震

地震对边坡产生两种作用：震动惯性力的作用、震动产生的超静孔隙水压力迅速增大和累积作用。在这两种作用的影响下，可导致边坡的失稳。震动对边坡变形破坏的影响表现为累积效应和触发效应两个方面，前者主要表现为震动作用引起边坡岩体结构松动、破裂面、软弱面错位和孔隙水压力累积上升等；后者则主要表现为震动的作用造成边坡中软弱层的触变液化以及处于临界状态的边坡瞬间破坏。

震动应力的分布无论在时间上和空间上均是非常不均匀的，作用于边坡岩体中的震动应力的强度和方向不仅与震动类型有关，而且还与边坡岩体所处的相对方位和距离有关，并受到地质构造特征、岩体性质、地形条件和地下水赋存状态等多方面的影响。从定性的观点来看，可以认为，在断裂破碎带附近，在岩体变化和构造作用复杂、层面倾角较陡、岩体比较松散或破碎、风化严重、地形起伏较大、切割强烈的地区，震动发生时所导致的不安全性将更为突出，在地下水储存比较丰富的地区，由于震动时水位的突变和冲击裂隙

水压力效应的影响，震动的破坏作用也比干燥地区严重些。

3.4.2.3 水文地质条件

1. 降雨

对于接近极限平衡状态的层状岩质边坡，当边坡岩体结构面发育特征有利于水活动时，水对边坡的破坏模式及稳定性的影响就非常显著。很多地区的顺层边坡都在雨季时形成顺层滑坡。暴雨是层状岩质边坡变形产生滑坡的重要触发因素。暴雨时，边坡中的含水层水量猛增，地下水位迅速升高，增大了静水压力、空隙或裂隙水压力和浮托力，改变了暴雨前边坡的应力状态，降低了坡体中软弱层的抗滑力，增大了下滑力，进而引起边坡变形破坏。

在建立地质力学模型时，考虑暴雨工况中水对岩体物理力学性质和岩体结构面强度的影响，从而确定岩体参数、边坡变形破坏模式。

2. 地表水及地下水

水包括地表水及地下水，其对边坡的稳定性具有显著的影响，是制约边坡稳定的主要因素。对边坡而言，地表水对边坡的冲刷、侵蚀、地下水渗透流动产生动水压力。此外，水对边坡岩体还将产生软化作用等，这些都能直接造成边坡破坏。因此，在建立地质力学模型时，需要考虑水的作用。

（1）水的侵蚀、冲刷作用。河流的侧切向侵蚀作用为河谷边坡的滑动创造了有效临空面，使坡体不断地变高变陡，暴露坡体中的软弱夹层并造成应力集中，易导致滑动。对堆积于河谷阶地处的堆积层，河流不断地冲刷并带走其前缘堆积物，降低坡体的阻滑力。易风化岩层常因地表水流冲刷而迅速变形。河流的侵蚀和冲刷作用是许多滑坡产生的重要原因之一。

（2）水的力学作用。当边坡坡体处于饱和状态时，孔隙压力为正，有效应力减小，当坡内出现面积较大的孔隙压力时，就有可能破坏。由于水力梯度的作用，水在边坡坡体内产生渗流荷载，包括渗透力和浮托力。通常，渗透力方向与边坡方向一致，浮托力方向向上，降低坡体的稳定性。当坡体内有隔水层时，渗流荷载将成为作用于隔水层上的静水压力；当裂隙深度较大时，裂隙内的静水压力将很大，可能发生水力劈裂，导致边坡破坏；当滑坡内有较大的裂隙时，水流的速度较大，产生的动水压力也将影响边坡的稳定性。

（3）水的软化作用。当岩体中含有易溶于水的矿物（如含盐的黏土质页岩等）时，浸水后易发生变化，岩石和岩体结构受到破坏，发生崩解、泥化现象，使其抗剪强度降低，影响边坡稳定。水的软化作用通常发生在顺层岩质边坡的软弱夹层、层间错动带中。

3.4.2.4 其他

（1）地表开挖。由于人类工程活动的需要，往往会对自然边坡地表进行开挖，改变了边坡地表形态及边坡内应力分布情况，形成临空面，极不利于边坡稳定。建立地质力学模型时，地表开挖所造成边坡形态、力学的变化，应反映到模型中。

（2）地下开挖。在隧道、洞室的施工中，往往需要对边坡坡体进行地下开挖，造成边坡坡体内部应力重分布，改变了边坡坡体的坡体结构、应力应变特征，不利于边坡稳定，在建立地质力学模型时，应考虑地下开挖带来的影响。

（3）堆载。由于工程需要，在边坡坡体上进行堆载，急速地、大规模地改变了边坡上岩土体所固有的力学平衡状态，边坡坡体内应力状态的调整将不可避免地引发边坡变形甚至破坏，在建立地质力学模型时，应将堆载造成的边坡坡体形态和力学特征上的变化反映到模型中。

（4）支护。对于不稳定的边坡，往往需要采取支护措施，对边坡稳定性有直观改变。在建立地质力学模型时，需要对支护措施进行考虑，将支护作用产生的抗滑力反映到模型中。

第 4 章　典型层状岩质边坡稳定性评价

4.1 概　　述

边坡稳定性是岩土工程中比较重要的问题，而稳定性分析与评价也是边坡研究的重中之重。本章主要采用定性分析和定量分析（极限平衡法和离散元数值试验）两类方法，对J2 号铁塔边坡进行稳定性分析与评价。

4.2 稳 定 性 计 算

4.2.1　计算工况

本章讨论会渔 J2 号铁塔边坡的稳定性，需要从边坡的发展阶段进行分析，该边坡经历了多次工程活动，对边坡原有形状、力学性质进行了改造，其稳定性也发生了显著改变。根据边坡的演变过程，可对两种工况下的边坡稳定性进行分析。

1. 工况一：天然工况

演化过程①：J2 号边坡进行切坡并施加渔乌、渔华、渔泉 P3 铁塔和渔观Ⅰ、Ⅱ回、渔环双回 P3 铁塔荷载，建立两座 P3 铁塔，坡体未支护。

演化过程②：对边坡进行了锚固治理，使其满足工程安全的要求。

演化过程③：在边坡中上部建设 J2 号铁塔，未进行支护。

演化过程④：在演化过程③的基础上对 J2 号铁塔进行锚固加抗滑桩支护。

2. 工况二：降雨工况

演化过程①：J2 号边坡进行切坡并施加渔乌、渔华、渔泉 P3 铁塔和渔观Ⅰ、Ⅱ回、渔环双回 P3 铁塔荷载，建立两座 P3 铁塔，坡体未支护。

演化过程②：对边坡进行了锚固治理，使其满足工程安全的要求。

演化过程③：在边坡中上部建设 J2 号铁塔，未进行支护。

演化过程④：在演化过程③的基础上对 J2 号铁塔进行锚固加抗滑桩支护。

4.2.2　计算参数

4.2.2.1　岩石力学参数

根据《建筑边坡工程技术规范》（GB 50330—2013），结合勘察报告与工程类比，给出 J2 号铁塔边坡岩土体力学参数和结构面参数，见表 4.1 和表 4.2。

表 4.1　岩土体力学参数

名　称	重力密度 /(kN·m^{-3})	内摩擦角 /(°)	黏聚力 /Pa	体积模量 /Pa	剪切模量 /Pa	抗拉强度 /Pa
可塑粉质黏土	18	8	25×10^3	—	—	—
强风化泥岩	20	12	23×10^3	6.5×10^9	2.8×10^9	1.5×10^6
互层状泥岩、灰岩	25	15	100×10^3	12.5×10^9	5.5×10^9	2.5×10^6
中风化灰岩	27	30	300×10^3	22.0×10^9	9.8×10^9	3.5×10^6

表 4.2　结构面参数

名　称	黏聚力 C /MPa	内摩擦角 /(°)	K_n /Pa	K_s /Pa	抗拉强度 /Pa
强风化泥岩层面	0.1	20	8×10^9	8×10^9	0.2×10^6
强风化灰岩层面	0.3	25	15×10^9	15×10^9	0.4×10^6
中风化灰岩层面	1.0	35	5×10^{10}	5×10^{10}	1.0×10^6

4.2.2.2　锚杆参数

对中下部边坡采取了支护措施。中部边坡高 15m，坡度 45°～56°，下半段边坡高 15m，坡度 73°，采用锚杆进行支护，提高边坡稳定性。根据《岩土锚杆（索）技术规程》(CECS 22：2005)，其锚固结构参数见表 4.3。

表 4.3　J2 号铁塔边坡锚固结构参数表

参数	数值
钢绞线抗拉强度设计值 f_{py}/MPa	1320
地层与砂浆间黏结强度特征值 f_{rbk}/kPa	500
钢绞线与砂浆间的黏结强度设计值 f_b/kPa	1770
锚索杆体抗拉强度安全系数 K_b	2.2
锚索锚固体抗拔安全系数 K	2.6
估计单根锚杆轴向拉力标准值 N_{ak}/kN	330
锚固体直径 D/m	0.11
钢绞线公称直径 d/mm	15.2
钢绞线公称截面面积/mm^2	140
钢绞线根数 n	6
计算所需钢绞线根数 n'	3.929
计算的钢绞线截面面积 A/m^2	0.00055
按地层与砂浆间的黏结强度特征值计算的锚固段长度 l_a/m	4.966
按钢绞线与砂浆间的黏结强度设计值计算的锚固段长度 l_a/m	1.692
按地层与砂浆间、钢绞线与砂浆间黏结强度计算的锚固段长度 l_a 中最大值	4.966
岩层预应力锚索的锚固段长度范围 [$3\leqslant l_a\leqslant\min(55D, 8)$]/m	6.050

4.2.2.3　抗滑桩参数

根据《建筑桩基技术规范》(JGJ 94—2008) 和《建筑结构荷载规范》(GB 50009—

2012)，计算所选抗滑桩几何尺寸为和铁塔设计参数，见表4.4。

表4.4 J2号铁塔边坡抗滑桩和铁塔设计参数表

构件	密度 /(kg·m^{-3})	黏聚力 /MPa	内摩擦角 /(°)	体积模量 /GPa	剪切模量 /GPa	抗拉强度 /MPa	桩长 /m	桩径 /m	桩间距 /m
抗滑桩	2400	0.6	80	14.7	12.8	1.43	26	2	5
铁塔	1000	100	100	200	100	100	—	—	—

4.2.3 荷载选取

4.2.3.1 风荷载

根据《建筑结构荷载规范》(GB 50009—2012) 中风荷载的计算公式，垂直作用于铁塔表面上单位面积的风荷载标准值计算公式为

$$\omega_z=\beta_z\mu_s\mu_z\omega_0 \tag{4-1}$$

式中 ω_z——作用在高耸结构高度处单位面积上的风荷载标准值；

β_z——风振系数；

μ_s——风荷载体型系数；

μ_z——风压高度变化系数，此处依据规范，取0.3。

计算所得的风荷载见表4.5。

表4.5 风荷载表

塔号	β_z	μ_s	μ_z	ω_z/(kN·m^{-2})
渔乌、渔华、渔泉P3铁塔	1.50	1.80	0.89	0.72
渔观Ⅰ、Ⅱ回、渔环双回P3铁塔	1.62	1.80	0.75	0.66
J2号铁塔	1.39	1.80	0.82	0.58

4.2.3.2 铁塔荷载

根据《建筑结构荷载规范》(GB 50009—2012) 在边坡第一个平台上的构筑物为渔乌、渔华、渔泉P3铁塔，第二、第三个平台上的构筑物为渔观Ⅰ回、Ⅱ回、渔环双回P3铁塔 (110kV同塔四回)，两基塔采用的是斜柱式基础，基础宽×深=4.5m×4.0m，基底持力层为强风化泥岩。其荷载形式为均布荷载，取值为q=25kPa；在边坡中上部修建J2号铁塔荷载形式为均布荷载，取值为q=35kPa。渔乌、渔华、渔泉P3铁塔荷载按25kPa考虑，分布范围10m×10m。

4.3 边坡稳定性定性分析

4.3.1 楔形体破坏模式下最大安全边坡角的确定

根据第3章的分析可知，J2号铁塔边坡可能发生楔形体破坏。利用赤平投影确定楔形体滑动的最大安全边坡角一般遵循以下原则：

（1）边坡的倾向与结构面交线的倾伏向小角度相交时，结构面交线的倾伏角小于边坡坡角且大于结构面内摩擦角时，通过赤平投影图解的方法确定最大安全边坡角。具体确定方法为：最大安全边坡角等于通过设计边坡走向线与结构面交线（在赤平投影图中用点表示）的大圆弧的倾角。

（2）两组结构面交线的倾伏向与边坡面的倾向相反时，最大安全边坡角为 90°。

（3）边坡的倾向与两组结构面交线的倾伏向相同，边坡的倾角小于结构面交线的倾角时，最大安全边坡角为 90°。

（4）结构面交线的倾伏角小于结构面的内摩擦角时，最大安全边坡角为 90°。

根据第 2 章的表 2.4 给出的优势结构面情况，确定在楔形体破坏模式下的最大安全边坡角 *MSSA*。为了方便说明用 I_{Y1} 表示沿着 Y 结构面和 J_1 结构面交线发生楔形体破坏时的最大安全边坡角，*MSSA* 表示最大安全边坡角，单位为（°）。

根据运动学分析，边坡发生楔形体滑动的最大安全边坡角见表 4.6。

表 4.6　　楔形体破坏计算结果

I_{Y1}	I_{Y2}	I_{Y3}	I_{Y4}	I_{Y5}	I_{12}	I_{13}	I_{14}	I_{15}	I_{23}	I_{24}	I_{25}	I_{34}	I_{35}	I_{45}	*MSSA*
90°	28°	90°	90°	90°	90°	90°	90°	90°	90°	90°	90°	90°	90°	90°	28°

由表 4.6 可知，楔形体破坏的最大安全边坡角为 28°，计算得出的 *MSSA*＜坡角，所以 J2 号铁塔边坡可能发生楔形体滑动。

4.3.2　J2 号铁塔边坡定性评价

根据赤平投影结果以及边坡体岩土性质、地质构造、岩体结构、地下水分布、动力特征和边坡体外部形态，可以定性分析该边坡在演化过程①中，对该边坡进行了切坡，坡度变得较陡，更有在渔观Ⅰ回、Ⅱ回、渔环双回 P3 铁塔和渔乌、渔华、渔泉 P3 铁塔两座铁塔荷载作用下，没有采取任何加固措施，边坡将处于不稳定状态；在演化过程②中，对边坡进行锚杆支护，使边坡岩土体的整体强度增大，提高了边坡的稳定性，边坡处于较稳定状态；在演化过程③中，对支护过的边坡进行破坏，剪断了原来的部分锚杆，施加 J2 号铁塔荷载，边坡的下滑力增大，边坡稳定性降低，易发生滑动，边坡处于不稳定状态；在演化过程④中，对其进行抗滑桩加锚杆的支护体系，使该边坡处于较稳定的状态。

4.4　基于极限平衡法的边坡稳定性定量计算

极限平衡分析法目前是岩质边坡稳定性分析的主要方法之一，该方法应用较为广泛，简便易行，计算工作量小，容易为工程技术人员所掌握，有丰富的实践经验。但极限平衡方法并不是一种“严格的”力学方法，国内外学者根据不同的研究对象和研究目的，进行了不同情况的简化假设，构建了多种计算模型，发展了适于不同情况的极限平衡分析方法，主要包括瑞典圆弧法、Fellenius 法、Bishop 法、Tayor 法、Janbu 法、Morgenstern－Price 法、Spencer 法、Sarma 法、楔形体法、平面破坏计算法、Baker Graber 临界滑面法

以及不平衡推力法等。

在工程实践中，主要是根据边坡破坏滑动面的形态来选择极限平衡法。例如平面破坏滑动的边坡，可以选择平面破坏的方法来计算；圆弧形破坏的滑坡可以选择 Fellenius 法或 Bishop 法来计算；复合破坏滑动面的滑坡可以采用 Janbu 法、Morgenstern - Price 法、Spencer 法来计算；对于折线形破坏滑动面的滑坡可以采用不平衡推力法、Janbu 法等来分析计算；对于楔形四面体岩石滑坡可以采用楔形体法来计算，对滑坡进行三维极限平衡分析则可采用 Hovland 法和 Leshchinsky 法等。

4.4.1 计算方法与原理

根据勘察资料中边坡的基本特征，采用传递系数法计算稳定性系数，计算剖面如图 4.1 所示。

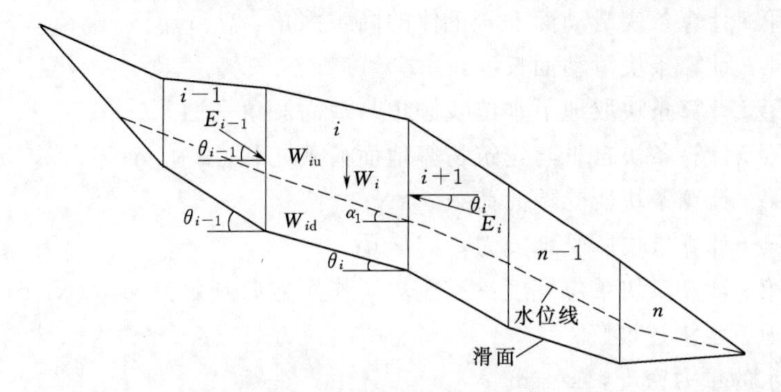

图 4.1 滑坡计算剖面

$$F_s = \frac{R_1\psi_1\psi_2\cdots\psi_{n-1} + R_2\psi_2\psi_3\cdots\psi_{n-1} + \cdots R_{n-1}\psi_{n-1} + R_n}{T_1\psi_1\psi_2\cdots\psi_{n-1} + T_2\psi_2\psi_3\cdots\psi_{n-1} + \cdots T_{n-1}\psi_{n-1} + T_n}$$

$$= \frac{\sum_{i=1}^{n-1}(R_i\prod_{j=i}^{n-1}\psi_j) + R_n}{\sum_{i=1}^{n-1}(T_i\prod_{j=i}^{n-1}\psi_j) + T_n} \tag{4-2}$$

其中

$$\psi_i = \cos(\theta_i - \theta_{i+1}) - \sin(\theta_i - \theta_{i+1})\tan\varphi_{i+1} \tag{4-3}$$

$$\prod_{j=i}^{n-1}\psi_j = \psi_i\psi_{i+1}\psi_{i+2}\cdots\cdots\psi_{n-1} \tag{4-4}$$

$$R_i = N_i\tan\varphi_i + c_i l_i \tag{4-5}$$

$$T_i = W_i\sin\theta_i + P_{W_i}\cos(\alpha_i - \theta_i) + Q_i\cos\theta_i \tag{4-6}$$

$$N_i = W_i\cos\theta_i + P_{W_i}\sin(\alpha_i - \theta_i) - Q_i\sin\theta_i \tag{4-7}$$

$$W_i = V_{iu}\gamma + V_{id}\gamma' + F_i \tag{4-8}$$

$$P_{W_i} = \gamma_{W_i} V_{id} \tag{4-9}$$

$$\gamma'=\gamma_{sat}-\gamma_W \tag{4-10}$$

$$i=\sin\alpha_i \tag{4-11}$$

$$Q_i=0.25K_H W_i \tag{4-12}$$

式中　F_s——滑坡稳定性系数；

ψ_i——传递系数；

R_i——第 i 计算条块滑体抗滑力，kN/m；

T_i——第 i 计算条块滑体下滑力，kN/m；

N_i——第 i 计算条块滑体在滑动面上的反力，kN/m；

θ_i——第 i 计算条块滑动面倾角，(°)；

c_i——第 i 计算条块滑动面上岩土体的黏聚力，kN；

φ_i——第 i 计算条块滑动面上岩土体的内摩擦角，(°)；

l_i——第 i 计算条块滑动面长度，m；

α_i——第 i 计算条块取地下水位线倾角与滑面倾角平均，(°)；

W_i——第 i 计算条块自重与建筑物等地面荷载之和，kN/m；

F_i——第 i 计算条块所受地面荷载，kN；

Q_i——第 i 计算条块所受地震力，kN/m；

P_{W_i}——第 i 计算条块单位宽度渗透压力，作用方向倾角为 α_i，kN/m；

i——地下水渗透坡降；

γ_W——水的重力密度，kN/m^3；

γ——岩土体天然重力密度，kN/m^3；

γ'——岩土体浮重力密度，kN/m^3；

γ_{sat}——岩土体饱和重力密度，kN/m^3；

V_{id}——第 i 计算条块单位宽度岩土体的地下水位以下体积，m^3/m；

V_{iu}——第 i 计算条块单位宽度岩土体的地下水位以上体积，m^3/m；

K_H——水平地震系数。

采用 Geo - studio 软件中的 slope/w 模块建立边坡的二维地质模型，计算滑动面的稳定性系数。

4.4.2　圆弧滑动破坏

4.4.2.1　计算剖面

计算剖面的选择要以边坡剖面实地勘察资料为依据，并且选择的剖面所处的位置要和边坡的走向垂直，剖面上要能体现出边坡角、边坡的力学特征以及地质特征。

选取计算 J2 号铁塔边坡稳定性的典型剖面 4 - 4′，如图 2.5 所示。

4.4.2.2　计算模型

当 J2 号铁塔边坡发生圆弧滑动破坏时，使用 Geoslope 建立边坡计算模型，首先选取 J2 号铁塔边坡的典型剖面 4 - 4′，在 CAD 中建立边坡模型并导入 Geoslope 中，然后对边坡岩土体进行区域划分并赋值。各演化过程的计算模型如图 4.2～图 4.5 所示。

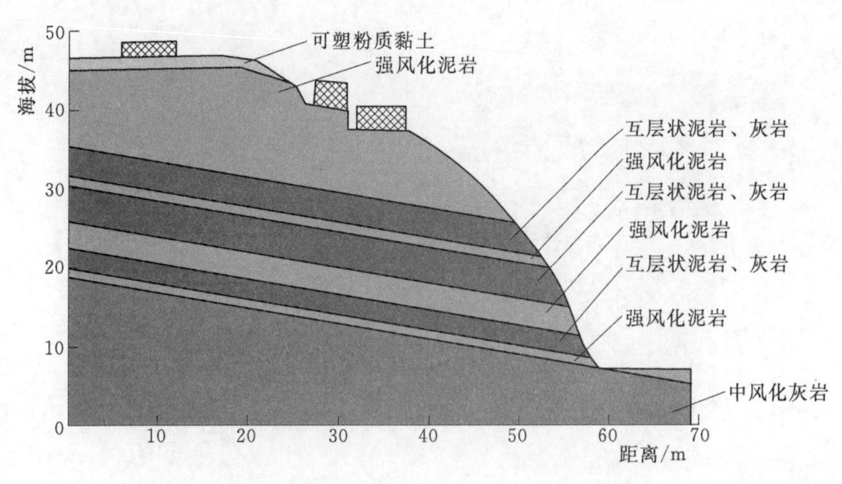

图 4.2 剖面 4-4′计算模型（演化过程①）

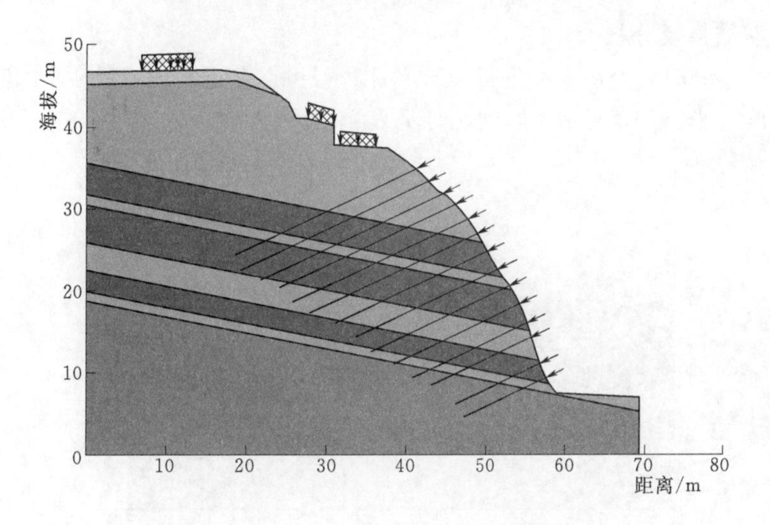

图 4.3 剖面 4-4′计算模型（演化过程②）

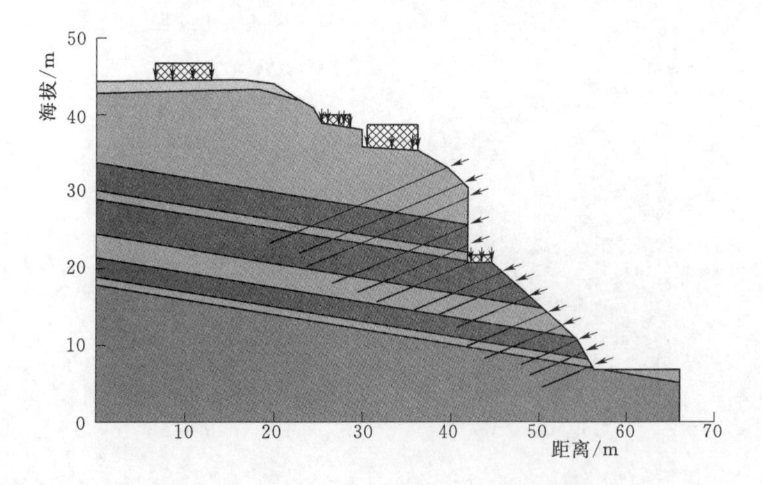

图 4.4 剖面 4-4′计算模型（演化过程③）

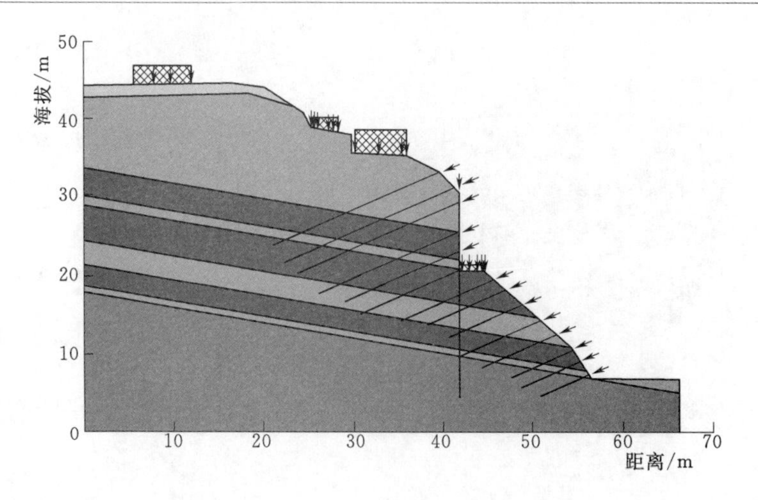

图 4.5　剖面 4-4′计算模型（演化过程④）

4.4.2.3　计算结果及分析

利用 Geo-slope 对上述模型进行检验和计算，可以获得不同阶段 4-4′剖面的稳定性系数，如图 4.6～图 4.13 所示，归纳统计见表 4.6。

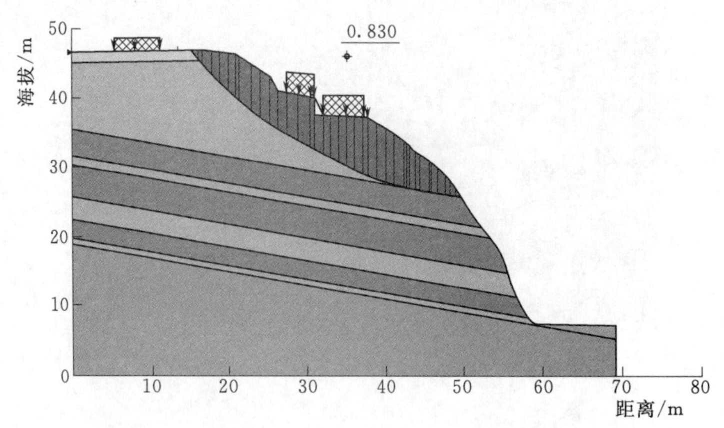

图 4.6　剖面 4-4′天然工况计算结果（演化过程①）

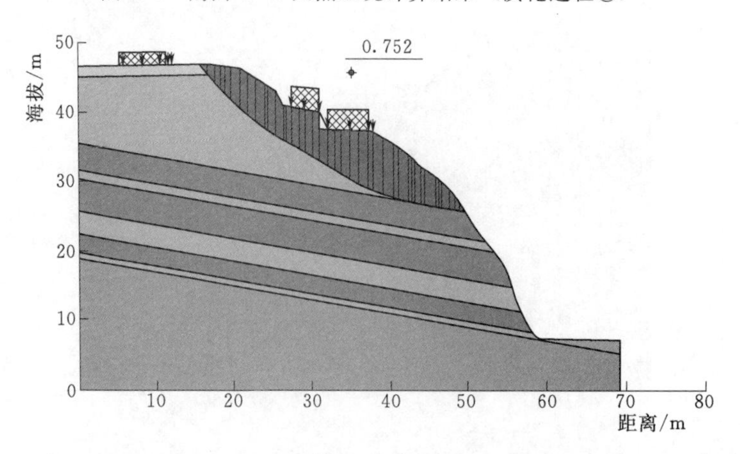

图 4.7　剖面 4-4′降雨工况计算结果（演化过程①）

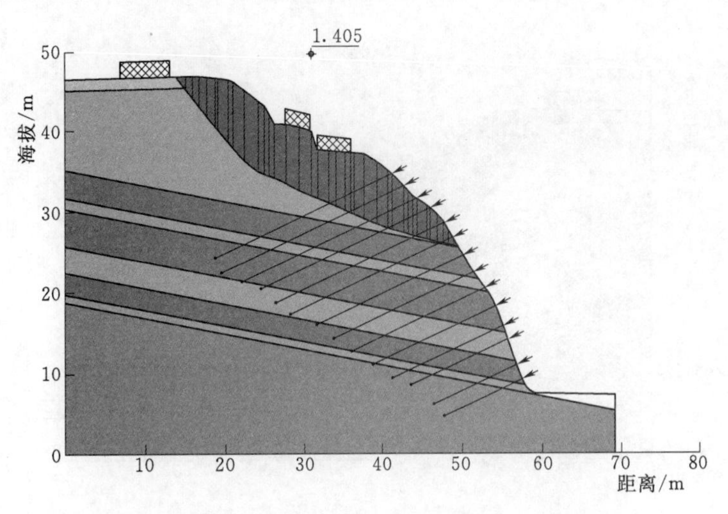

图 4.8　剖面 4-4′天然工况计算结果（演化过程②）

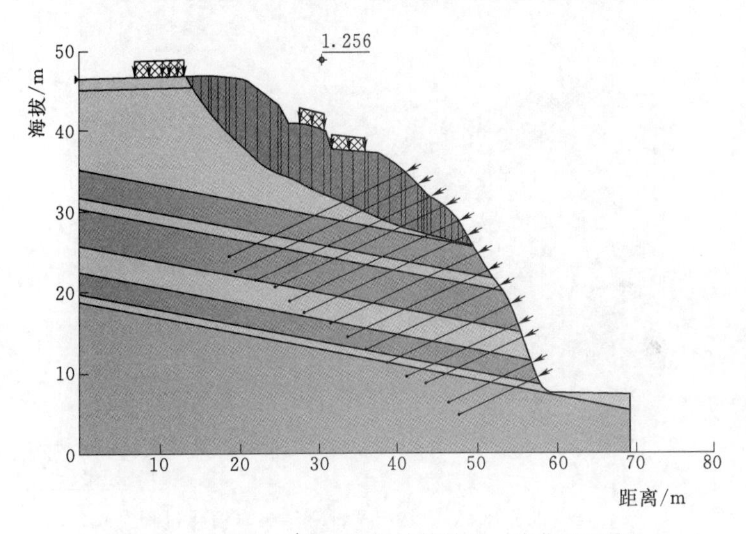

图 4.9　剖面 4-4′降雨工况计算结果（演化过程②）

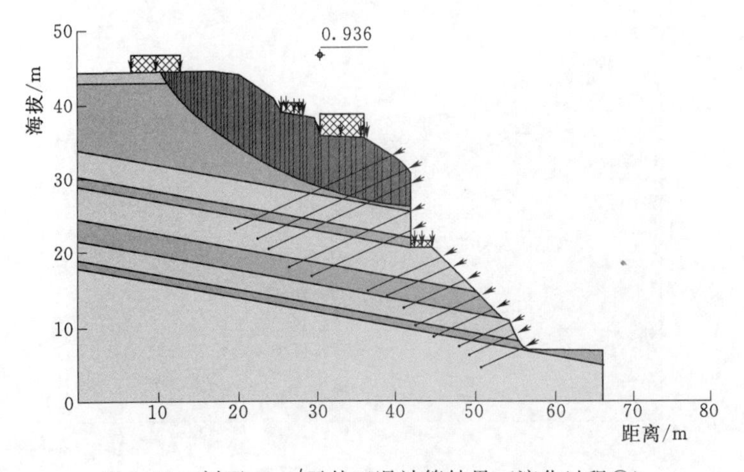

图 4.10　剖面 4-4′天然工况计算结果（演化过程③）

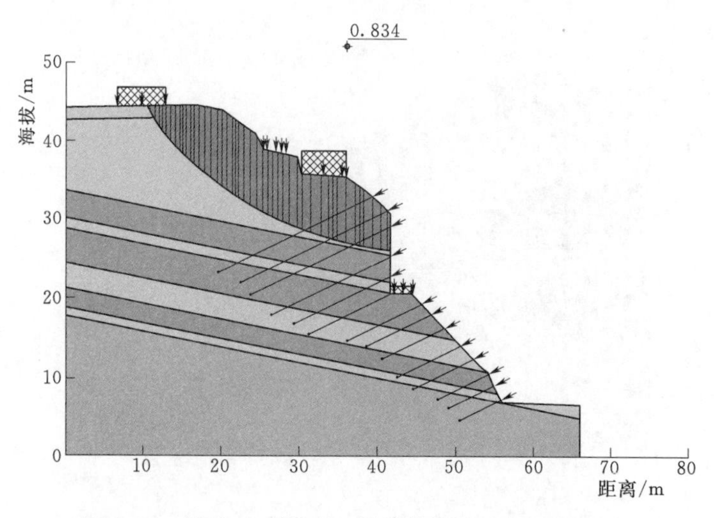

图4.11　剖面4-4′降雨工况计算结果（演化过程③）

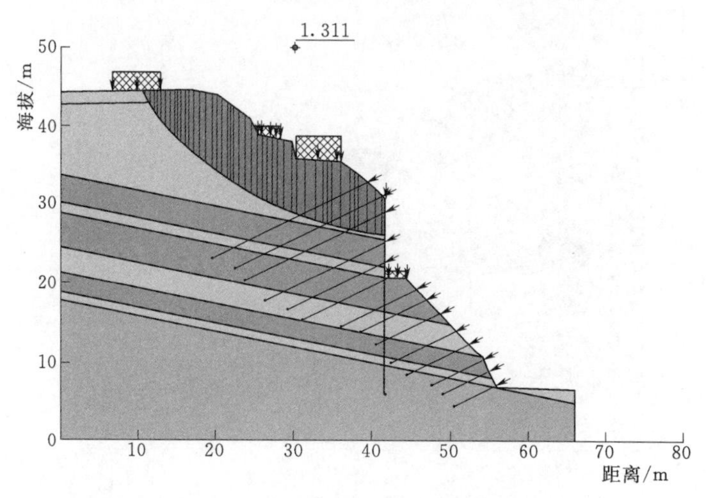

图4.12　剖面4-4′天然工况计算结果（演化过程④）

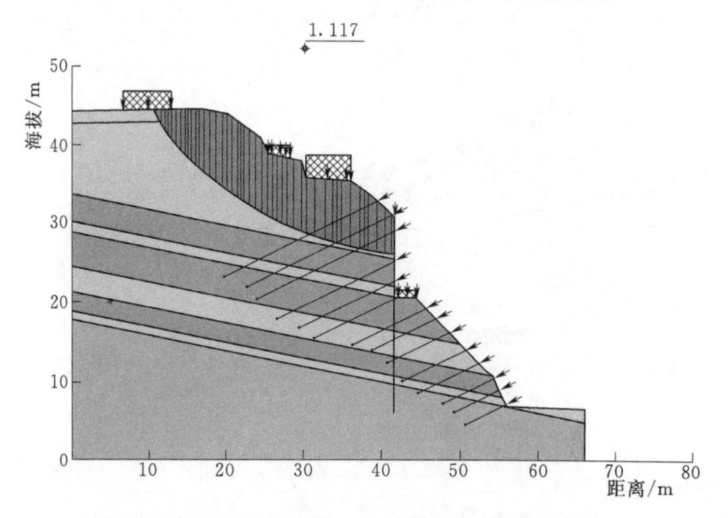

图4.13　剖面4-4′降雨工况计算结果（演化过程④）

两种工况下的稳定性系数计算见表4.7。

表4.7 不同阶段4－4′剖面稳定性系数

边坡工况	剖面	天然条件稳定性系数	降雨条件稳定性系数
演化过程①	剖面4－4′	0.830	0.752
演化过程②	剖面4－4′	1.405	1.256
演化过程③	剖面4－4′	0.936	0.834
演化过程④	剖面4－4′	1.311	1.117

4.4.3 结果分析

（1）在初始边坡阶段（演化过程①），4－4′剖面的稳定性系数在两种工况下分别为0.830、0.752，均小于1，边坡处于不稳定状态。显然，本边坡岩体工程性质较差，且边坡坡度较大，并且有铁塔荷载作用，均不利于边坡稳定。

（2）在前期工程作用下（演化过程②），4－4′剖面的稳定性系数在两种工况下分别为1.405、1.256，可见本边坡处于稳定状态。对该工况下边坡进行了锚固，锚杆有效提高了岩体的黏聚力C和内摩擦角φ，提高了岩土体黏聚性，有利于边坡稳定。

（3）新增J2号铁塔荷载未支护（演化过程③），建设J2号铁塔需要对现有边坡进行切坡，对现有锚杆进行拆除，新增J2号铁塔荷载后，未进行支护，边坡的下滑力增大，且会造成局部应力集中的状况，不利于边坡的稳定，4－4′剖面的稳定性系数在两种工况下分别为0.936、0.834，边坡稳定性差。

（4）新增J2号铁塔荷载进行支护后（演化过程④），在演化过程③的基础上对J2号铁塔进行抗滑桩加新锚杆支护后，4－4′剖面的稳定性系数在两种工况下分别为1.311、1.117，边坡在进行支护后处于基本稳定状态。

4.5 基于可靠度的边坡稳定性定量计算

边坡可靠度计算分析考虑了边坡系统的不确定性，特别是岩土参数的不确定性（岩土参数的变异性），这些不确定性对边坡稳定性分析的灵敏度是相当高的。传统的极限平衡方法没有考虑岩土体参数的变异性，因此，有必要将建立在不确性概念上的可靠度理论分析方法引入到边坡稳定性的研究当中，对J2号铁塔边坡进行可靠度分析，更加综合、准确地评价边坡稳定性。

4.5.1 可靠度计算原理与方法

在传统的评价方法中，稳定性系数常常被当做唯一的标准来评价滑坡的稳定性。但采用定值分析的方法（如极限平衡法）来分析边坡进行稳定性的时候，并没有考虑到诸多不确定性因素以及客观存在的问题。仅仅用稳定性系数的大小判断边坡是否安全的方法忽略了边坡介质的强度参数指标的不确定性，因此稳定性系数相同的边坡的实际稳定状态往往有较大差别。其不确定性主要包括以下3个方面：①物理力学参数的不确定性；②统计不确定性；③模型的不确定性。因此，用概率的方法来表示稳定性系数当中相应的岩土参数指标，即所谓的可靠度 R_0 或失效概率 P_f 已成为必要，可靠度和失效概率满足

$$P_f + R_0 = 1 \tag{4-13}$$

结构可靠度通常是指在一段时间内、一定荷载条件作用下完成预定功能或系统运行正常的一种度量。根据特有的不确定性因素对每个影响稳定性系数的因子进行考虑，是可靠度分析的优点之一。在滑坡的分析中，计算稳定性系数的同时，如果能将其中的变异系数准确地分析出来，滑坡的破坏概率也就相应地可以得出。同时也为滑坡的优化设计提供了有力的理论基础。目前，可靠度的研究常用的方法[159,160]有 Monte Carlo 法、一次二阶矩法、Rosenblueth 法、JC 法等。本书将采取 Monte Carlo 法对 J2 号铁塔边坡的稳定性可靠度进行计算评估。

Monte Carlo 法，也称为统计模拟方法，是 20 世纪 40 年代中期，由于科学技术的发展和电子计算机的发明，而被提出的一种以概率统计理论为指导的一类非常重要的数值计算方法，是指使用随机数（或更常见的伪随机数）来解决很多计算问题的方法。由于涉及时间序列的反复生成，Monte Carlo 模拟法是以高容量和高速度的计算机为前提条件的，因此只是在近些年才得到广泛推广，随着模拟次数的增多，其预计精度也逐渐增高。

其基本思想为：若已知状态变量的概率分布，根据滑坡的极限状态条件 $F_s = f(c,\varphi,\rho,h,u,\cdots)=1$，利用 Monte Carlo 法产生符合状态变量概率分布的一组随机数 c，φ，ρ，h，u，…，代入状态函数 $F_s = f(c,\varphi,\rho,h,u,\cdots)$，计算得到状态函数的一个随机数。如此用同样的方法产生 N 个状态函数的随机数。如果在 N 个状态函数的随机数中有 M 个小于或等于 1，当 N 足够大时，根据大数定律，此时的频率已近似于概率，从而可得滑坡的破坏概率如下：

$$p_f = p(F_s \leqslant 1) = \frac{M}{N} \tag{4-14}$$

显然，当 N 足够大时，由稳定性系数的统计样本 $F_{s(1)}, F_{s(2)}, \cdots, F_{s(N)}$ 可以比较精确地近似得到稳定性系数的分布函数 $G(F_s)$，并估计其分布参数。其均值 μ_{F_s} 和标准差 σ_{F_s} 分别为

$$\mu_{F_s} = \frac{1}{N}\sum_{i=1}^{N} F_{s(i)} \tag{4-15}$$

$$\sigma_{F_s} = \left[\frac{1}{N-1}\sum_{i=1}^{N}(F_{s(i)} - \mu_{F_s})^2\right]^{\frac{1}{2}} \tag{4-16}$$

进而可根据 $G(F_s)$ 拟合的理论分布，通过积分法求得破坏概率。在标准正态空间，也可根据其均值和标准差得到可靠指标 β 为

$$\beta = \frac{\mu_{F_s}}{\sigma_{F_s}} \tag{4-17}$$

破坏概率为

$$p_f = 1 - \Phi(\beta) \tag{4-18}$$

在用该方法建立的概率模型中，可能遇到各种不同分布的随机变量，则要求产生对应于该随机变量（或分布）的随机数，称作对该随机变量进行模拟或抽样。以下针对滑坡稳定性计算中常遇到的分布类型——正态分布进行抽样方法介绍。

正态分布 $N(\mu,\sigma^2)$ 的密度函数为

$$f(x)=\frac{1}{\sqrt{2\pi}\sigma}e^{-\frac{(x-\mu)^2}{2\sigma^2}} \tag{4-19}$$

对于这种非标准的正态分布，可用标准正态分布 $N(0,1)$ 的随机变量 x' 经下列线性变换得到：

$$x=\mu+\sigma x' \tag{4-20}$$

式中　x'——标准正态分布的随机变量；

μ、σ——所求非标准正态分布随机变量 x 的均值和标准差。

其中，x'的获得有变换法、极法、近似法和舍选法 4 种方法。然而，使用最多的是变换法，即取两个独立的 $[0,1]$ 区间均匀随机数 u_1 和 u_2，利用二元函数变换得到。

$$\left.\begin{aligned}x_1'&=(-2\ln u_1)^{\frac{1}{2}}\cos(2\pi u_2)\\x_2'&=(-2\ln u_1)^{\frac{1}{2}}\sin(2\pi u_2)\end{aligned}\right\} \tag{4-21}$$

x_1' 和 x_2' 是两个相互独立的标准正态分布的随机变量，代入式（4-20）即可同时产生一对互为正交的独立正态随机数。

$$\left.\begin{aligned}x_1&=\mu+\sigma(-2\ln u_1)^{\frac{1}{2}}\cos(2\pi u_2)\\x_2&=\mu+\sigma(-2\ln u_1)^{\frac{1}{2}}\sin(2\pi u_2)\end{aligned}\right\} \tag{4-22}$$

在可靠度分析中，通常定义功能函数为

$$g(X)=g(x_1,x_2,\cdots,x_n) \tag{4-23}$$

其中

$$X=(x_1,x_2,\cdots,x_n)$$

式中　X——一向量；

x_i——影响边坡系统可靠度的 n 个变量$(i=1,2,\cdots,n)$。

$g(X)$ 反映了结构的运行性能或者状态。当 $g(X)>0$ 时，边坡系统处于安全状态；当 $g(X)<0$ 时，结构处于"破坏"或"失效"状态；而 $g(X)=0$ 表示系统达到极限状态。$g(X)=0$ 称为结构的极限状态方程。

如果功能函数中随机变量 $x_i(i=1,2,\cdots,n)$ 的联合概率密度函数为 $f_x=(x_1,x_2,\cdots,x_n)$，则结构处于安全状态的概率（可靠度）为

$$R_0=\int\limits_{g(x)>0}\cdots\int f_x(x_1,x_2,\cdots,x_n)\mathrm{d}x_1\mathrm{d}x_2\cdots\mathrm{d}x_n \tag{4-24}$$

同样处于破坏状态的失效概率 P_f 可以表示为

$$P_f=\int\limits_{g(x)<0}\cdots\int f_x(x_1,x_2,\cdots,x_n)\mathrm{d}x_1\mathrm{d}x_2\cdots\mathrm{d}x_n \tag{4-25}$$

由式（4－25）可见，无论是失效概率 P_f 或可靠度 R_0 都可以通过数值积分的方法得到，但是在实际计算过程中，由于功能函数 $g(X)$ 的形式不同，将需要采用不同的计算方法计算可靠度指标 β 及相应的失效概率 P_f。并且在边坡稳定领域进行可靠度分析时，某些物理量，如材料的重量，既可以视为作用，也可以视作产生抗力（摩擦力）的主要因素。因此，在将已有边坡稳定分析和可靠度分析接轨的过程中需要做适当的处理。

4.5.2　参数选取及模型建立

根据数据资料，岩土各参数的方差见表4.8。

表4.8　　岩土参数方差

方差	重力密度/(kN·m^{-3})	黏聚力/kPa	摩擦角/(°)
可塑粉质黏土	0.319	2.094	1.112
强风化泥岩	0.268	2.073	1.089
互层泥岩、灰岩	0.432	2.13	1.209
中风化灰岩	0.29	2.031	1.093

对不同工况边坡的可靠度计算采用循环次数为20000次，岩土参数概率分布函数采用正态分布函数，方差倍数为1倍进行计算，结果如图4.14～图4.29所示。

演化过程①：

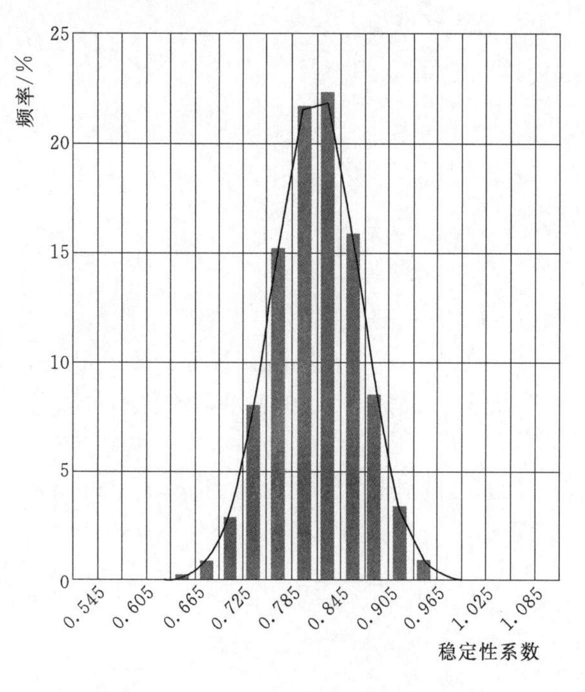

图4.14　天然条件稳定性系数分布图
（μ=0.830）

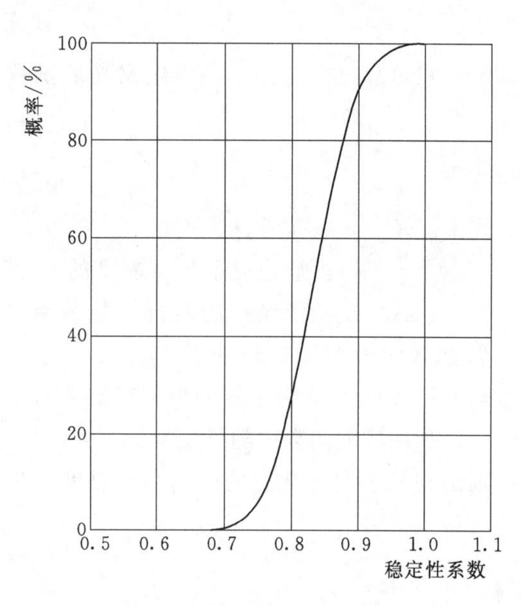

图4.15　天然条件破坏概率图
（&=99.9%）

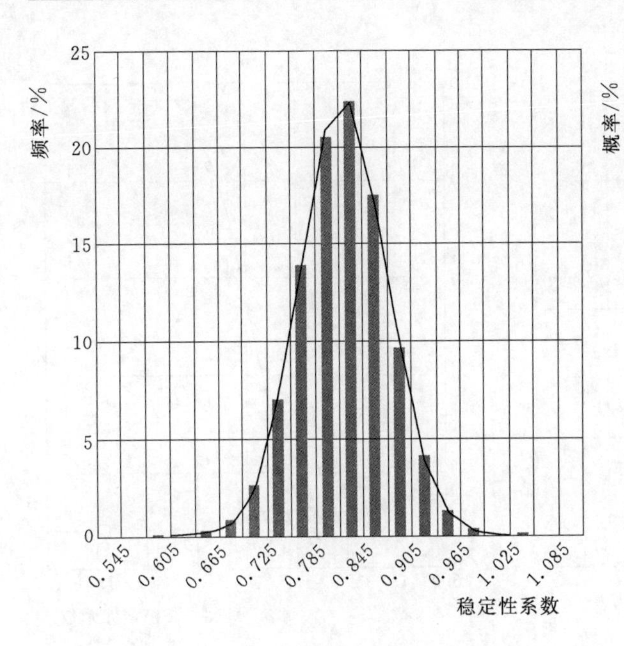

图 4.16 降雨条件稳定性系数分布图
(μ=0.752)

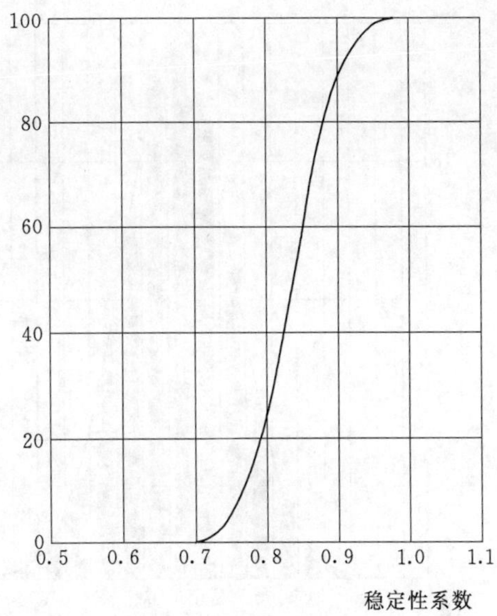

图 4.17 降雨条件破坏概率图
(& =99.9%)

演化过程②：

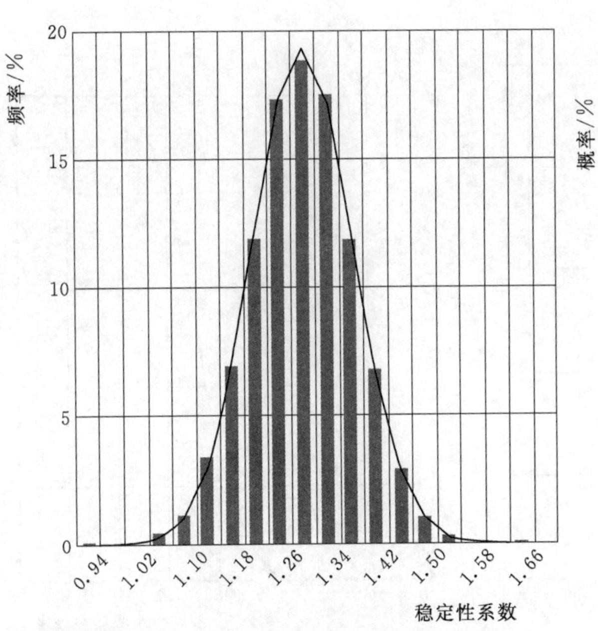

图 4.18 天然条件稳定性系数分布图
(μ=1.405)

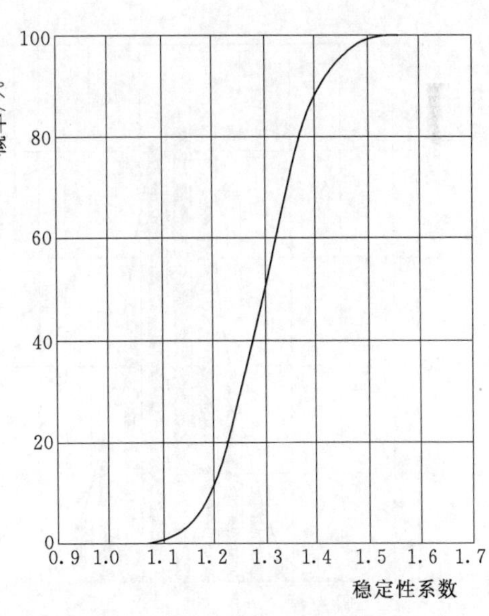

图 4.19 天然条件破坏概率图
(& =0.09%)

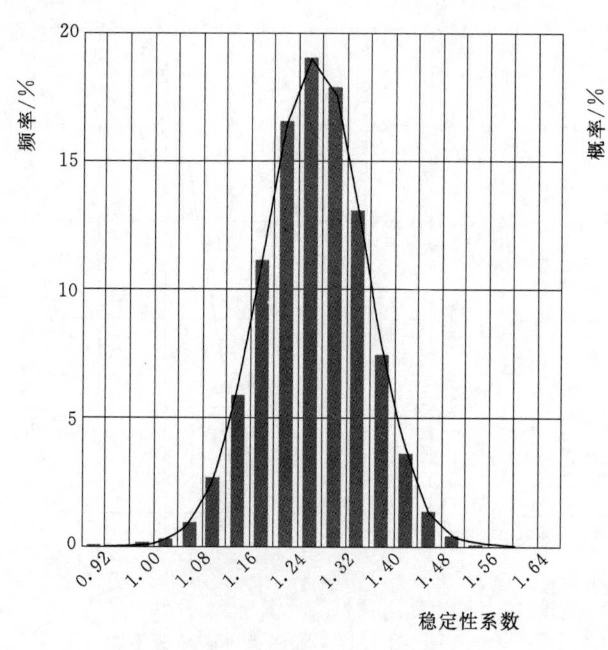

图4.20　降雨条件稳定性系数分布图
(μ=1.256)

图4.21　降雨条件破坏概率图
(& =0.115%)

演化过程③：

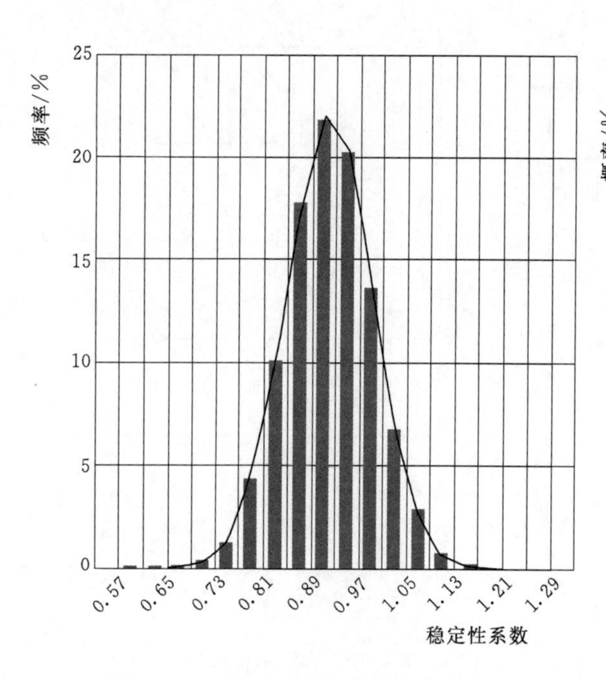

图4.22　天然条件稳定性系数分布图
(μ=0.936)

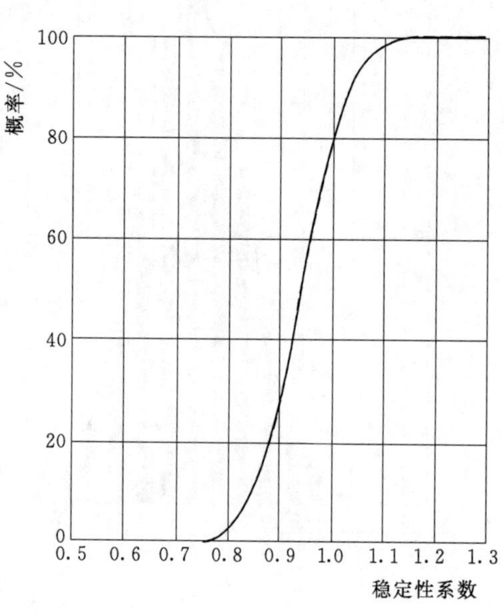

图4.23　天然条件破坏概率图
(& =79.95%)

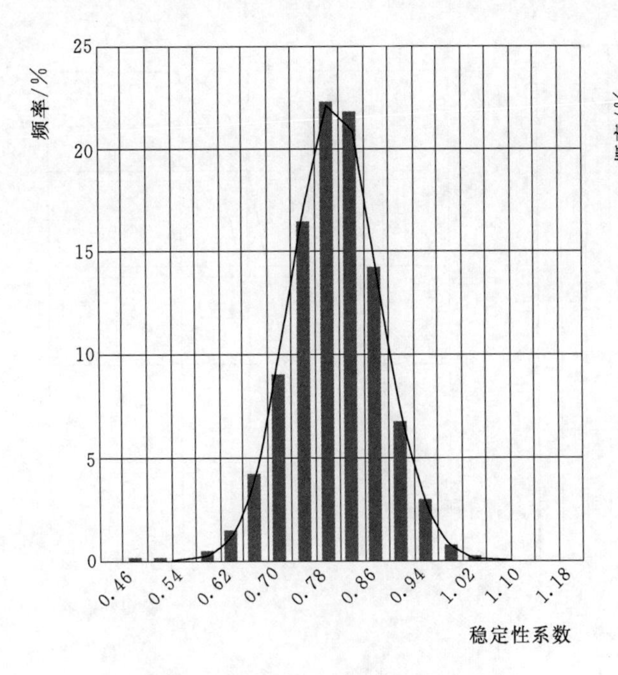

图 4.24　降雨条件稳定性系数分布图
（μ=0.834）

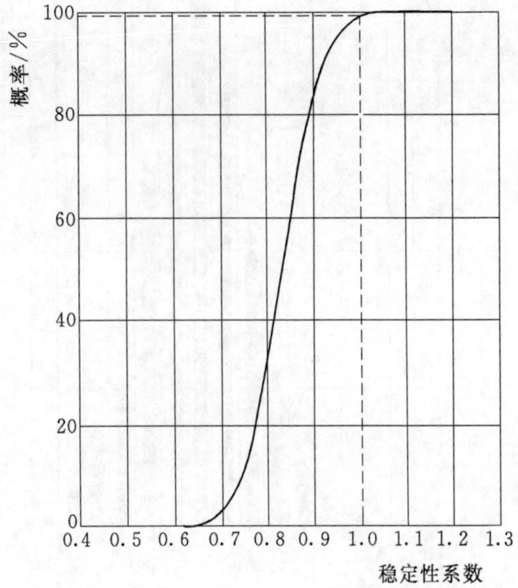

图 4.25　降雨条件破坏概率图
（& =99.055%）

演化过程④：

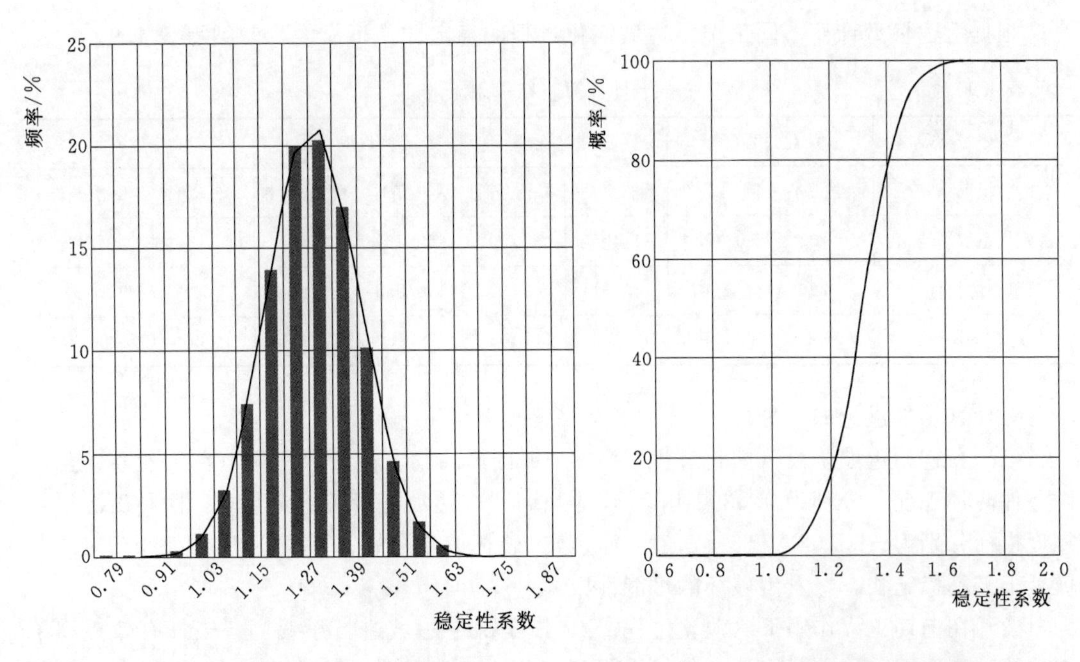

图 4.26　天然条件稳定性系数分布图
（μ=1.311）

图 4.27　天然条件破坏概率图
（& =0.395%）

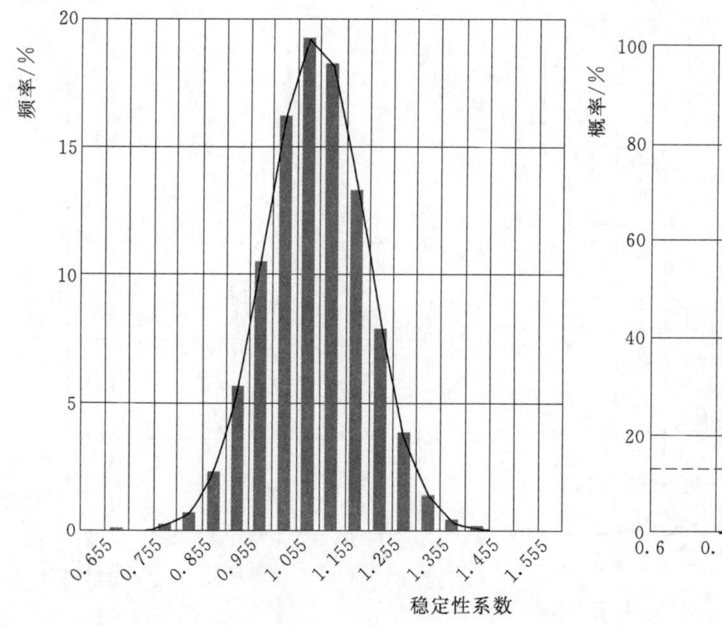

图4.28　降雨条件稳定性系数分布图
(μ=1.117)

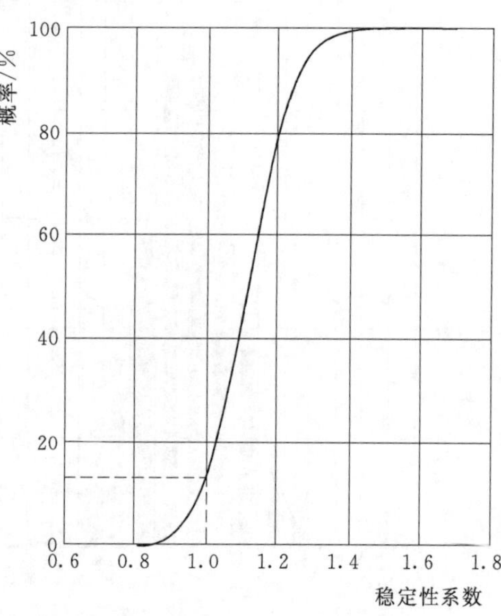

图4.29　降雨条件破坏概率图
(& =12.445%)

4.5.3　计算结果及分析

根据上述模型计算不同工况下边坡演化过程的稳定性及可靠度，归纳得表4.9。

表4.9　　计　算　结　果

序号	演化过程①		演化过程②		演化过程③		演化过程④	
工况	天然条件	降雨条件	天然条件	降雨条件	天然条件	降雨条件	天然条件	降雨条件
稳定性系数平均值	0.830	0.752	1.405	1.256	0.946	0.834	1.312	1.117
可靠度指标	−3.202	−3.07	3.581	3.432	−0.833	−2.347	2.728	1.137
破坏概率/%	99.9	99.9	0.09	0.115	79.95	99.055	0.395	12.445

对计算结果进行如下分析：

(1) 在初始边坡阶段（演化过程①），4-4′剖面的稳定性系数平均值在天然条件与降雨条件两种工况下分别为0.830、0.752，均小于1，边坡处于不稳定状态。两种工况下可靠度指标分别为−3.202、−3.07，均为负数，破坏概率分别高达99.915%、99.9%，边坡处于极不稳定状态，发生破坏的可能性极大。

(2) 在前期工程作用下（演化过程②），该工况下边坡进行了锚固，锚杆有效提高了岩体的黏聚力C和内摩擦角φ，整体上提高了岩土体黏聚性，有利于边坡稳定。4-4′剖面的稳定性系数在两种工况下分别为1.405、1.256，均大于1.2，边坡处于稳定状态。两种工况下可靠度指标分别为3.581、3.432，均大于3，破坏概率分别为0.09%、

0.115%，边坡处于稳定状态，发生破坏的可能性极小。

(3) 新增J2号铁塔荷载未支护（演化过程③），建设J2号铁塔需要对现有边坡进行切坡和对现有锚杆进行拆除，新增J2号铁塔荷载后，未进行支护，边坡的下滑力增大，且会造成局部应力集中的状况，不利于边坡的稳定，4-4′剖面的稳定性系数在两种工况下分别为0.940、0.833，均小于1，边坡处于稳定状态。两种工况下可靠度指标分别为－0.833、－2.347，均为负数，破坏概率分别高达79.95%、99.055%，边坡发生破坏的可能性大，边坡在进行支护后处于不稳定状态。

(4) 新增J2号铁塔荷载进行支护后（演化过程④），在演化过程③的基础上对J2号铁塔进行抗滑桩加新锚杆支护后，4-4′剖面的稳定性系数在两种工况下分别为1.312、1.117，均大于1，边坡处于稳定状态。两种工况下可靠度指标分别为2.728、1.137，天然工况下可靠度指标大于降雨工况下可靠度指标，破坏概率分别为0.395%、12.445%，降雨条件下破坏概率远大于天然工况下的破坏概率，边坡发生破坏的可能性在天然工况下极小，在降雨工况下较小，边坡在进行支护后处于稳定状态。

4.6　基于离散单元法的边坡稳定性定量计算

在岩体中进行边坡开挖时，破坏常常是由断层、节理、裂隙等不连续结构面控制，岩体被相互交叉的结构面切割成可从开挖表面掉落或滑动的块体或楔形体。变形和破坏一般是沿单一不连续面滑动，或沿不连续面的交线滑动，完整岩石的破坏并不多见。由于连续变形分析方法往往不能较好地考虑结构面的作用，所以采用不连续介质力学理论数值分析方法进行岩质边坡稳定性分析有一定优越性。不连续数值分析方法中，离散元法是适用于不连续岩体稳定性分析的有力工具。

4.6.1　3DEC软件简介及计算方法

4.6.1.1　3DEC软件简介

3DEC（Three-Dimensional Distinct Element Code）数值模拟软件是由美国Itasca Consulting Group Inc开发的离散单元法计算软件，是一个处理不连续介质的三维离散元程序。3DEC建立在拉格朗日算法基础上，利用中心差分法进行求解，并允许系统大变形和大位移，是很好的非连续数值分析方法。

4.6.1.2　计算方法

1. 强度折减法[161]

近年来，强度折减法较普遍地应用于边坡稳定性分析，强度折减法就是在边坡稳定性计算过程中，将岩土体的抗剪强度指标用一个折减系数F_s进行折减，然后用折减后的虚拟抗剪强度指标取代原来的抗剪强度指标，逐步降低岩土体强度参数，反复计算直至边坡达到临界破坏状态，此时采用的强度指标与原有的强度指标之比，即为边坡安全系数。

$$C_F = \frac{C}{F_s} \tag{4-26}$$

$$\varphi_F = \tan^{-1}\left(\frac{\tan\varphi}{F_s}\right) \tag{4-27}$$

$$\tau_{fF} = C_F + \sigma\tan\varphi_F \tag{4-28}$$

式中　C_F——折减后的黏聚力；

φ_F——折减后的内摩擦角；

τ_{fF}——折减后的抗剪强度。

2. 离散元法[162]

不同于极限平衡法采用力或者力矩平衡，离散元法是一种位移分析的方法，所以，最合理的计算安全系数的方式为采取临界的位移。整个离散系统稳定与否的关键因素由摩擦系数和黏结强度决定。当随着摩擦系数和黏结强度由大变小，就一定会出现临界的摩擦系数、黏结强度，当系统的位移超过了临界的位移，即为系统处于失稳状态；系统的位移没有超过临界位移的大小，即为稳定状态。Duncan（1996）指出：使边坡正好到达临界破坏状态时的所折减抗剪强度指标（即黏聚力 C 和内摩擦角 φ）的程度能够定义边坡的安全系数。

4.6.2　模型的建立

模型尺寸为 76.00m×50.00m×58.00m(长×宽×高)。模型材料分为强风化泥岩，强风化灰岩，互层状的泥岩、灰岩，中风化的灰岩，塔基和抗滑桩混凝土及铁塔等，均采用实体单元（zone）进行模拟，锚杆采用锚杆单元（cable）进行模拟。最终模型共使用 65532 个实体单元，195 根锚索单元。

岩石本构模型采用理想弹塑性模型，岩层面及锚杆、桩岩接触面采用库伦滑动破坏本构模型。模型设置边界条件，底面处施加竖向约束，在模型的侧面处施加水平约束，模型顶面自由无约束。在坡体共设置 4 个变形监测点（建 J2 号铁塔前设置 3 个），数值分析模型及监测点布设位置如图 4.30～图 4.32 所示。

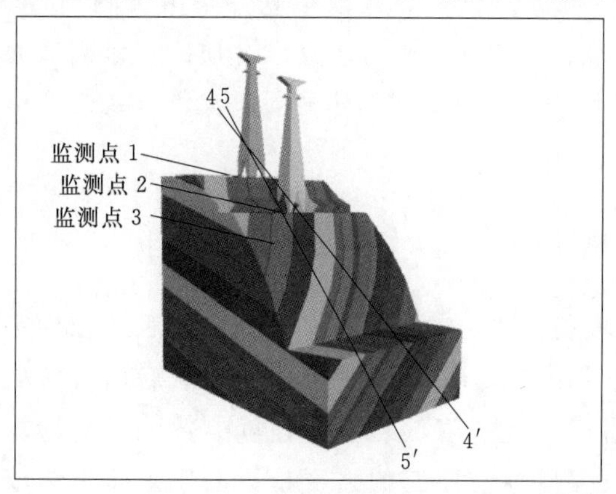

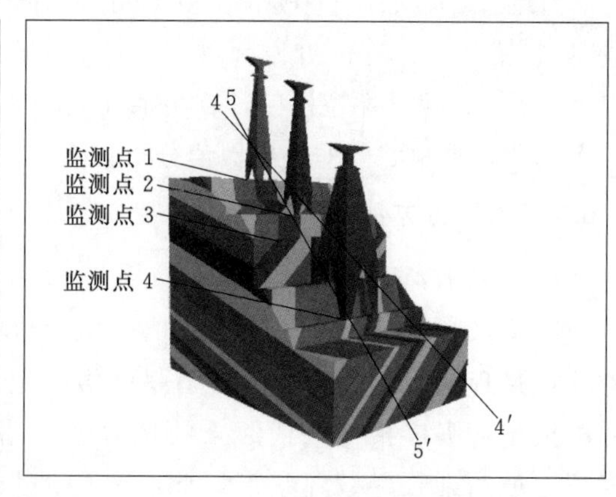

图 4.30　模型及监测点布设图

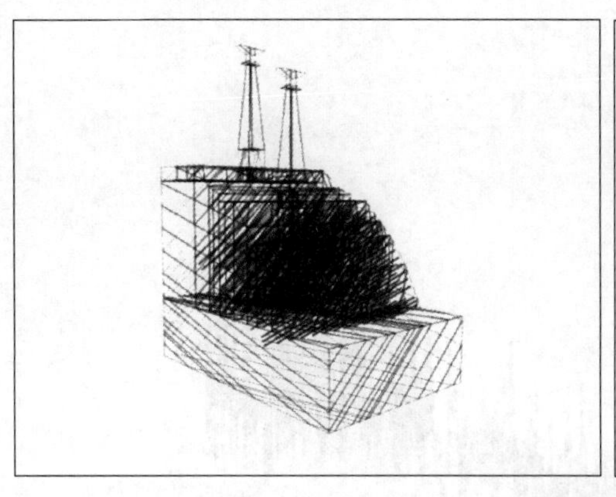

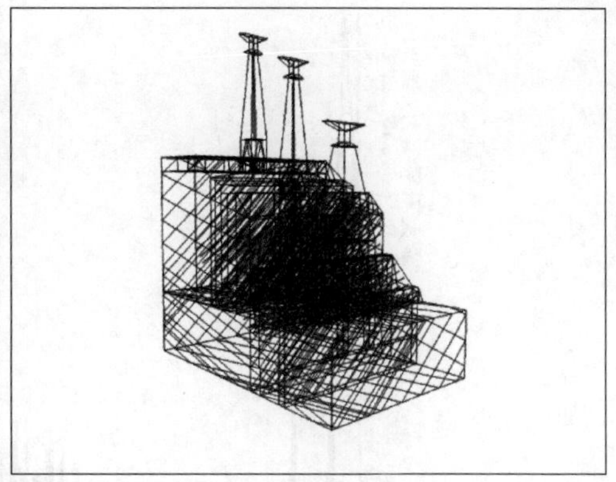

图 4.31 锚杆布设图

4.6.3 圆弧滑动破坏

4.6.3.1 天然工况

1. 演化过程①

(1) 最大不平衡力。不平衡力是数值计算迭代过程中产生的系统内外力之差，是在数值模拟计算中判断结果是否收敛的重要标志，如果模型中每个节点的不平衡力都达到 0，则说明模型已经达到了绝对的平衡状态。但实际数值模拟过程中，最大不平衡力不可能达到 0，如果最大不平衡力和作用在体系上的外力相比（即不平衡率）小到可以忽略不计时，即可认为体系达到了平衡状态；而如果不平衡率趋于一个非零数值，则说明模型中发生了塑性变形。如图 4.33 所示，在天然状态下未采取加固措施的情况下，模型最大不平衡力无法趋于稳定，其值在 10^6N 附近上下波动，模型计算无法收敛说明模型正在发生较大变形并被破坏。

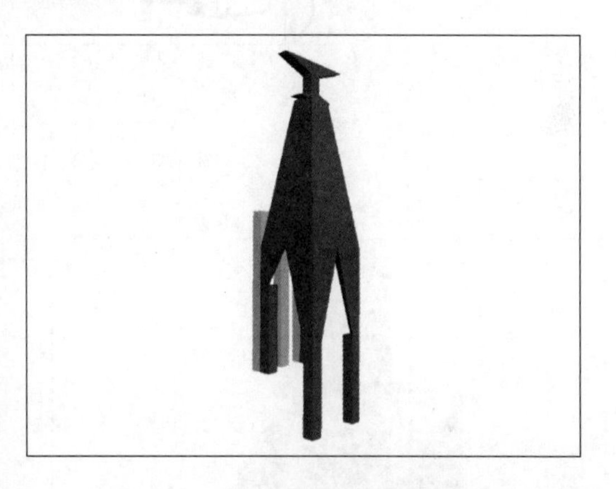

图 4.32 J2 号铁塔及抗滑桩模型图

(2) 位移计算结果分析。由图 4.34 可知，边坡发生整体变形，变形主要发生在模型的左下方，这是由于边坡岩层结构面与边坡坡面呈斜交状态，所以边坡变形位置受到岩层倾向的控制而偏向左下方位置。在计算至 16000 步时模型仍未收敛平衡，位移量最大处发生在第二个塔基平台的左下方。并且，边坡变形有继续增加的趋势，随着计算的进行，在计算至 32000 步时，如位移云图可以看出，边坡发生整体破坏，第二个平台处塔基出现不均匀沉降，严重威胁到铁塔的安全。

由图 4.35 可见，边坡在未加固情况下沿近似圆弧状的滑面处发生指向坡外的变形。在变形区的前部主要沿强风化泥岩软弱结构面，后部滑面弯转向上。变形区前缘位移最大，计算至 32000 步时，已经发生明显的滑移变形，前缘切出坡外，平台处出现明显的沉降。

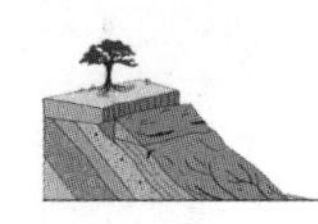

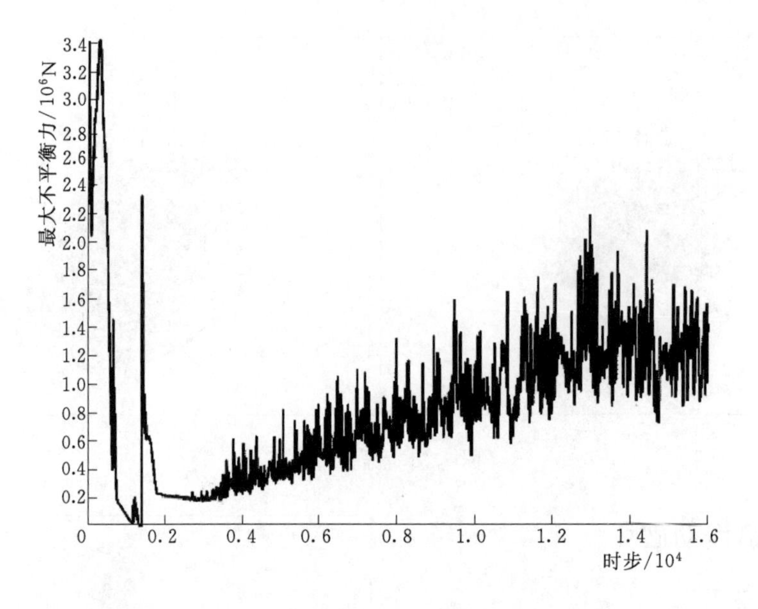

图 4.33　最大不平衡力随时步曲线

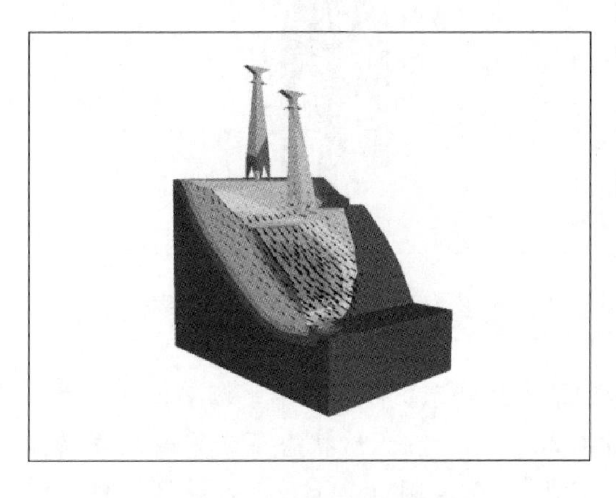

图 4.34　模型位移云图

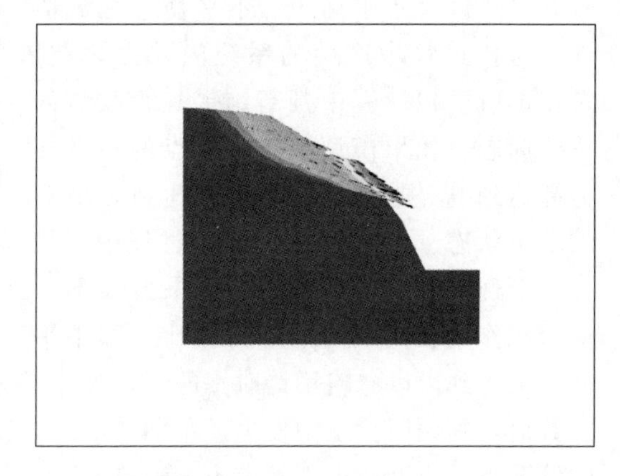

图 4.35　4－4′剖面位移云图

图 4.36 为 3 个监测点位移随时步变化曲线，由曲线可以看出，位移呈加速增长趋势，且监测点 3 的位移量最大，增速也是最快，说明边坡前缘首先发生滑移变形，变形量相对后部较大。综上，模型在天然状态未采取加固状态下将发生整体变形破坏。

2. 演化过程②

(1) 最大不平衡力。如图 4.37 最大不平衡力随时步曲线所示，在天然状态下采取锚杆加固的情况下，模型最大不平衡力最终趋于稳定，计算收敛平衡，说明进行锚杆加固后，边坡将处于稳定状态。

(2) 位移计算结果分析。由图 4.38 可知，在采取锚杆加固以后，坡体变形量明显减小，最大变形量为 36.4mm，发生在第二个平台左下方位置。塔基处变形量也明显受到控制而减小，保证了铁塔稳定性。

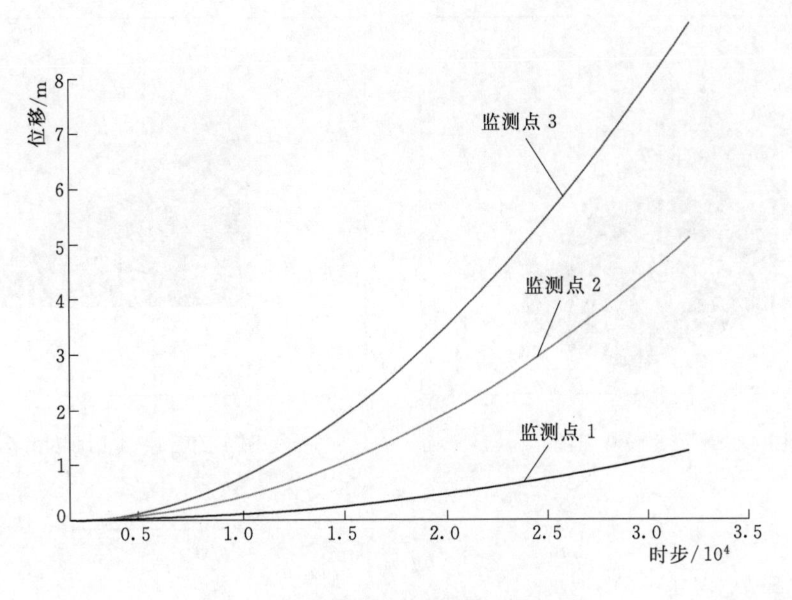

图 4.36 监测点位移随时步变化曲线

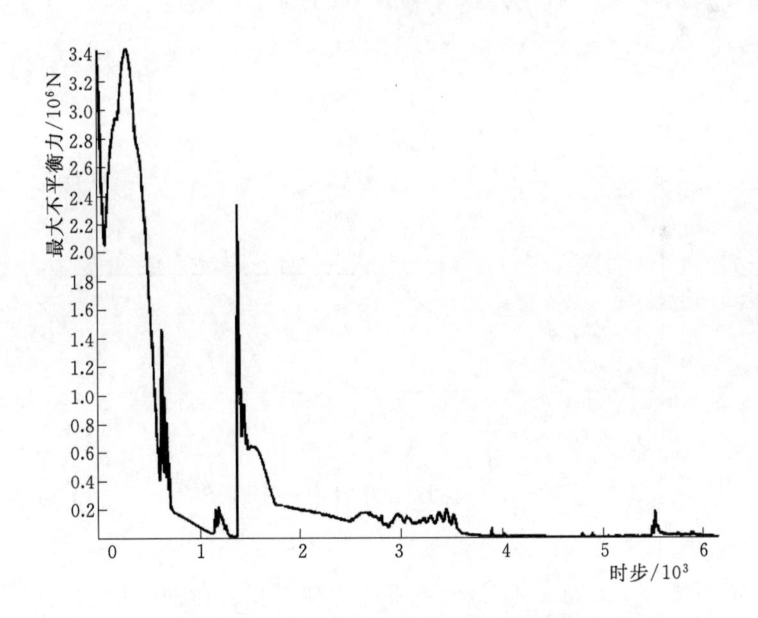

图 4.37 最大不平衡力随时步变化曲线

如图 4.39 所示，与未加固情况类似，沿近似圆弧状的滑面处发生指向坡外的变形。在变形区的前部主要沿强风化泥岩软弱结构面，后部滑面弯转向上，但潜在滑面受到控制，位移量也明显减小。

由图 4.40 监测点位移随时步曲线图可知，计算至 6157 步时，模型位移量基本保持不变，最大位移的监测点 3 也仅为 30mm 左右，铁塔处的位移更小，可以保证铁塔安全，边坡也处于稳定。

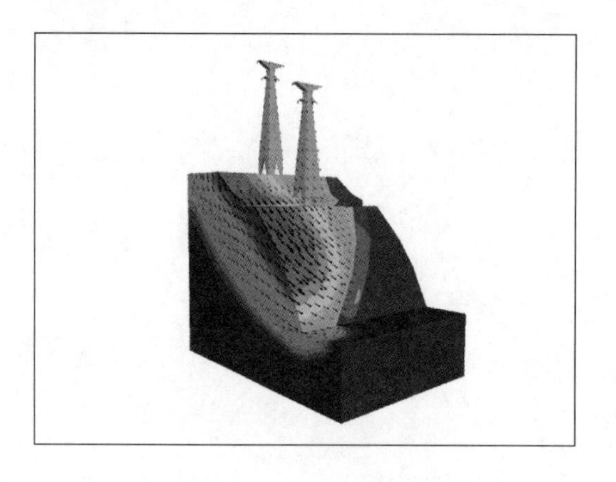

图 4.38　模型位移云图

图 4.39　4－4′剖面位移云图

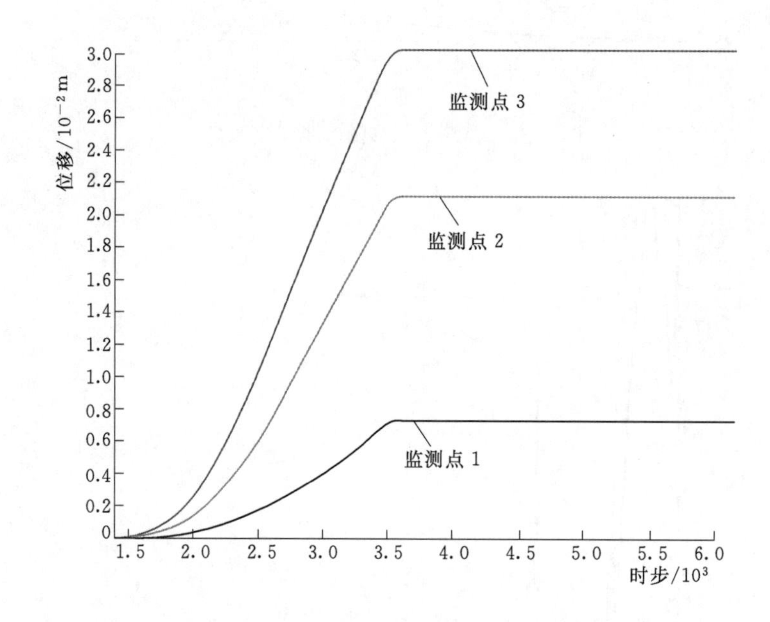

图 4.40　监测点位移随时步变化曲线

3. 演化过程③

(1) 最大不平衡力。如图 4.41 最大不平衡力随时步变化曲线所示，在天然状态下建立 J2 号铁塔未采取加固措施的情况下，最大不平衡力无法趋于稳定，模型计算无法收敛说明模型正在发生较大变形并被破坏。

(2) 位移计算结果分析。由图 4.42 和图 4.43 可知，对支护后的边坡进行开挖，由于剪断部分锚杆，并未对其进行加固处理，边坡前缘位移量增大，并不受控制，最大位移量发生在剖面垂直开挖面处。

如图 4.44 监测点位移随时步变化曲线所示，最上面平台铁塔塔基监测点 1 与第二平台铁塔塔基监测点 2 的水平位移相对较小。监测点 3 位于左侧开挖面处，此处位移量相对较大。

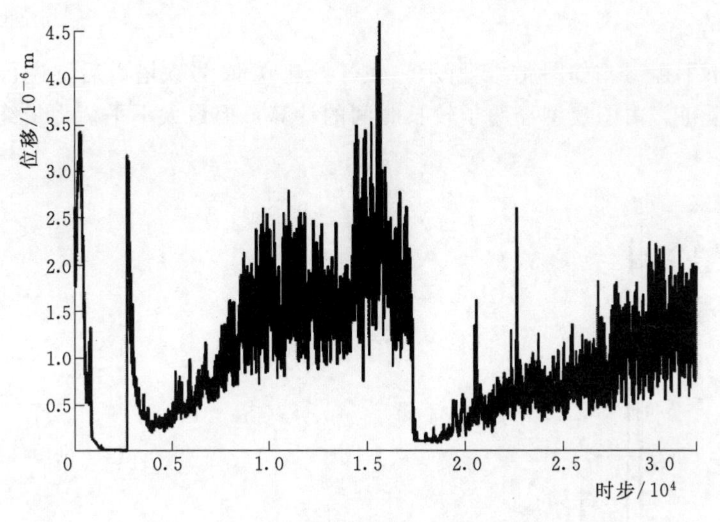

图 4.41 最大不平衡力随时步变化曲线

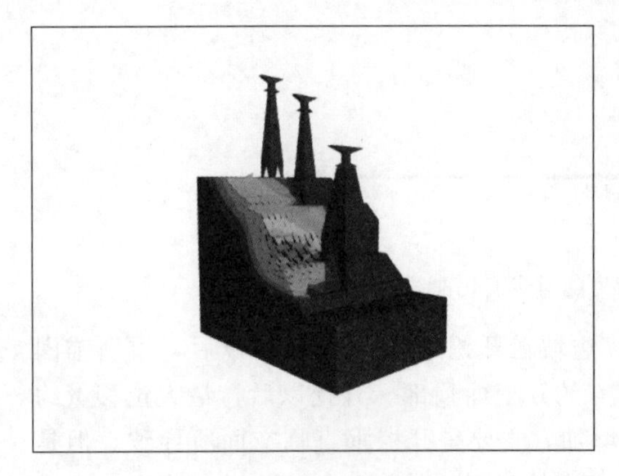

图 4.42 模型位移云图

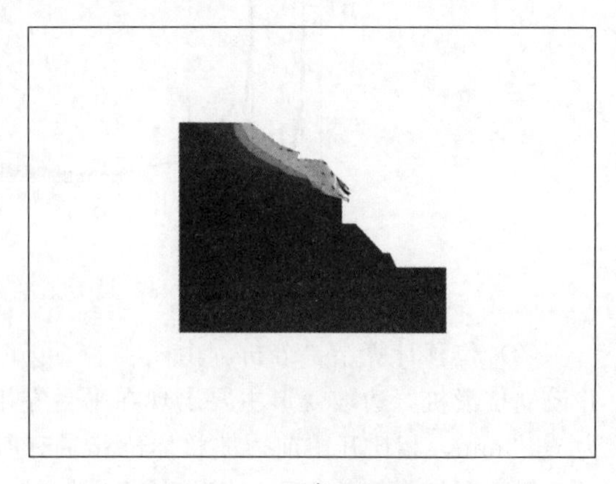

图 4.43 4-4′剖面位移云图

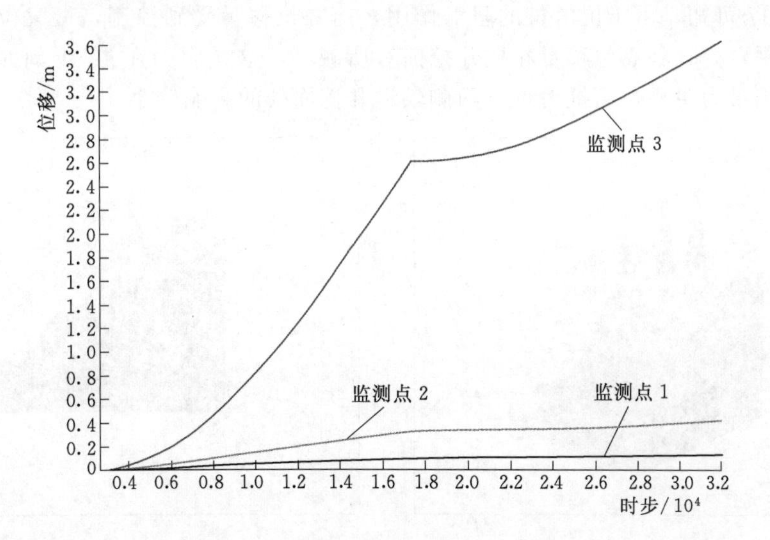

图 4.44 监测点位移随时步变化曲线

4. 演化过程④

(1) 最大不平衡力。如图 4.45 所示，在开挖建立 J2 号铁塔以后，进行了锚杆重新锚固以及布设抗滑桩，由图模型经历了较长时间的计算，但最大不平衡力最终趋于稳定，计算收敛平衡。

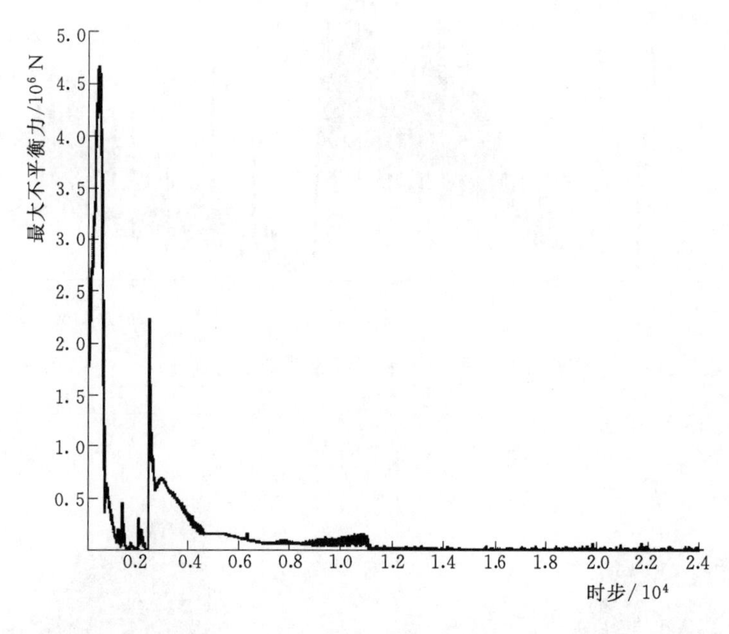

图 4.45　最大不平衡力随时步变化曲线

(2) 位移计算结果分析。由图 4.46 可知，边坡在开挖建设 J2 号铁塔以后，重新锚固并设立抗滑桩，边坡变形主要出现在平台左下方的开挖面顶部。开挖以后，最大位移量约为 76.3mm，相比开挖前边坡整体位移量有所增加，主要是开挖垂直临空面所导致。但是由于锚固和抗滑桩的作用，塔基处仍处于较为稳定的状态。

由图 4.47 可知，由于抗滑桩的阻滑作用，前缘位移量受到控制，最大位移量发生在剖面第一个平台处。剖面位移量相比开挖前有所减小，这是因为在 4－4′剖面处三根抗滑桩的阻滑作用最为明显，而抗滑桩对两侧较远开挖面处的影响较小。

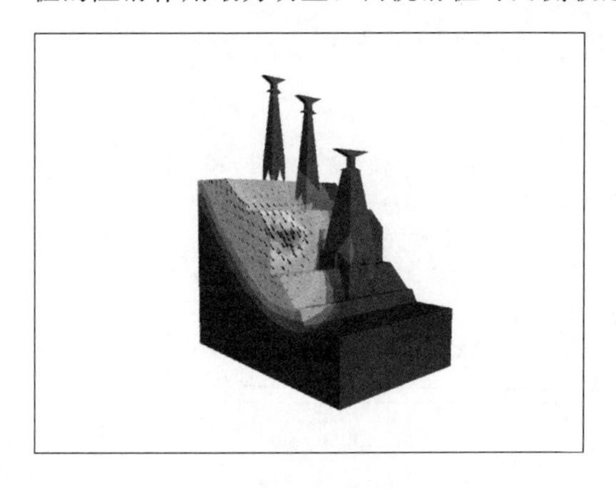

图 4.46　模型位移云图

图 4.47　4－4′剖面位移云图

如图4.48监测点位移随时步变化曲线图所示，最上面平台铁塔塔基监测点1、第二平台铁塔塔基监测点2及J2号铁塔塔基监测点4的水平位移均相对较小，在20mm以内，说明锚固和抗滑桩措施保证了塔基的稳定性。监测点3位于左侧开挖面处，此处位移量相对较大。

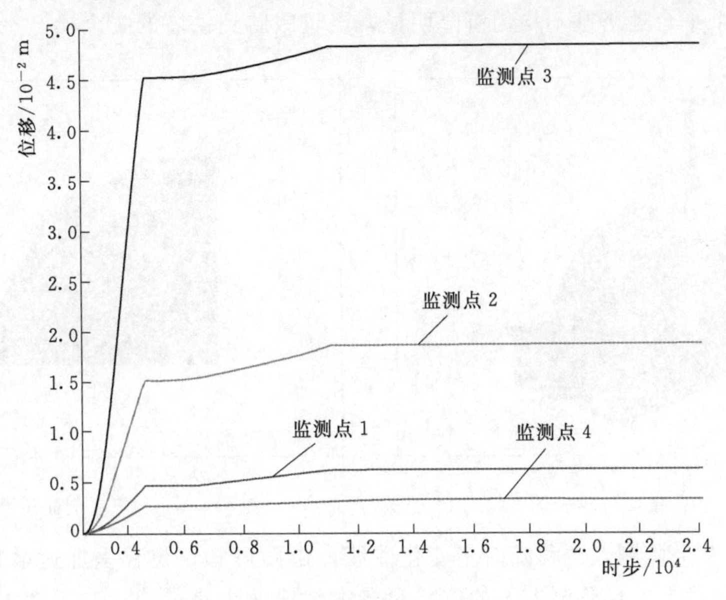

图4.48 监测点位移随时步变化曲线

4.6.3.2 降雨工况

1. 演化过程①

(1) 最大不平衡力。如图4.49最大不平衡力随时步曲线所示，在降雨条件下，演化过程①未采取加固措施的情况下，模型最大不平衡力无法趋于稳定，模型计算无法收敛，比天然工况下更加不稳定，模型正在发生较大变形并破坏。

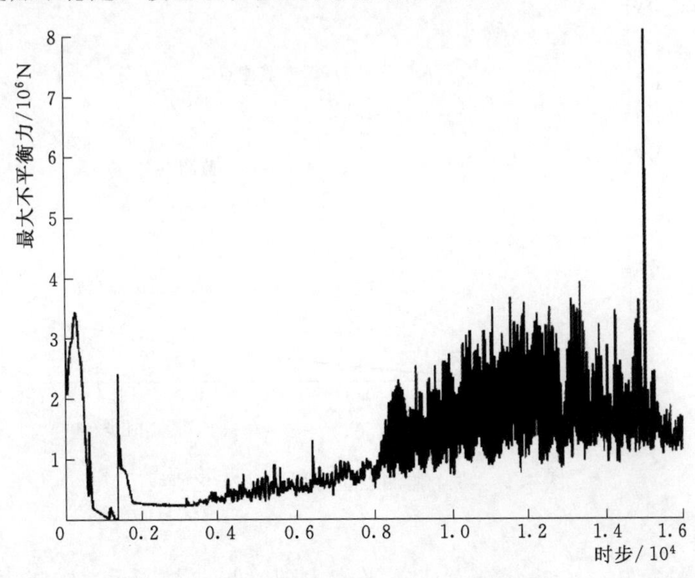

图4.49 最大不平衡力随时步变化曲线

（2）位移计算结果分析。由图 4.50 和图 4.51 可知，降雨条件下边坡发生整体变形，变形主要发生之处与天然工况下类似，在模型的左下方，也是由于边坡岩层结构面与边坡坡面呈斜交状态，所以边坡变形位置受到岩层倾向的控制而偏向左下方位置。边坡发生整体破坏，第二个平台处塔基不均匀沉降明显，严重威胁到铁塔的安全。

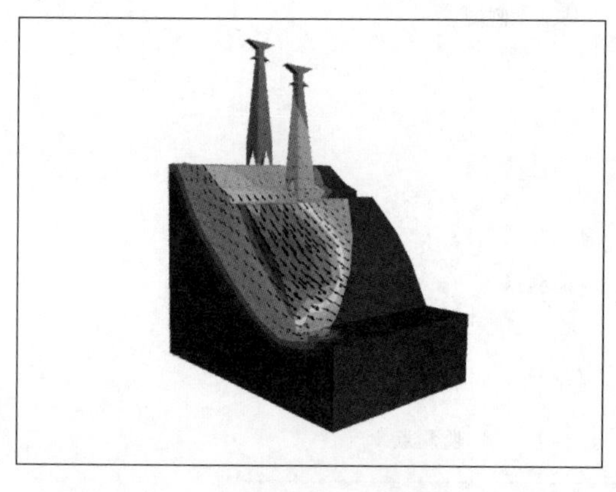

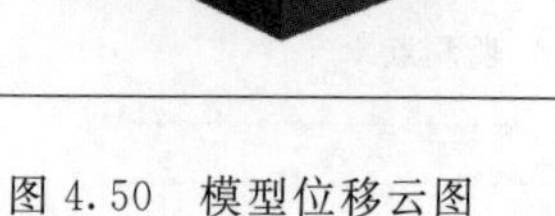
图 4.50　模型位移云图

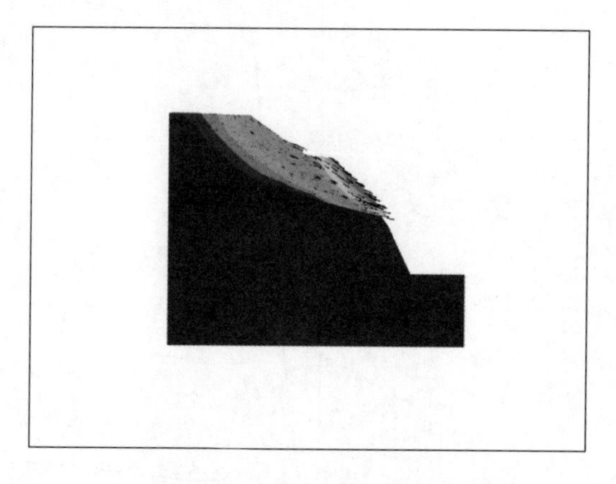

图 4.51　4 - 4′剖面位移云图

图 4.52 为 3 个监测点位移随时步变化曲线，由图可知，位移呈加速增长趋势且比天然工况下的位移量大。且监测点 3 的位移量最大，增速也是最快，与天然工况情况类似，说明边坡前缘首先发生滑移变形，变形量相对后部较大。在降雨情况下，模型在未采取任何加固状态下将发生整体变形破坏。

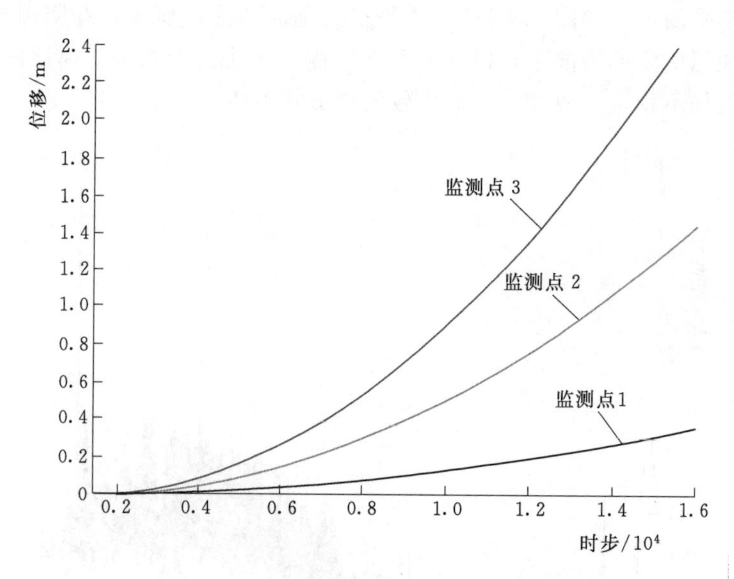

图 4.52　3 个监测点位移随时步变化曲线

2. 演化过程②

（1）最大不平衡力。如图 4.53 最大不平衡力随时步曲线所示，在降雨状态下，对开

挖后的J2号铁塔边坡采取锚杆加固的情况下，模型最大不平衡力最终趋于稳定，计算收敛平衡，边坡也处于稳定状态。

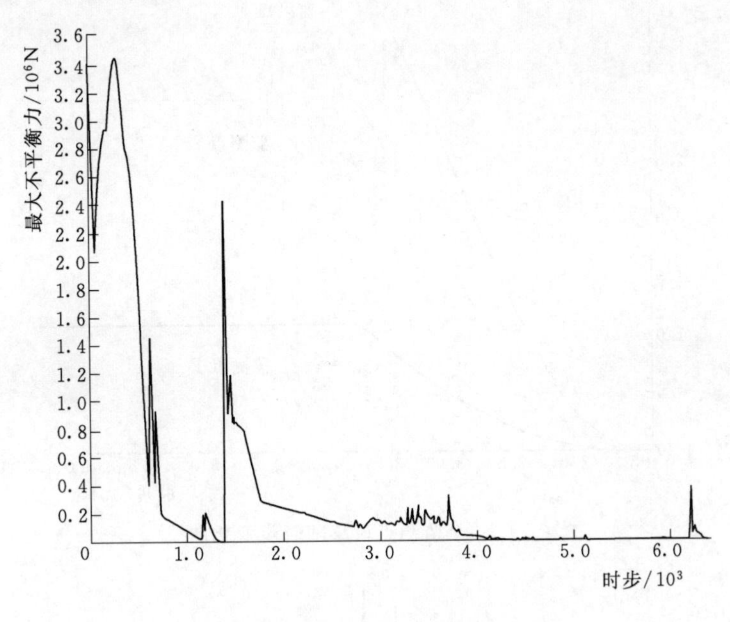

图 4.53　最大不平衡力随时步曲线

（2）位移计算结果分析。由图 4.54 和图 4.55 可知，在降雨情况下，采取锚杆加固以后，坡体变形量较天然工况下减小，但塔基处变形量受到很好的控制而减小，可以保证铁塔的稳定性。

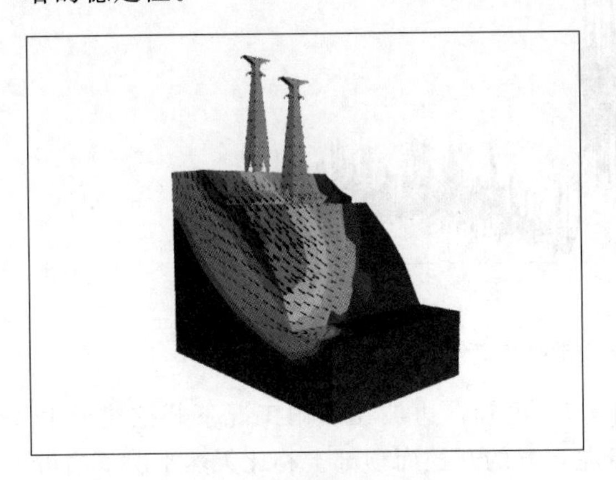

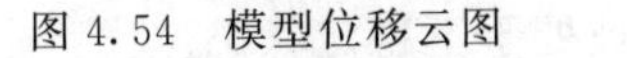

图 4.54　模型位移云图

图 4.55　4－4′剖面位移云图

图 4.56 为 3 个监测点位移时步曲线，由图可知，位移呈加速增长趋势且比天然工况位移量大。且监测点 3 的位移量最大，增速也最快，与天然工况情况类似。

3. 演化过程③

（1）最大不平衡力。如图 4.57 最大不平衡力随时步变化曲线所示，在降雨条件下，演化过程①未采取加固措施的情况下，模型最大不平衡力无法趋于稳定，模型计算无法收敛，比天然工况下更加不稳定，模型正在发生较大变形并被破坏。

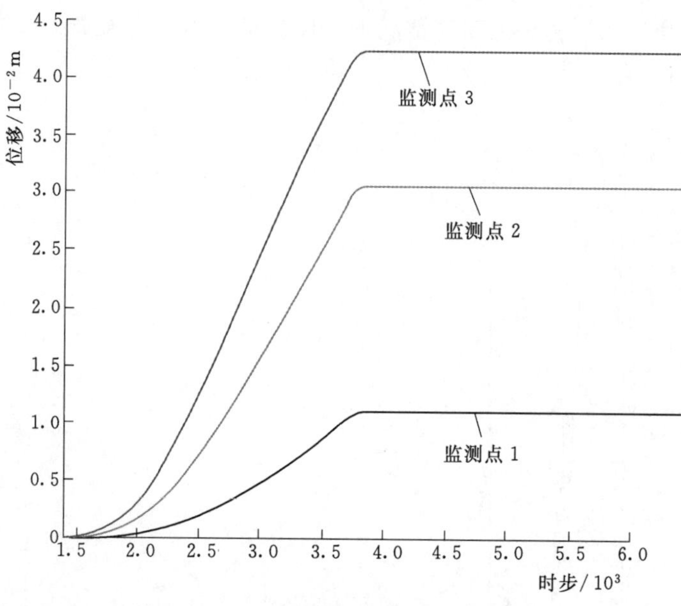

图4.56 3个监测点位移随时步变化曲线

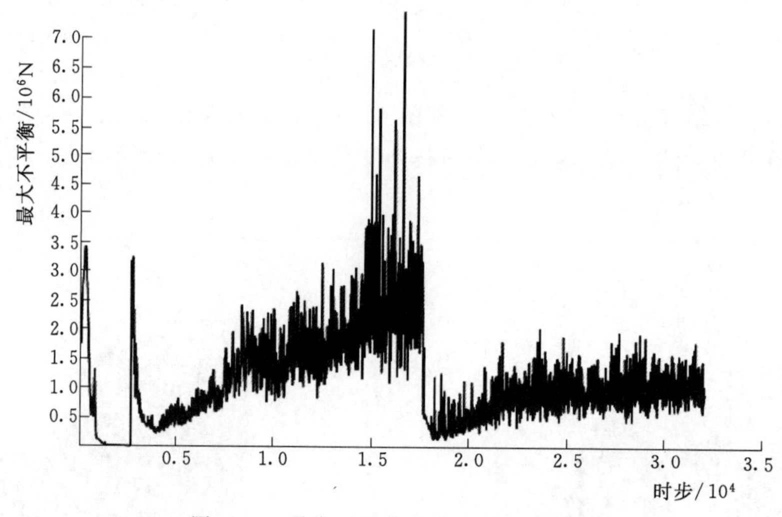

图4.57 最大不平衡力随时步变化曲线

（2）位移计算结果分析。由图4.58和图4.59可知，边坡在降雨工况下开挖建设J2号塔以后，与天然工况类似，主要出现在平台左下方的开挖面顶部。相比天然工况下边坡整体位移量有所增加。在没有进行支护的情况下，边坡处于不稳定状态。

如图4.60监测点位移随时步变化曲线所示，监测点3的位移逐渐增大，边坡前缘首先发生滑移变形，模型在降雨状态建立J2号铁塔后未采取加固状态下将发生变形破坏。

4. 演化过程④

（1）最大不平衡力。如图4.61最大不平衡力随时步变化曲线所示，降雨条件下，在开挖建立J2号铁塔以后，进行了锚杆重新锚固以及布设抗滑桩，经历了较长时间的计算，但最大不平衡力最终趋于稳定，计算收敛平衡。

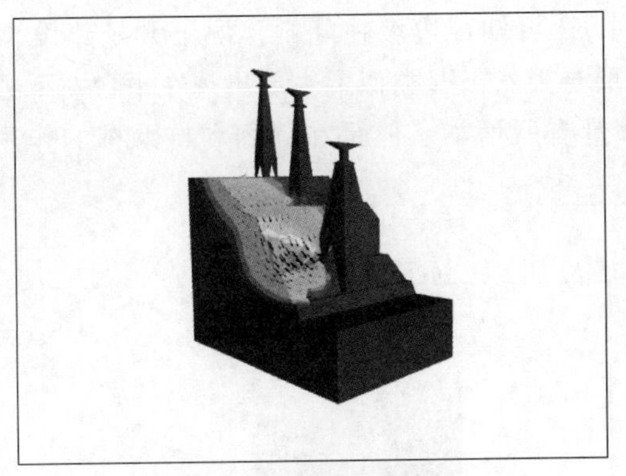

图 4.58 模型位移云图

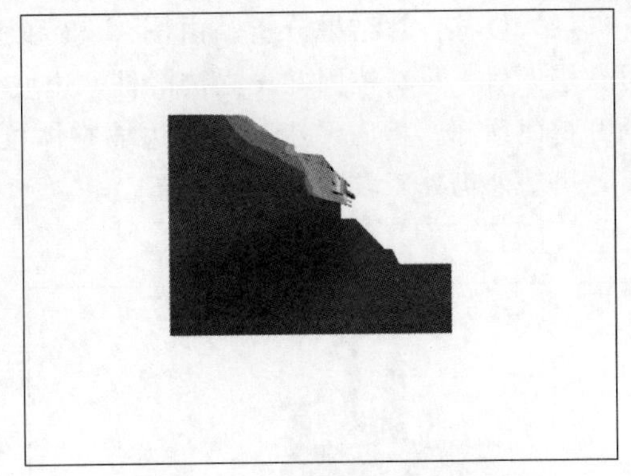

图 4.59 4-4′剖面位移云图

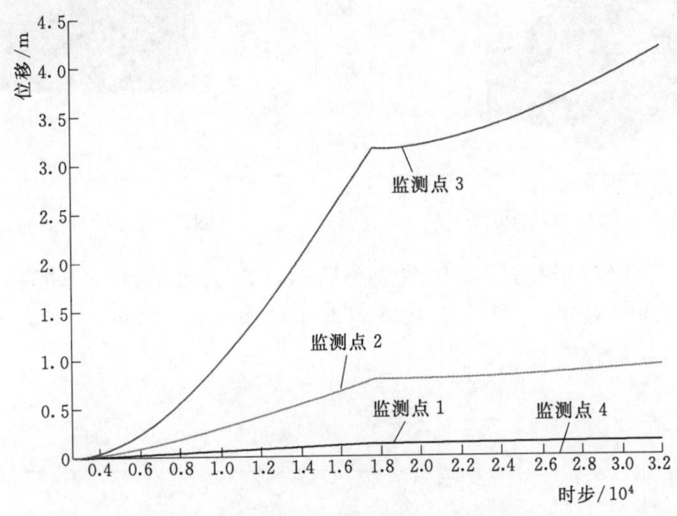

图 4.60 监测点位移随时步变化曲线

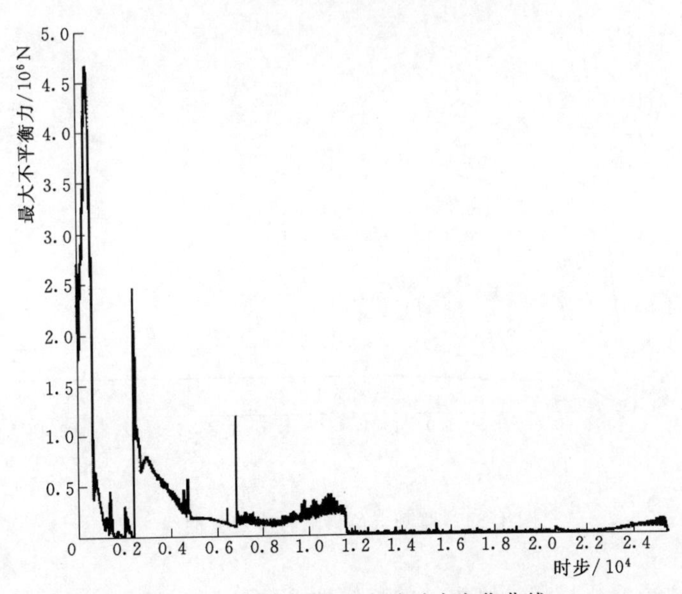

图 4.61 最大不平衡力随时步变化曲线

（2）位移计算结果分析。由图4.62和图4.63可知，边坡在降雨工况下开挖建设J2号铁塔以后，重新锚固并设立抗滑桩，边坡变形与天然工况类似，主要出现在平台左下方的开挖面顶部。相比天然工况下边坡整体位移量有所增加。但是在锚固和抗滑桩的作用下，塔基处仍处于较为稳定的状态。

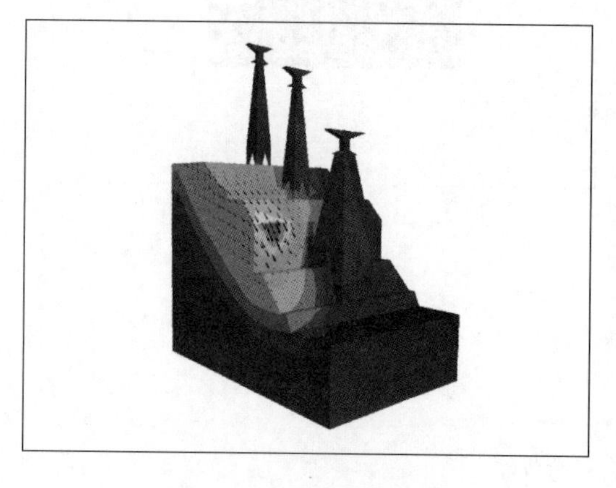

图4.62　模型位移云图

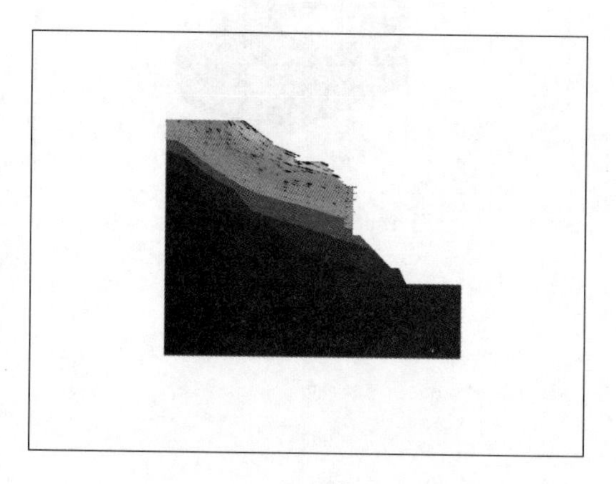

图4.63　4-4′剖面位移云图

如图4.64监测点位移随时步变化曲线图所示，最上面平台铁塔塔基监测点1、第二平台铁塔塔基监测点2及J2号铁塔塔基监测点4的水平位移均相对较小，说明锚固和抗滑桩措施保证了塔基的稳定性。

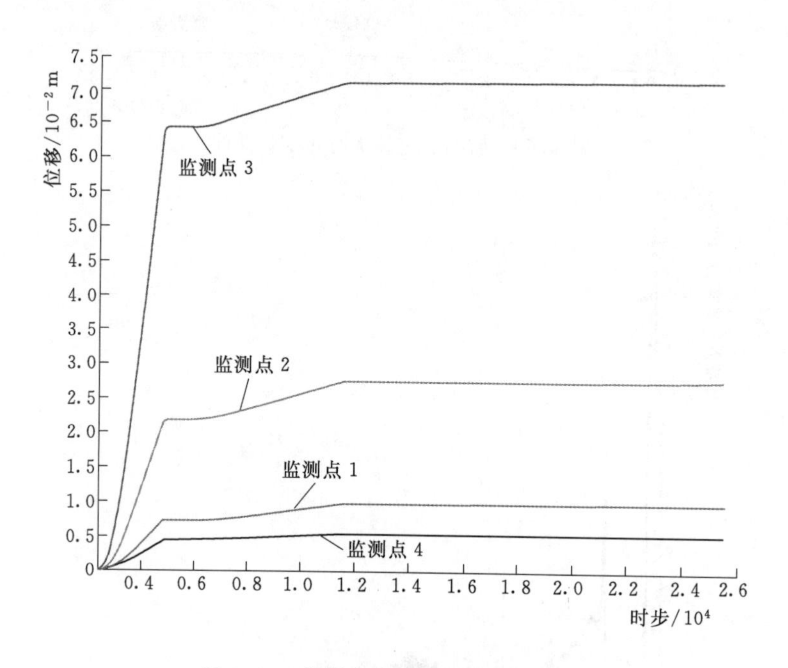

图4.64　监测点位移随时步变化曲线

两种工况下4个演化过程计算得到的稳定性系数见表4.10。

表 4.10　不同过程 4-4′剖面稳定性系数

边坡工况	剖面	天然条件稳定性系数	降雨条件稳定性系数
演化过程①	剖面 4-4′	0.794	0.625
演化过程②	剖面 4-4′	1.371	1.211
演化过程③	剖面 4-4′	0.874	0.705
演化过程④	剖面 4-4′	1.246	1.097

4.6.4 楔形体破坏

J2 号铁塔边坡发生楔形体破坏时的模型图如图 4.65 所示。

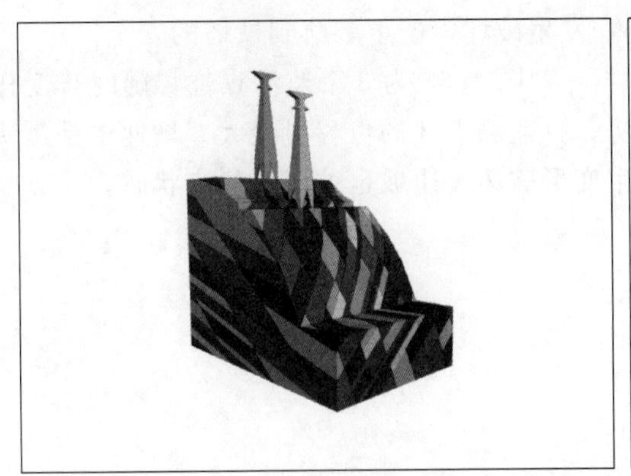

图 4.65　J2 号铁塔边坡模型图

4.6.4.1 天然工况

1. 演化过程①

(1) 最大不平衡力。如图 4.66 最大不平衡力随时步变化曲线所示，在天然状态下未

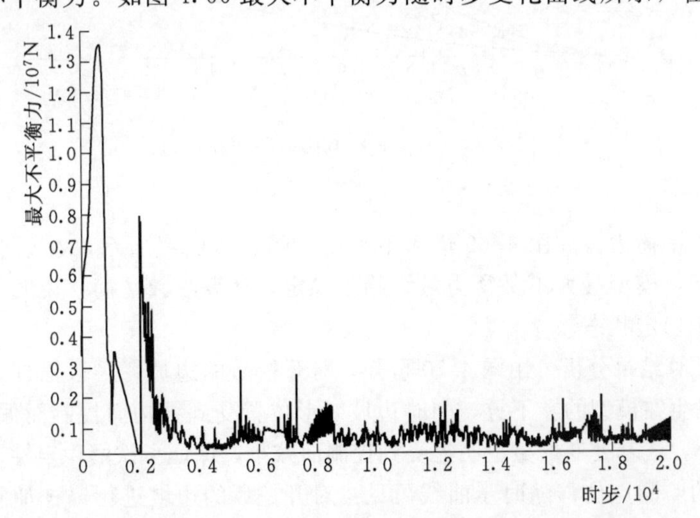

图 4.66　最大不平衡力随时步变化曲线

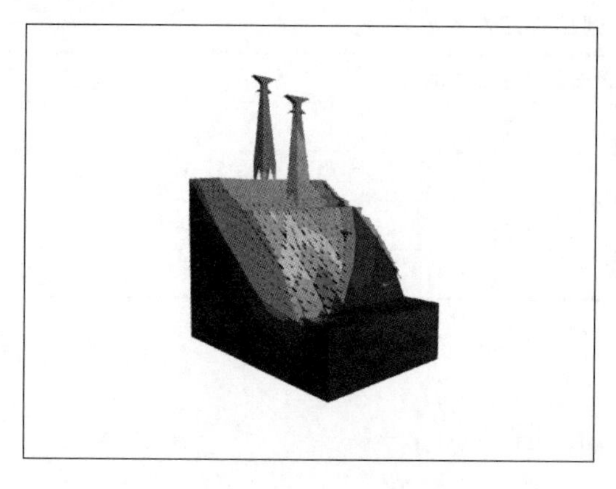

图4.67　模型位移云图

采取加固措施的情况下，模型最大不平衡力无法趋于稳定，模型计算无法收敛说明模型正在发生较大变形并破坏。

（2）位移计算结果分析。由图4.67可知，边坡发生变形破坏，变形主要发生在模型的左下方，这是由于边坡岩层结构面与边坡坡面呈斜交状态，同时边坡变形位置受到结构面控制而偏向左下方位置。位移量最大处发生在边坡坡度最大的位置。并且，边坡变形有继续增加的趋势，边坡发生破坏，严重威胁到铁塔的安全。

图4.68为3个监测点位移随时步变化曲线，由曲线可以看出，位移呈加速增长趋势。且监测点3的位移量最大，增速也是最快的，模型在天然状态未采取加固状态下将发生变形破坏，边坡也处于不稳定状态。

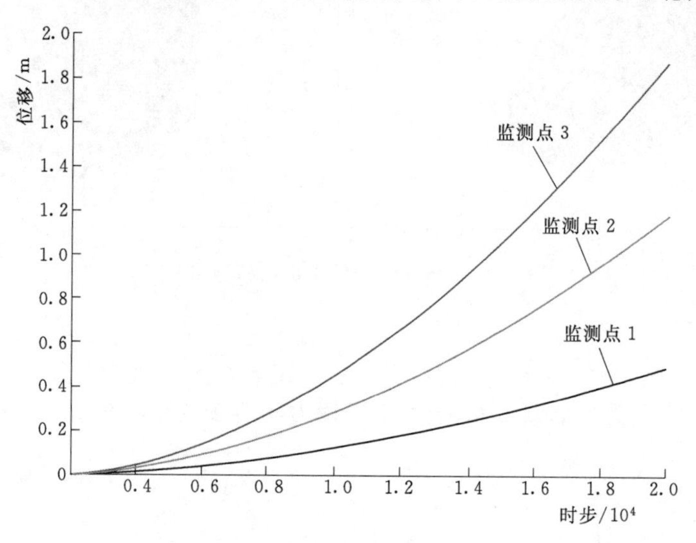

图4.68　监测点位移随时步变化曲线

2. 演化过程②

（1）最大不平衡力。如图4.69最大不平衡力随时步曲线所示，在天然状态下采取锚杆加固的情况下，模型最大不平衡力最终趋于稳定，计算收敛平衡，说明边坡在进行加固处理后，将处于稳定状态。

（2）位移计算结果分析。由图4.70可知，对开挖后的边坡，采取锚杆加固以后，坡体变形变形主要发生在模型的左下方，同时边坡变形位置受到结构面控制而偏向左下方位置。位移量明显减小，塔基处变形量也明显受到控制而减小，保证了铁塔稳定性。

计算模型的监测点位移随时步曲线可见：对开挖后的边坡进行锚杆加固之后，监测铁塔处最大位移小于25mm，可以保证其稳定性，最大位移量也等到控制，边坡也处于稳定的状态，如图4.71所示。

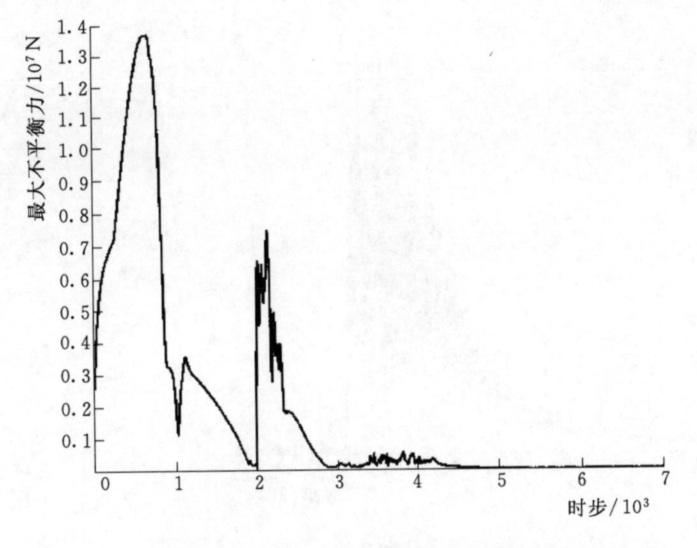

图 4.69 最大不平衡力随时步曲线

图 4.70 模型位移云图

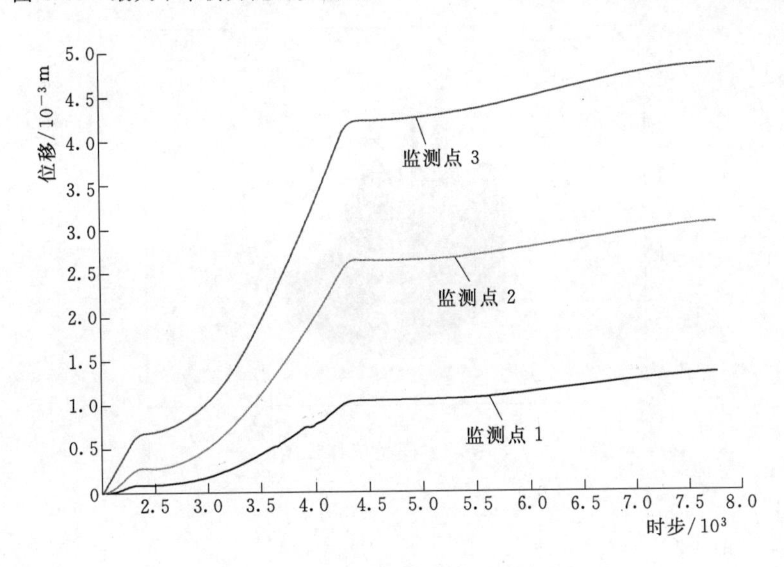

图 4.71 监测点位移随时步变化曲线

3. 演化过程③

(1) 最大不平衡力。如图 4.72 最大不平衡力随时步变化曲线所示，在天然状态下建立 J2 号铁塔未采取加固措施的情况下，模型最大不平衡力无法趋于稳定，模型计算无法收敛说明模型正在发生较大变形并被破坏。

(2) 位移计算结果分析。由图 4.73 可知，对锚杆加固后的边坡进行切坡，由于剪断部分锚杆，未进行加固处理，发生楔形体破坏的最大位移量位于模型垂直开挖面左侧处，前缘位移量不受控制。

如图 4.74 监测点位移随时步变化曲线所示，结果与位移图一致，监测点 3 位于左侧开挖面处，此处位移量相对较大，未进行加固处理，边坡也处于不稳定状态，严重威胁铁塔安全。

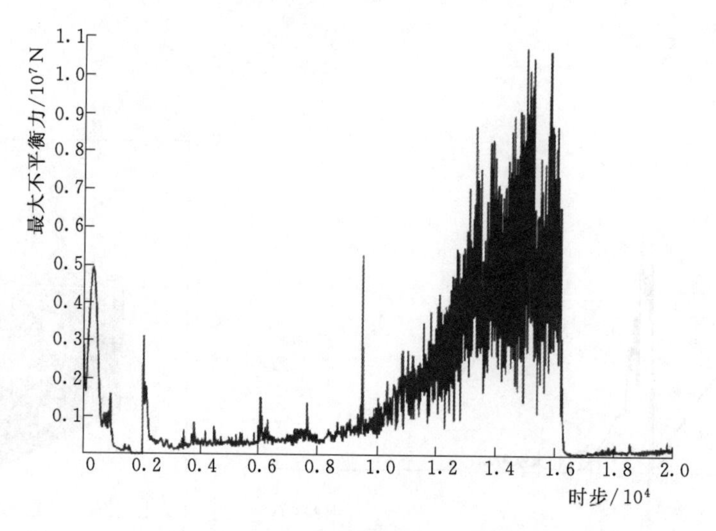

图 4.72　最大不平衡力随时步变化曲线

图 4.73　模型位移云图

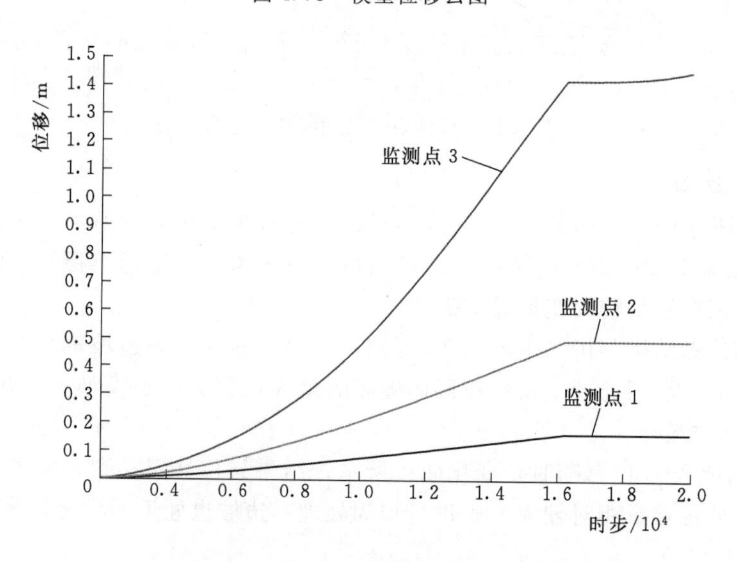

图 4.74　监测点位移随时步变化曲线

4. 演化过程④

(1) 最大不平衡力。如图 4.75 最大不平衡力随时步变化曲线所示，在开挖建立 J2 号铁塔以后，进行了锚杆重新锚固以及布设抗滑桩，最大不平衡力最终趋于稳定，计算也收敛平衡，边坡也处于较稳定的状态。

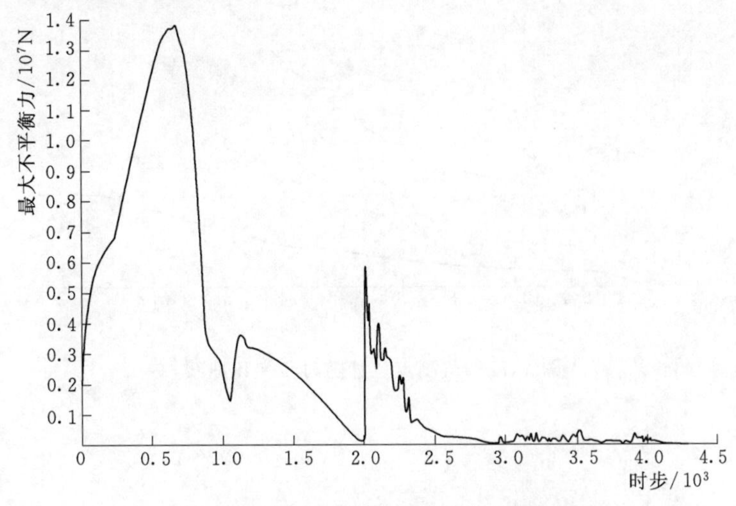

图 4.75　最大不平衡力随时步变化曲线

(2) 位移计算结果分析。由图 4.76 可知，边坡在开挖建设 J2 号铁塔以后重新锚固并设立抗滑桩，边坡变形主要出现在平台左下方的开挖面顶部。由于锚固和抗滑桩的作用，塔基处仍处于较为稳定的状态。

如图 4.77 监测点位移随时步变化曲线所示，铁塔处的位移量较小，说明锚固和抗滑桩措施保证了塔基稳定性。监测点 3 位于左侧开挖面处，此处位移量相对较大。

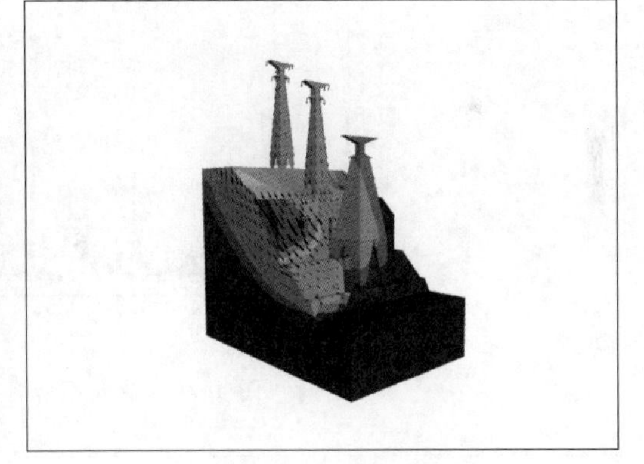

图 4.76　模型位移云图

4.6.4.2　降雨工况

1. 演化过程①

(1) 最大不平衡力。如图 4.78 最大不平衡力随时步曲线所示，在降雨条件下演化过程①未采取加固措施的情况下，模型最大不平衡力无法趋于稳定，模型计算无法收敛，模型正在发生较大变形并破坏。

(2) 位移计算结果分析。由图 4.79 可知，降雨条件下边坡发生变形，变形主要发生的地方与天然工况下的类似，在边坡最陡的部位，也是由于边坡结构面与边坡坡面呈斜交状态，所以边坡变形位置受到岩层倾向的控制而偏向左下方位置。边坡发生楔形体破坏，严重威胁到铁塔的安全。

图 4.80 为 3 个监测点位移随时步曲线，由曲线可以看出，位移呈加速增长趋势且比天然工况下的位移量大。且监测点 3 的位移量最大，增速也是最快，与天然工况情况类似，在降雨情况下，模型在未采取任何加固状态下将发生变形破坏。

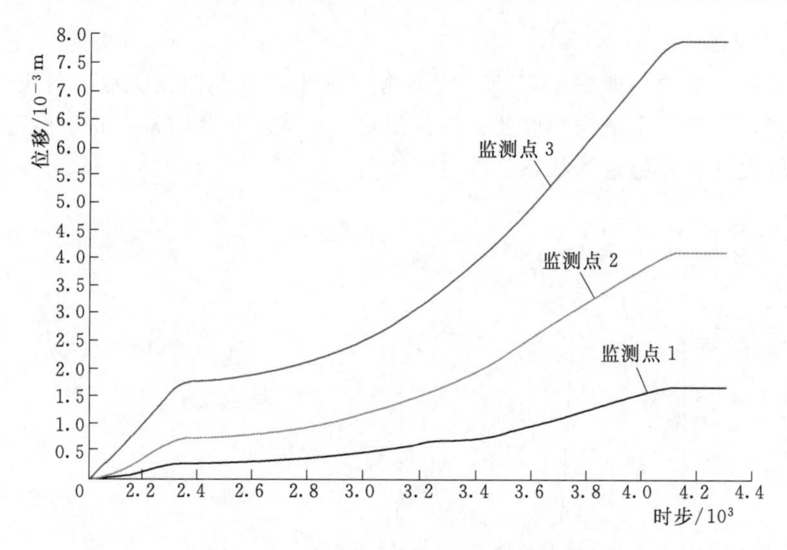

图 4.77　监测点位移随时步变化曲线

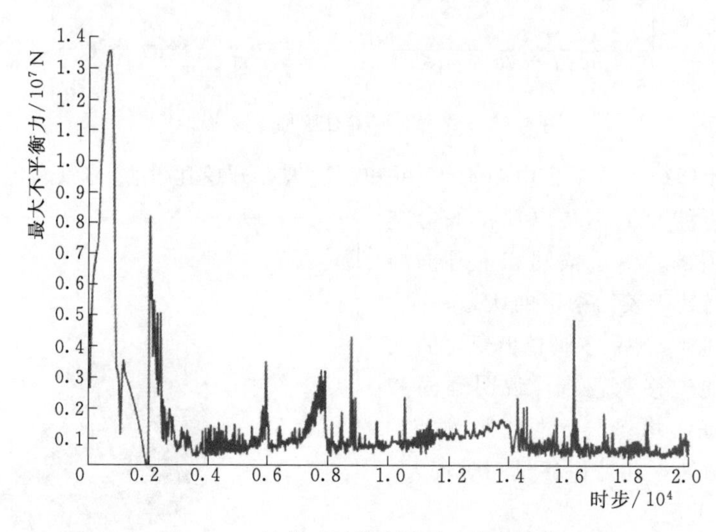

图 4.78　最大不平衡力随时步变化曲线

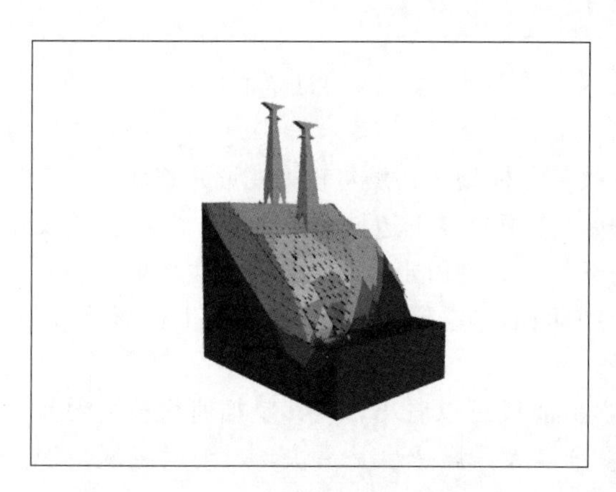

图 4.79　模型位移云图

2. 演化过程②

（1）最大不平衡力。如图 4.81 最大不平衡力随时步变化曲线所示，在降雨状态下，对开挖后的边坡采取锚杆加固的情况，模型最大不平衡力最终趋于稳定，计算收敛平衡，边坡处于稳定状态。

（2）位移计算结果分析。由图 4.82 可知，在降雨情况下，采取锚杆加固以后，变形发生在模型左下方，坡体变形量较未加固下减小，塔基处变形量受到很好的控制而减小，可以保证铁塔的稳定性。

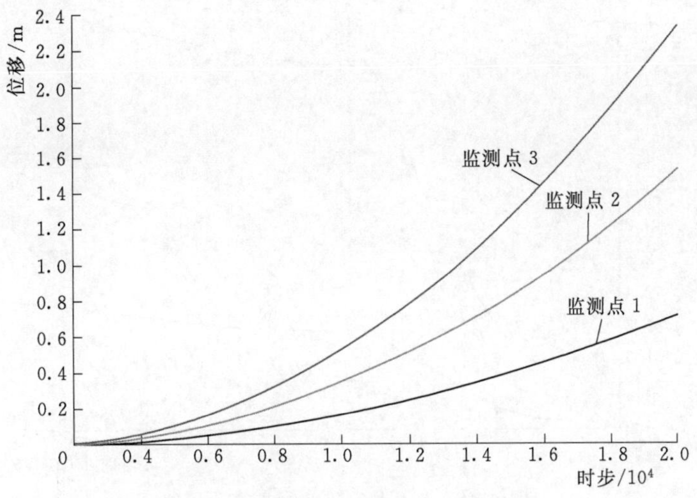

图 4.80 监测点位移随时步变化曲线

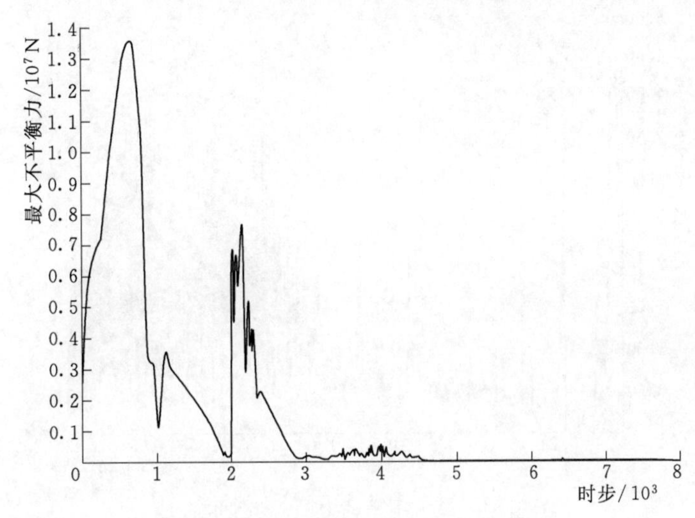

图 4.81 最大不平衡力随时步变化曲线

由图 4.83 监测点位移随时步变化曲线可以看出，坡体变形量与塔基处变形量受到很好的控制而减小，可以保证铁塔稳定性。

3. 演化过程③

(1) 最大不平衡力。如图 4.84 最大不平衡力随时步变化曲线所示，在降雨条件下，建 J2 号铁塔进行切坡，在未采取加固措施的情况下，模型最大不平衡力无法趋于稳定，模型计算无法收敛，模型正在发生变形破坏。

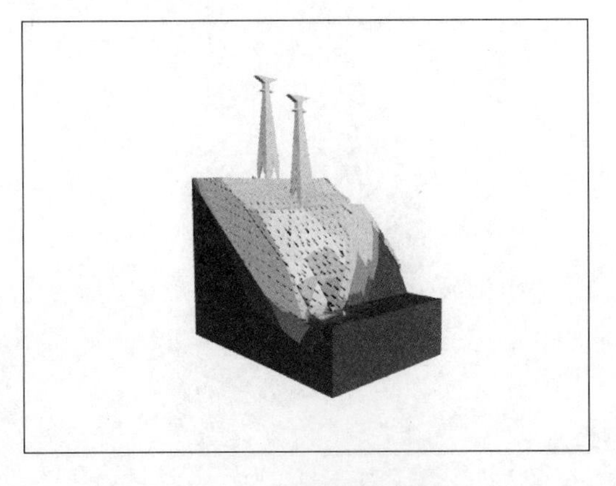

图 4.82 模型位移云图

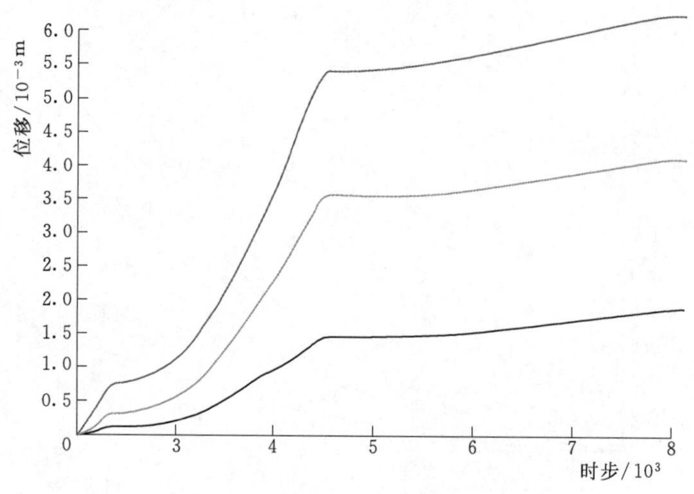

图 4.83　监测点位移随时步变化曲线

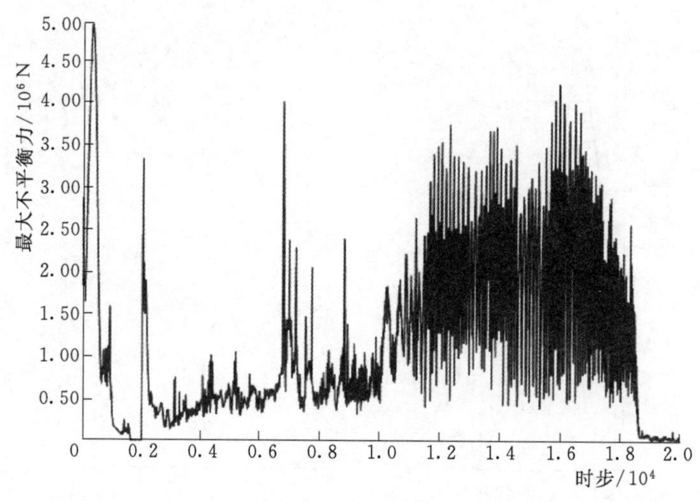

图 4.84　最大不平衡力随时步变化曲线

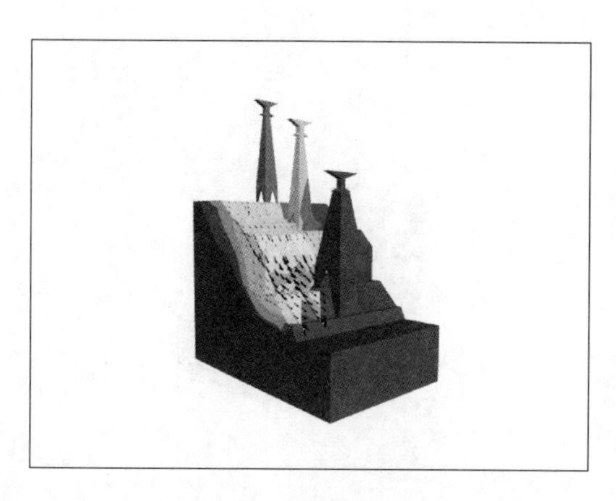

图 4.85　模型位移云图

（2）位移计算结果分析。由图 4.85 可知，边坡在降雨工况下开挖建设 J2 号铁塔以后，与天然工况类似主要出现在垂直开挖面左下方。相比天然工况下边坡整体位移量有所增加。在没有进行支护的情况下，边坡处于不稳定状态。

如图 4.86 监测点位移随时步变化曲线所示，边坡前缘首先发生滑移变形，模型在降雨状态建立 J2 号铁塔后未采取加固状态下将发生变形破坏。

4. 演化过程④

（1）最大不平衡力。如图 4.87 最大不

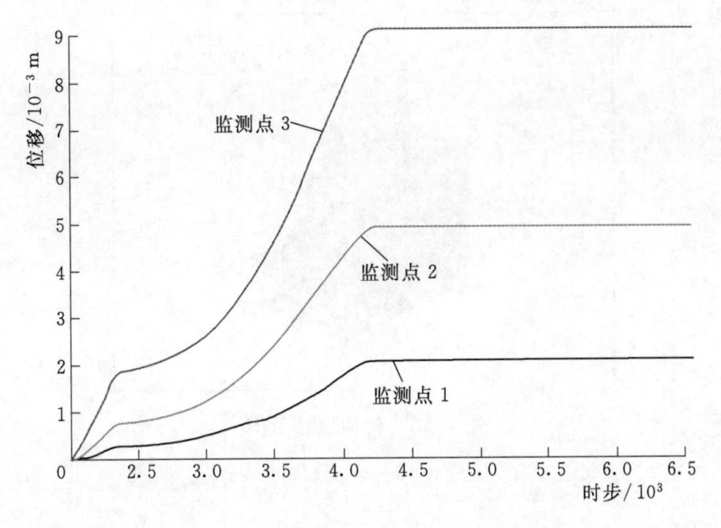

图 4.86 监测点位移随时步变化曲线

平衡力随时步变化曲线所示，降雨条件下，在开挖建立 J2 号铁塔以后，进行了锚杆重新锚固以及布设抗滑桩，最大不平衡力最终趋于稳定，计算收敛平衡。

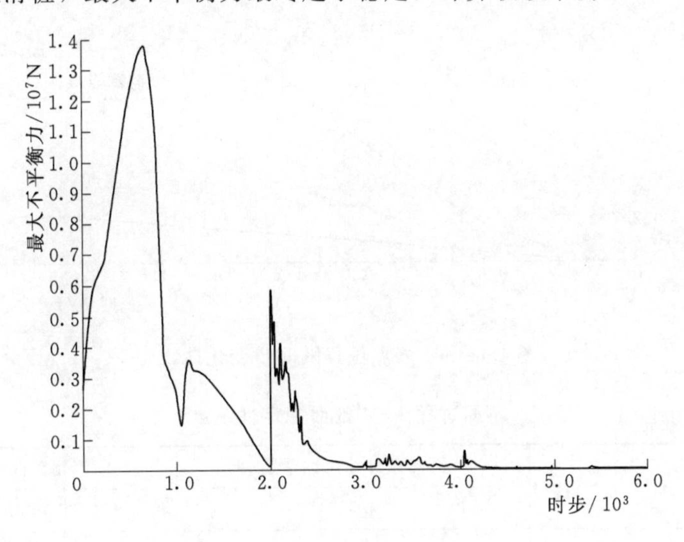

图 4.87 最大不平衡力随时步曲线

(2) 位移计算结果分析。由图 4.88 可知，边坡在降雨工况下开挖建设 J2 号铁塔以后，重新锚固并设立抗滑桩，边坡变形与天然工况类似，主要出现在垂直开挖面的左下方。相比天然工况下边坡整体位移量有所增加。但是在锚固和抗滑桩的作用，塔基处仍处于较为稳定的状态。

如图 4.89 监测点位移随时步变化曲线图所示，降雨状态下，建立 J2 号铁塔后对边坡进行锚杆支护并铺设抗滑桩进行加固，铁塔处监测点的位移量相比未支护前得到了很好的控制。

计算得到的稳定性系数见表 4.11。

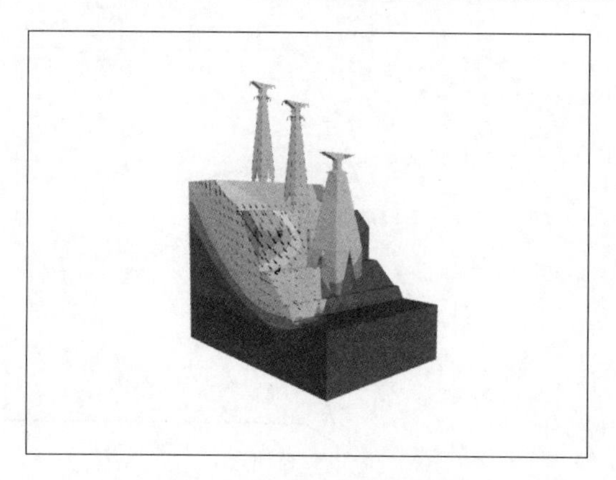

图 4.88　模型位移云图

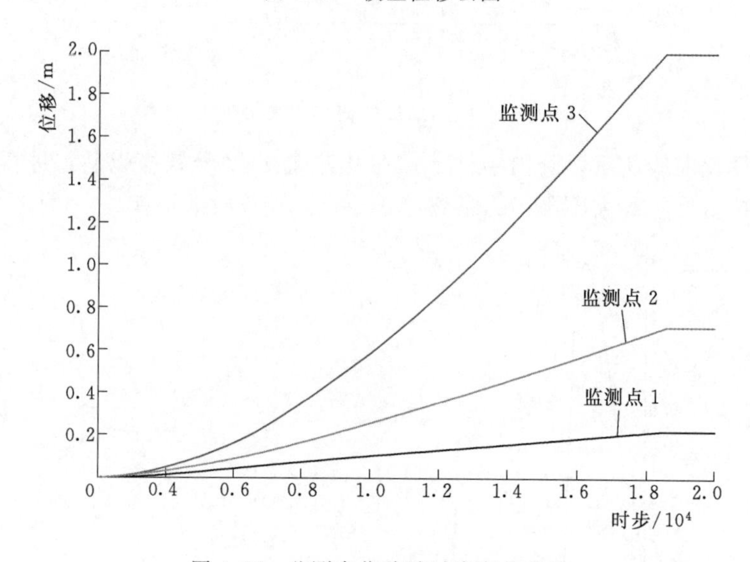

图 4.89　监测点位移随时步变化曲线

表 4.11　　不同过程 4-4′剖面稳定性系数

边坡工况	天然条件稳定性系数	降雨条件稳定性系数
演化过程①	0.752	0.604
演化过程②	1.352	1.197
演化过程③	0.844	0.683
演化过程④	1.225	1.063

4.7　边坡稳定性评价

4.7.1　塔基边坡稳定性系数取值

J2 号铁塔边坡安全等级为一级，以及破坏后影响贵阳市东部城区主要电力线路运行，

综合考虑确定塔位边坡安全系数取值见表 4.12。

表 4.12　　塔位边坡安全系数取值表

分析工况	安全系数	备注
正常工况	1.25	天然状态
非正常工况	1.15	降雨状态

4.7.2 圆弧滑动破坏

发生圆弧滑动时根据极限平衡法和数值模拟方法的计算结果表明，在演化过程①中，两种方法计算出的稳定性系数分别为 0.830、0.794（天然工况），0.752、0.625（降雨工况）；在演化过程②中，两种方法计算出的稳定性系数分别为 1.405、1.371（天然工况），1.256、1.211（降雨工况）；在演化过程③中，两种方法计算出的稳定性系数分别为 0.936、0.874（天然工况），0.834、0.705（降雨工况）。在演化过程④中，两种方法计算出的稳定性系数分别为 1.311、1.246（天然工况），1.117、1.097（降雨工况）。根据以上计算结果，可以分析边坡用不同方法在两个工况 4 个演化过程下的稳定性系数变化，变化趋势如图 4.90 所示。

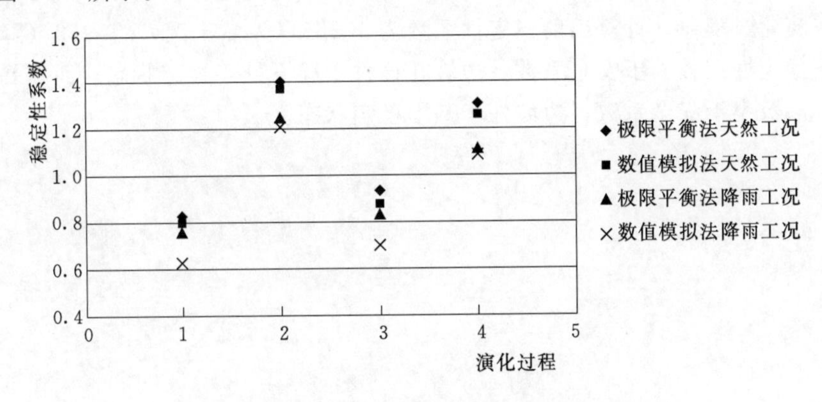

图 4.90　两种方法边坡稳定性系数变化散点图

由图 4.90 可知，运用极限平衡法和数值模拟法计算的边坡稳定性系数变化趋势相似。

（1）演化过程①两种方法计算得到的稳定性系数均小于 1.25，边坡处于不稳定状态。因为边坡在未加固情况下，经历了切坡和铁塔荷载作用，边坡沿近似圆弧状的滑面处发生指向坡外的变形，在变形区的前部主要沿强风化泥岩软弱结构面，后部滑面弯转向上，变形区前缘位移最大。

（2）演化过程②两种方法计算得到的稳定性系数均符合要求，边坡处于稳定状态。因为边坡在采取锚杆加固以后，坡体变形量明显减小，潜在滑面受到控制，虽然滑面形态与未加固情况类似，但位移量明显减小。塔基处变形量也明显受到控制而减小。

（3）演化过程③两种方法计算得到天然和降雨工况下的稳定性系数均小于表 4.12 要求，因为边坡为了建 J2 号铁塔边坡对原边坡进行切坡，破坏了部分原先支护好的锚杆，在没有对其进行支护的情况下，由于开挖造成了一个垂直临空面的出现，使边坡稳定性

变差。

(4) 演化过程④两种方法计算得到的天然工况下稳定性系数大于安全系数，边坡在该种工况下处于稳定状态。在暴雨工况下边坡稳定性系数小于安全系数，边坡处于基本稳定状态。

4.7.3 楔形体破坏

根据数值模拟方法的计算结果表明：

(1) 在演化过程①，计算出的安全系数分别为0.752（天然工况）、0.604（降雨工况）。两种工况下的稳定性系数均小于1，边坡的变形区在左下方，可能会发生楔形体破坏，边坡也处于不稳定状态，威胁铁塔的安全。

(2) 在演化过程②，计算出的稳定性系数为1.352（天然工况）、1.197（降雨工况），稳定性系数均大于1.05，说明边坡在进行锚杆支护以后，变形得到很好的控制，处于稳定状态。

(3) 在演化过程③，计算出的稳定性系数为0.840（天然工况）、0.683（降雨工况），均小于1，为了建设J2号铁塔，对原边坡进行切坡，剪断了原先部分锚杆，在未加任何支护措施时，可能发生楔形体破坏，该边坡有发生破坏的可能。

(4) 在演化过程④，计算出的稳定性系数为1.225（天然工况）、1.063（降雨工况），天然工况下稳定性系数大于安全系数，边坡在该种工况下处于稳定状态，而在暴雨工况下边坡稳定性系数小于安全系数，边坡处于基本稳定状态。

第5章 滑坡预警预报研究

5.1 概 述

本章的研究思路和主要目标是：在广泛查阅国内外有关滑坡预测预报文献资料的基础上，分析监测体系构建思路；收集区域空间信息资料以及典型滑坡的监测资料，开展实际的区域性滑坡空间预测、单体滑坡变形预测和时间预报分析；以经验知识为依据，运用专家系统的方法和手段，着重从定性、定量两个方面，以期实现滑坡的综合预警。

5.2 滑坡监测体系构建

《中华人民共和国地质灾害防治条例》(国务院令第394号）中明确指出："地质灾害防治工作，应当坚持预防为主、避让与治理相结合和全面规划、突出重点的原则；县级以上人民政府国土资源主管部门应当会同建设、水利、交通等部门加强对地质灾害险情的动态监测；因工程建设可能引发地质灾害的，建设单位应当加强地质灾害监测"。所以，对滑坡进行有效的监测、及时预警预报工作，显得尤其重要。滑坡监测体系构建主要考虑的是监测内容、监测点布设和监测周期，本章主要从监测内容和监测点布设两个方面展开研究。

5.2.1 监测内容

滑坡过程应看作开放的地质系统演变的一个随机复杂过程，滑坡的变形破坏受到各式各样的因素的影响，有内在的因素，如内部应力、滑体的结构性、易滑地层的存在等；也有外部因素，最典型的外部诱发因素有地震力作用、降雨、施工荷载、工程加载等。很多情况下，外部诱发因素成为滑坡发生的主要因素。滑坡监测可以选择各项内容，目前国内滑坡监测的内容多样，监测方法多样，监测仪器选择也具有多样性，各种监测方法也具有一定的适宜性，滑坡监测的内容应根据边坡工程地质条件与边坡的空间形态选择，选择关键监测部位，力求表面与深部相结合，内在因素与外部诱发因素同时监控。

在实际工程中，具体工程是分阶段进行研究的，可以分为规划阶段、初步设计阶段、施工图设计阶段、建设工程施工阶段、工程建筑物运行阶段。在技术细节上，不同研究阶段的滑坡灾害预测预报方法会随着滑坡灾害研究的内容层次有所不同。表5.1为不同阶段的滑坡灾害预测预报分类综合表。

表 5.1　　不同阶段的滑坡灾害预测预报分类综合表（殷坤龙，略修改）[163]

工程阶段	编制图件类型	比例尺	工程点滑坡灾害研究内容	预测预报研究内容	时间尺度	空间范围	预测预报方法
规划阶段	区域工程地质条件综合分带图、预测规划图	1∶20万或更小	拟开发地区的区域工程地质条件分带规律、滑坡作用的区域规律性及初步评价	分析工程所在区滑坡灾害点以及敏感性分析	数十年及以上	区域性	岩组建造与区域构造分析法、统计分析法、地貌演化过程分析法、滑坡灾害旋回周期分析法
初步设计阶段	地区工程地质条件分区、预测分区图	1∶5万～1∶1万	从设计观点去论证工程地质条件以及滑坡或基本规律、发展演化趋势	预测滑坡分布区的未来可能发展分向和危害性	数年、数月	地段性	易滑坡地质环境分析法、信息量法、滑坡危险性区划、灾变时间预测
施工图设计阶段	场地工程地质条件、预测详图	1∶5000～1∶1000	预测工程地质条件变化趋势、滑坡类型及其机理、可能损失和所需防护措施	论证工程点地段可能滑坡类型、范围和可能的治理范围	数月、或数天	场地性	以工程地质类比法为主，诱发因素分析、分阶段性预测滑稳定性变化
建设施工阶段	场地综合工程地质图、工程点位移矢量与预测图	1∶1000～1∶500	预测人类活动作用造成场地工程地质条件变化趋势特征、滑坡类型机理规模方向距离等	预测随着施工进程的边坡稳定性、变形破坏范围、治理措施	随着施工进程进行的动态监测、预测预报	场地性	以确定性模型为主，据监测动态信息建立确定的预测预报模型
工程建筑物运行阶段	场地工程地质条件图、工程位移矢量预测图	1∶500～1∶200	根据已建设场地目前工程地质条件和潜在诱发因素来预测工程未来安全性	已建场地可能滑坡位置、规模、类型、方向及危害性	各种时间尺度，强调临滑预报	场地性	依据动态监测信息，预测工程建筑物稳定性，进行长期安全性评价

不同地质环境下的滑坡形成条件的演化过程具有自身规律，而且受到外部诱发作用的种类和强度会有所区别。开展滑坡预测预报工作必须首先充分研究滑坡地质体所处地质环境下的地貌特征、地层结构和坡体结构特征、与地质构造的关系、水文地质条件，判断出滑坡类型、潜在的诱发因素，进而选择合适的监测内容和手段。根据各类监测信息反映出的滑坡内部和外部信息，对这些信号综合分析，及时掌握滑坡变形演化中的运动特征（蠕动、间歇性滑动和高速滑动等）、滑坡速度场等，可以更准确地开展滑坡预测预报工作。根据预测预报信息特点，可以将预测依赖的信息分成位移、物理场、诱发因素和其他等信息（表5.2）。

5.2.2　监测点布设

边坡变形测线，应穿过不同变形地段或块体，尽可能照顾灾害群体性和次生复活特征，还应兼顾外围小型地质灾害。测线两端应进入稳定的岩土体中。纵向测线与主要变形方向相一致；有两个或两个以上变形方向时，应布设相应的纵向测线；当边坡呈旋转变形

表 5.2　　滑坡灾害预测预报信息源分类及获取手段（殷坤龙，略修改）[163]

信息	类　型	获取手段
位移	地面绝对位移：崩滑体测点在不同时刻的三维坐标，得出测点的位移量、位移方向与位移速率。用于各类滑坡不同阶段下变形的监测	简易监测法、GPS、合成孔径干涉雷达（InSAR）、全站仪、经纬仪、红外测距仪、近景摄影测量等
	地面相对位移：量测崩滑体裂缝等重点部位的开闭、沉降抬升、错位等位移信息。适用于各类滑坡不同阶段下变形的监测	位移计、裂缝计、收敛计、分布式光纤传感技术（BOTDR）、三维激光扫描仪等
	深部位移：测量钻孔各深度点相对稳定孔底的位移量。特别适用于缓慢变形阶段的监测	钻孔倾斜仪、钻孔多点位移计
物理场	应力监测：地质体内部应力随时间的变化或者锚固工程锚固力监测	地应力计、锚杆（索）应力计、振弦式土压力计等
	应变监测：监测滑坡、崩塌体钻孔、平洞、竖井内不同深度的应变情况	混凝土应变计、管式应变计
	声发射监测：是对滑坡体临滑时因岩石断裂、岩石摩擦等而产生声发射信号的监测。适用于岩石滑坡加速变形、临近崩滑阶段的监测，一般不适用于土质滑坡	声发射传感器、地表仪等
	地下水监测：对地下水位、孔隙水压力、土体含水量等进行监测。当滑坡与地下水相关，且在雨季或地表水、库水位上升时具有地下水活动时，应予以监测	水位计、渗压计、孔隙水压力计、TDR土壤水分仪等
	深部横向推力监测：滑坡钻孔内不同深度处滑坡横向推力及其变化了解滑坡稳定性。适用于各类滑坡防治工程	钢弦式传感器、分布式光纤压力传感器、频率仪等
诱发因素	地震监测：评价地震作用对区内崩滑体变形、稳定性的影响	附近地震台站专业台网监测资料，以收集为主
	降雨量监测：降雨是滑坡最重要的诱因之一，也是预测预报的重要工作对象之一。一般情况下均应进行，进行地下水动态监测的滑坡也必须进行气象监测	遥测自动雨量计
	冻融监测：在高纬度地区，冻融作用也是触发滑坡的因素之一	可通过地温计结合孔隙水压力计监测，研究地温变化与冻结滞水之间的关系
	人类活动监测：工程开挖、削坡、爆破震动、坡顶加载、灌溉、生活生产用水下渗、植被破坏等	应监测人类活动的范围、速度等
其他	一般都必须进行宏观变形监测，诸如地表裂缝的扩展、地下水位下降等滑坡的前兆现象，利用这些前兆现象只能告诫人们边坡已处于危险状态，据经验可大致判断边坡的危险状况和可能破坏的时间	

时，纵向测线可呈扇形或放射状布设。横向测线一般与纵向测线相垂直。在以上原则下，测线应充分利用勘探剖面和稳定性计算剖面，充分利用钻孔、平洞、竖井等勘探工程。

测线确定后，应根据滑坡、崩塌的地质结构、形成机制、变形特征等，建立沿测线在平面上、垂向上所表征的变形地段、块体及其组合特征。

测点应根据测线建立的变形地段、块体及其组合特征进行布设，在测线上或测线两侧5m范围内宜布设。以绝对位移测点为主，在沿测线的裂缝、滑带、软弱带上布设相对位移测点，并利用钻孔、平洞、竖井等勘探工程布设深部位移测点。每个测点均应有自己独立的监测、预报功能。测点不要求平均布设。对如下部位应增加测点和监测项目：

(1) 变形速率较大或不稳定地块与起始变形块段。

(2) 初始变形块段(如滑坡主滑段、推移滑动段、松脱滑动段等)。

(3) 对滑坡、崩塌稳定性起关键作用或破坏初始块段(如滑坡阻滑段、锁固段等)。

(4) 易产生变形部位(如剪出口、裂缝、临空面等)。

(5) 控制变形部位(如滑带、软弱带、裂缝等)。

滑坡变形监测网型,有如下几种:

(1) 十字型。纵向、横向测线构成十字型,测点布设在测线上。测线两端放在稳定的岩土体上并分别布设为测站点(放测量仪器)和照准点。在测站点上用大地测量法监测各测点的位移情况。这种网型适用于范围不大、平面狭窄、主要活动方向明显的滑坡。

当设一条纵向测线和若干条横向测线,或设若干条纵向测线和一条横向测线时,网型变成丰字型、什字型或卅字型等,均根据需要确定。

(2) 方格型。在滑坡范围内,多条纵向、横向测线近直交,组成方格网,测点设在测线的交点上(也可加密布设在交点之间的测线上)。测站点、照准点布设同十字网型。这种网型测点分布的规律性强,且较均匀,监测精度高,适用于滑坡地质结构复杂,或群体性滑坡。

(3) 三角(或放射)型网。在滑坡外围稳定地段设测站点,自测站点按三角形或放射状布设若干条测线,在各测线终点设照准点,在测线交点或测线上设测点,在测站点用大地测量法等监测测点的位移情况。对测点进行三角交汇法监测时,可不设照准点。这种网型测点分布的规律性差,不均匀,距测站近的测点的监测精度较高。

(4) 任意型。在滑坡范围内布设若干测点,在外围稳定地段布设测站点,用三角交会法、GPS法等监测测点的位移情况。适用于自然条件、地形条件复杂的滑坡的变形监测。

(5) 对标型。在裂缝、滑带(软弱带)等两侧,布设对标或安设专门仪器,监测对标的位移情况,标与标之间可不相联系,后缘缝的对标中的一个尽可能布设在稳定的岩土体上。在其他网型布设困难时,可用此网型监测滑坡重点部位的绝对位移和相对位移。

(6) 多层型。除在地表布设测线、测点外,利用钻孔、平洞、竖井等地下工程布设测点,监测不同高程、不同层位滑坡的变形情况。

无论采用哪种网型,测站点、测线、测点的数量均应根据需要确定或调整。可同时采用多种网型,布成综合型网。测站点、测点(含对标点)、照准点均应设立混凝土桩。必要时设保护桩和负桩,防止测桩遭受自然或人为因素破坏。

5.2.3 监测周期

正常情况下每15天一次,比较稳定的可每月一次;监测在汛期、雨季、预报期、防治工程施工期等情况下应加密,宜每天或数小时一次直至连续跟踪监测[164]。

5.3 滑坡空间预测模型与案例

5.3.1 区域性边坡地质灾害空间预测模型

滑坡具有区域性、群发性及灾害严重等特点,开展大范围的区域滑坡空间预测评价是实现防灾减灾的有效途径。滑坡灾害空间预测的理论基础是工程地质类比法,其发展与地

质灾害预测理论、数学、信息科学等科学紧密联系。

在本书中滑坡空间预测指的是区域性空间预测，预测区域内可能发生滑坡的空间位置和范围，大范围内、总体性的危险性判断，主要依据区域宏观地质构造、地层岩性和地貌类型等，查明哪些区域比较容易发生地质灾害、哪些区域段较难发生地质灾害，目的是大致确定满足工程安全性选址，并可以对可能出现灾害的场地进行更深层次的研究，并提出防治措施。纵观其发展历程，可以把区域性滑坡灾害空间预测方法分为三大类：①定性分析方法；②定量分析方法（数学模型法）；③模型试验方法和监测分析方法。数学模型法的预测思路是：在进行定性分析的基础上，建立预测对象的地质模型，通过合理的假设或简化，将复杂的研究对象抽象成可以求解的数学模型，进而选取合理的参数，进行预测计算，获取最后的预测结果。目前的预测数学模型法中常用的有信息量模型法、信息-神经网络模型预测法、层次分析法、逻辑回归模型法等。

5.3.1.1 信息量模型

信息量模型认为，滑坡灾害产生与否与预测过程中所获取信息的数量和质量有关，可以用信息量来衡量。根据信息的可加性特征，可以通过单因素的信息量计算出因素组合 $X_1,X_2,\cdots,X_n$ 的信息量，充分考虑因素组合的共同影响与作用。采用滑坡灾害发生过程中熵的减少来表征滑坡灾害事件产生的可能性，因素组合对滑坡发生这一事件带来的不确定程度的平均减少量等于该滑坡系统熵值的变化，用信息量来衡量，信息量越大，表明产生滑坡灾害的可能性越大[165]。

滑坡现象 y 受多种因素 X_i 的影响，各种因素所起作用的大小、性质是不相同的。在各种不同的地质环境中，对于滑坡而言，总会存在一种“最佳因素组合”。因此，对于区域滑坡预测要综合研究“最佳因素组合”，而不是停留在单个因素上。信息预测的观点认为，滑坡产生与否与预测过程中所获取的信息的数量和质量有关，可用信息量来衡量，即

$$I=(y,x_1,x_2,\cdots,x_n)=\log_2\frac{P(y|x_1,x_2,\cdots,x_n)}{P(y)} \tag{5-1}$$

式（5-1）可以写成

$$I(y,x_1,x_2,\cdots,x_n)=I(y,x_1)+I_{x_1}(y,x_2)+\cdots+I_{x_1,x_2,\cdots,x_{n-1}}(y,x_n) \tag{5-2}$$

式中 $I(y,x_1,x_2,\cdots,x_n)$ ——具体因素 $x_1,x_2,\cdots,x_n$ 对滑坡所提供的信息量；

$P(y|x_1,x_2,\cdots,x_n)$ ——因素 $x_1,x_2,\cdots,x_n$ 组合条件下滑坡发生的概率；

$P(y)$ ——滑坡发生的概率；

$I_{x_1}(y,x_2)$ ——因素 X_1 存在条件下，因素 X_2 对滑坡所提供的信息量。

式（5-2）说明，因素组合 $x_1,x_2,\cdots,x_n$ 对滑坡所提供的信息量等于因素 X_1 提供的信息量，加上 X_1 确定后 X_2 对滑坡提供的信息量，直至 $x_1,x_2,\cdots,x_n$ 确定后 X_n 对滑坡提供的信息量。

在具体运算中，假定模型区共有单元数 N 个，已知的滑坡单元数为 S，存在某个因素状态（即变量）的单元数为 N_i，该状态标志条件下的滑坡单元数为 S_i，则该标志对滑坡所提供的信息量为

$$I_i=\lg\frac{\dfrac{S_i}{N_i}}{\dfrac{S}{N}} \tag{5-3}$$

某一单元的信息总量为

$$I = \sum_{i=1}^{m} I_i = \sum_{i=1}^{m} \lg \frac{\frac{S_i}{N_i}}{\frac{S}{N}} \tag{5-4}$$

式中 m——因素状态标志总数。

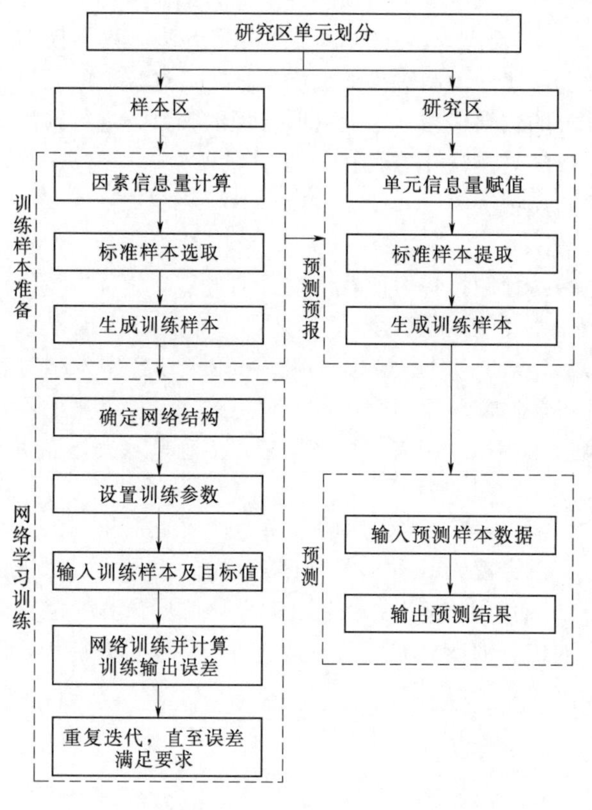

图 5.1 神经网络滑坡空间预测流程（吴益平等[166]）

5.3.1.2 信息-神经网络模型

人工神经网络（Artificial Neural Network，ANN）是由大量与自然神经细胞类似的人工神经元广泛互连而成的网络。关于人工神经网络具体的理论知识将在后面展开论述，本小节不再赘述，其用于空间预测的预测流程如图 5.1 所示。相应的网络输入层变量为影响滑坡灾害产生的主要影响因素，与输出层对应的是滑坡预测等级的划分，或是稳定程度的具体数值范围，如稳定性系数、破坏概率的范围等，这要求样本区的研究精度较高，指标细化程度较高。

5.3.1.3 逻辑回归模型

逻辑回归（Logistic Regression，LR）模型是一种多元统计分析模型，逻辑回归分析主要是在一个因变量和多个自变量之间形成多元回归关系，从而预测任何一块区域某一事件的发生概率。逻辑回归可以完成一组自变量与一个因变量之间的回归统计分析工作，其优势在于进行统计分析时，自变量可以是连续的，也可以是离散的，也没有必要满足正态分布。而一般的多元统计分析模型中，变量必须满足正态分布。在逻辑回归分析中，因变量 Y 是一个二分类变量，其取值 $Y=1$ 和 $Y=0$分别代表发生过滑坡和未发生滑坡。影响 Y 取值的 n 个自变量分别为 $X_1, X_2, \cdots$，X_n，在 n 个自变量作用下滑坡发生的条件概率为 $P=\mathrm{P}(Y=1|X_1, X_2, \cdots, X_n)$，则逻辑回归模型可表示为

$$z_i = a_0 + a_1 X_{i1} + a_2 X_{i2} + \cdots + a_j X_{ij} + \cdots + a_n X_{in} \tag{5-5}$$

$$P_i = \frac{1}{1+\exp(-z_i)} \tag{5-6}$$

式中 z_i——中间变量参数；

a_0——回归常数；

a_j——第 j 个变量的回归系数（$j=1,2,\cdots,n$）；

X_{ij}——第 i 号单元中第 j 个变量的取值，存在滑坡则取 1，否则取 0；

P_i——第 i 号单元内滑坡发生概率的回归预测值（$i=1,2,\cdots,n$）。

5.3.1.4 层次分析法

层次分析法（Analytic Hierarchy Process，AHP）是由美国运筹学家 T L Saaty 于 20 世纪 70 年代提出的一种定性与定量相结合、多层次多因素排序权重确定的简便有效的工具。它将决策者对复杂系统的决策思维过程进行数量化，将与决策有关的元素分解成目标、准则、方案等层次，在此基础上进行定性和定量分析，为选出最优决策提供依据，对于多目标、多准则、多层次的复杂地理决策问题，其结构如图 5.2 所示，该方法具有十分广泛的实用性。

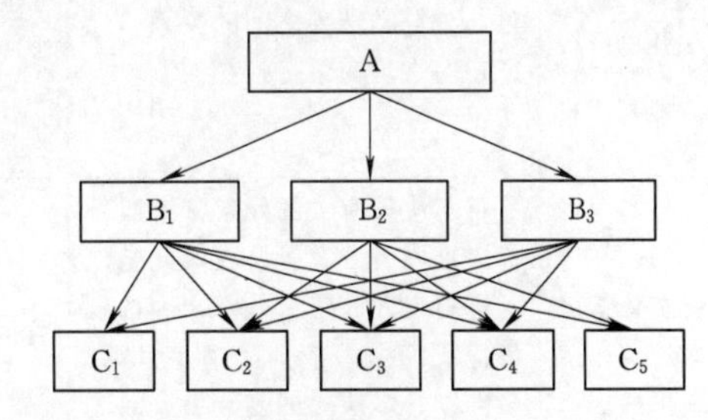

图 5.2 层次分析法结构

对滑坡灾害危险性等级评价因素的相对重要性进行两两比较，得到滑坡灾害危险性因素比较矩阵 $\boldsymbol{A}$ 为

$$\boldsymbol{A}=\begin{pmatrix} \dfrac{w_1}{w_1} & \dfrac{w_1}{w_2} & \cdots & \dfrac{w_1}{w_n} \\ \dfrac{w_2}{w_1} & \dfrac{w_2}{w_2} & \cdots & \dfrac{w_2}{w_n} \\ \cdots & \cdots & \cdots & \cdots \\ \dfrac{w_n}{w_1} & \dfrac{w_n}{w_2} & \cdots & \dfrac{w_n}{w_n} \end{pmatrix} \tag{5-7}$$

式中 $\boldsymbol{A}$——判断矩阵。

取向量 $\boldsymbol{W}=[W_1,W_2,\cdots,W_n]^{\mathrm{T}}$，则

$$\boldsymbol{AW}=n\boldsymbol{W}$$

式中 n——判断矩阵 $\boldsymbol{A}$ 的最大特征值；

$\boldsymbol{W}$——n 所对应的特征向量。

因此，可以通过两两比较它们的相互重要性得出每对因素的判断，构成判断矩阵，再通过求解判断矩阵的最大特征值及其特征向量，就可以得出这一组因素的相对重要性，这就是层次分析法的基本原理。

以上四种数学模型基本上能反映滑坡灾害危险性主控因素的分布规律，但在实际操作过程中各有优劣，总结这几种数学模型的基本思路和优缺点，见表 5.3。

表 5.3 四种数学模型的基本思路和优缺点

数学模型	基本思路	优点	缺点
信息量模型	通过计算各种影响因素和因素组合对滑坡时间提供的信息量大小，建立信息量预测方程	（1）建模时考虑了地质环境因素，预测较为准确。 （2）计算较简便，实用性强	判别准则难以确定
信息-神经网络模型	通过对因素信息量的学习、训练，得到神经网络模型进行外推预测	（1）能处理变量间复杂的非线性关系，无需变量间相互独立的假设，更接近实际。 （2）克服了信息量模型判别准则难以确定的缺点	计算过程相对较复杂

续表

数学模型	基本思路	优点	缺点
逻辑回归模型	利用最大似然法来构建预测变量与二分类结果之间的关系，保证每一点均为最优拟合	(1) 非常适用于多变量控制的问题。 (2) 逻辑回归方法所用的假设简单，因此扩宽了模型应用面，且可以给出判别结果在概率意义上的解释。 (3) 可进行超过10万样本点的统计分析，在滑坡危险性分析中多有应用[167]	评价样本是基于滑坡点数据，对于滑坡聚集程度高的高危险区域预测成功率低
层次分析法	将与决策有关的元素分解成目标、准则、方案等层次，此基础上进行定性和定量分析，为选出最优决策提供依据，对多目标、多准则、多层次的复杂决策问题	综合考虑滑坡灾害影响因素的共同作用，可以融合专家经验知识	区域滑坡空间预测指标权重确定依赖人的经验

5.3.2 区域性滑坡空间预测案例分析

现以某县城区域滑坡灾害危险性评价为例，基于GIS平台，运用信息量模型进行实例分析。研究区地处长江三峡水库地区，山高坡陡，区域中滑坡灾害最为发育，在沿江陡坡处易产生坡积层滑动或基岩顺层滑动，分布大小滑坡37处。滑坡的存在对区内边坡稳定性及城市建设带来很大的影响。研究表明边坡变形破坏形式及规模受地形地貌、地层岩性、地质构造及水文地质条件控制，形成一系列圈椅状滑坡。区内主要地层为巴东组易滑地层，构成了滑坡发育的物质基础，沿长江展布的大型向斜构造及近东西向发育的破劈理为滑坡形成提供了构造条件。

5.3.2.1 评价指标体系

空间预测依赖于使用者对研究区滑坡地质灾害形成机理的熟悉程度，根据该地实际情况选取合理的滑坡地质灾害评价因子，滑坡地质灾害评价因子的选取基于三方面要求：①评价因子与滑坡灾害的相关性；②评价因子对于灾害是否具备足够的权重；③所选因子的区域采集和图层数字化技术可行性。根据拟研究区域滑坡灾害发生的地质环境，以滑坡的宏观规律和主要控制因素的分析为基础，选择有代表性的因素作为建立信息模型的变量，包括地层岩性、地形地貌、地质构造、水的影响、人类工程活动等。

以GIS作为空间预测的实现平台，在对各种与预测有关的空间信息进行输入、存储的基础上生成预测需要的基础相关图层，运用GIS的空间分析和DTM模型等功能，进行预测信息的提取。分别得到地表岩土分布图、地形坡度分区图、水系分布图、断层分布图、人类工程活动分布图等相关预测基础图件。在生成各影响因素图层和历史滑坡分布图的基础上，利用GIS空间分析功能，将历史滑坡分布图和各主要影响因素分布图进行叠加，再通过基于GIS开发的信息量分析模块计算出信息量。然后以各单因素叠加图层为基础，进一步对已具有信息量值的量化图层进行叠加运算分析，形成新的多因素的栅格叠加图[168]。多因素综合信息量叠加图是进行滑坡灾害危险性区划的量化基础图件，可根据信息量的大小进行危险性分级并作出滑坡灾害危险性等级分布区划图。

1. *地层岩性*

地层岩性是影响滑坡灾害的最基本因素，地质灾害通常也是在某些特定的地层中较多

发育。研究区域主要分布有第四系松散堆积物、巴东组第三段（T_2b^3）和巴东组第二段（T_2b^2）。选取岩性指标时只需考虑所出露的地层，不考虑其演化过程。研究区的滑坡堆积体物质组成为第四系松散堆积物，其物质来源主要为原岩的分化和崩塌作用，分析过程中应对滑坡堆积体所处的地层进行相应的处理，不能单纯按第四系堆积物划分。

通过对该地区滑坡灾害的统计分析，T_2b^3、T_2b^2为主要的易滑地层，部分第四系堆积地区也较易发生滑坡。研究区大部分滑坡体物质组成为第四系松散堆积物，其物质来源主要为原岩的差异风化、崩塌或多期次的滑坡堆积，所以应将滑坡区地层岩性还原为原岩。巴东组第一段地层在研究区内出露面积很小，嘉陵江组地层致密坚硬，两种地层内无滑坡发育。根据信息量模型预测原理，这两种地层岩性不纳入信息量模型的计算指标。因此，在进行信息量模型评价时，主要考虑第四系堆积物Q、T_2b^3、T_2b^2三个岩性指标，研究区地层岩性分布如图5.3所示，滑坡与工程地质岩组相关性、信息量统计如图5.4所示。研究区滑坡与地层时代岩性的相关性统计表明研究区现有滑坡与第四系的分布具有一致性。

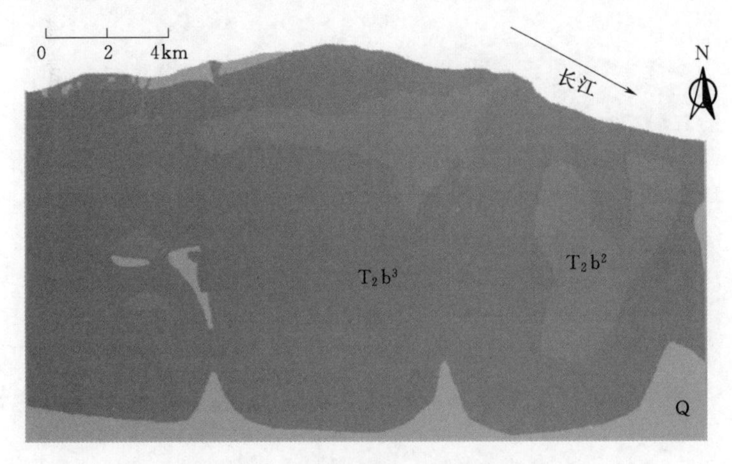

图5.3　研究区地层岩性分布图

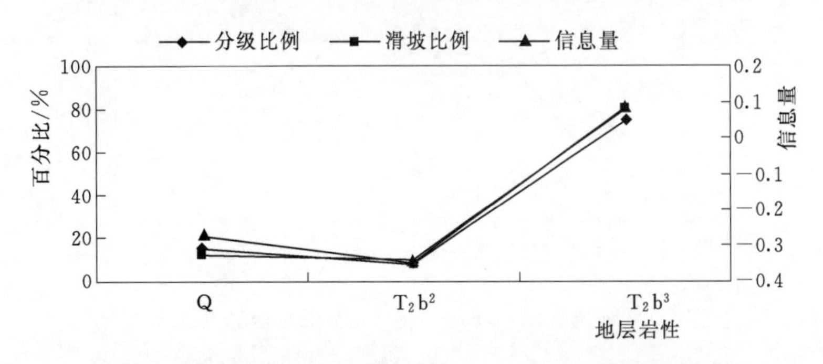

图5.4　研究区滑坡与工程地质岩组相关性、信息量统计图

2. 地形地貌

地形地貌条件主要包括坡度、坡向、坡高等方面情况。研究区属山地，地处四川盆地边缘，为云贵高原的延伸部分，区内地貌明显受构造控制，山脉的走向与区域构造方向一致。由于受构造运动、降雨以及水系的不断侵蚀切割，形成了区内群山层叠、高低参差，

西南低东北突起，中间低平向南开口，平坝、谷地、洼地、盆地镶嵌于高山、中高山、低山山岭之间交错分布的地域。滑坡主要发生在大江大河峡谷两岸边坡，主要是由地质环境、水的作用诱发形成。

（1）坡度。大量实例研究证明，边坡的坡度对滑坡地质灾害的发生有很明显的控制作用。坡度不同，不仅会影响坡体内沿已有或潜在滑移面的下滑力的大小，还在很大程度上决定了边坡变形破坏的形式和机制。地形条件主要包括高程、坡度、坡向。

研究区地形坡度总体较缓，大体为上陡、中缓、临江陡，江边及沟谷两侧局部达60°以上，沟间地块趋平缓，临江段坡度30°～45°、中部坡度15°～25°、后部坡度30°～40°。

研究区滑坡多发育在边坡的中前部，坡度大都为15°～40°，因此，在划分坡度等级时，采用平均划分的办法，而是对坡度集中区段细划，使坡度指标的获取更具针对性。据此将研究区地形坡度划分为7级，即 $F_1\leqslant 10°$，$10°<F_1\leqslant 15°$，$15°<F_1\leqslant 20°$，$20°<F_1\leqslant 25°$，$25°<F_1\leqslant 30°$，$30°<F_1\leqslant 40°$，$F_1>40°$（F_1为坡度一级变量）。研究区地形坡度分布如图5.5所示，滑坡与地形坡度相关性、信息量统计如图5.6所示。

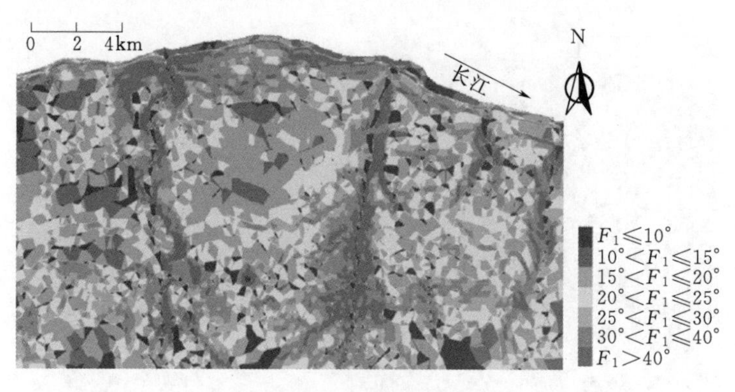

图5.5 研究区地形坡度分布图

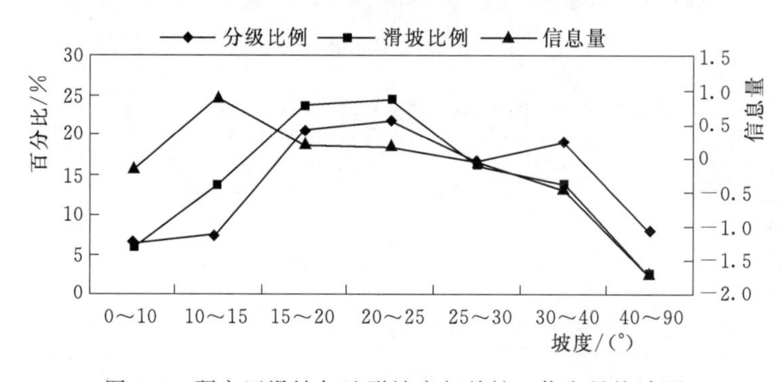

图5.6 研究区滑坡与地形坡度相关性、信息量统计图

（2）坡向。长江沿线区域中的官渡口向斜褶皱和长江的不断下切，形成了研究区主要为顺向、切向坡型的坡体结构。顺向坡稳定性状况最差，受岩层面和陡倾节理面的控制，多发生沿层面的滑动。尤其巴东组地层中存在泥岩、泥灰岩、粉砂岩等软弱夹层，在降雨和库水诱发作用下易于发生顺层滑动。类似坡度的等级划分方法，按照60°为一个区间可以得到研究区边坡坡向分布图，如图5.7所示。滑坡与边坡坡向相关性、信息量统计如图

5.8所示。由图可以得出：研究区内滑坡在四个方向均有发生，在偏北方相对较多，这可能与植被覆盖类型或人类工程活动有关。

图5.7 研究区边坡坡向分布图

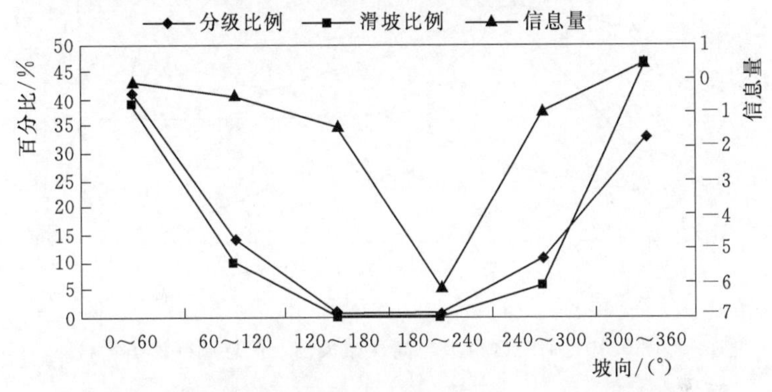

图5.8 研究区滑坡与边坡坡向相关性、信息量统计图

(3) 坡高。在对某一边坡单元进行稳定性评价时，一般也要考虑到坡高这个因素，因为在相同条件下，坡高越大对其稳定性就越不利。区域两岸支流多与干流垂直，构成网格状水系。区内山体层状地貌发育，其中以1600m左右和1000m左右的两个地貌面最发育，同时，该区域具有多层台面和岩溶系统。与获取坡度坡向类似可以获得坡高分布，按照175m以下，175～275m，275～425m，425～575m，575m以上可以得到研究区边坡坡高分布图，如图5.9所示。研究区滑坡与高程相关性、信息量如图5.10所示。由图可以得出：研究区内滑坡在175～275m高程发育较多，这可能与人类工程活动和库水影响有关。

3. 地质构造

构造条件是控制滑坡分布的主要因素之一，本书主要考虑断层对滑坡的影响。研究区断层较为发育，并且与滑坡的发生有密切的联系。断层的作用一方面体现在断层带及其附近一定范围内的岩土体遭到破坏，节理裂隙发育，坡体的完整性程度降低；另一方面体现在降雨条件下地表水易于入渗，增大坡体容重，软化滑面，不利于坡体的稳定。

断层对滑坡的影响用滑坡到断层的距离来刻画，统计研究区滑坡与其邻近断层间的距离，根据研究区内断层规模的不同，分别取50m、100m、200m缓冲区研究其与滑坡灾害的关系。不同断层缓冲区分布如图5.11所示，研究区滑坡与断层缓冲区相关性、信息量统计如图5.12所示。由图5.11可知，断层对滑坡的影响集中在200m以内。

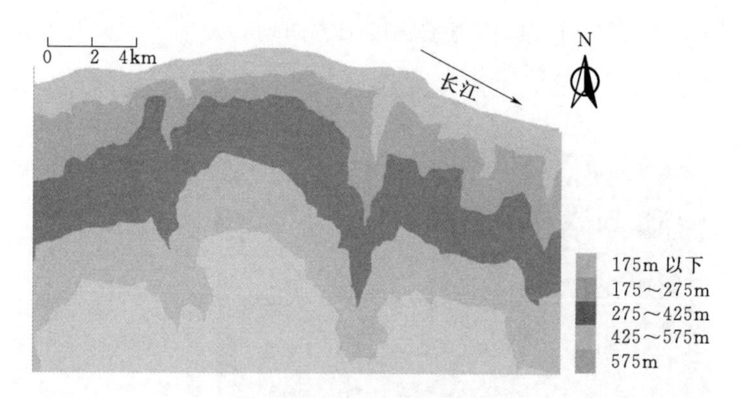

图 5.9 坡高分布图

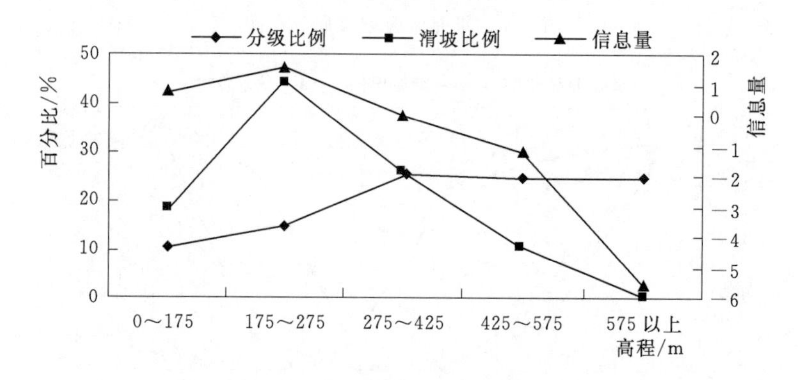

图 5.10 研究区滑坡与高程相关性、信息量统计图

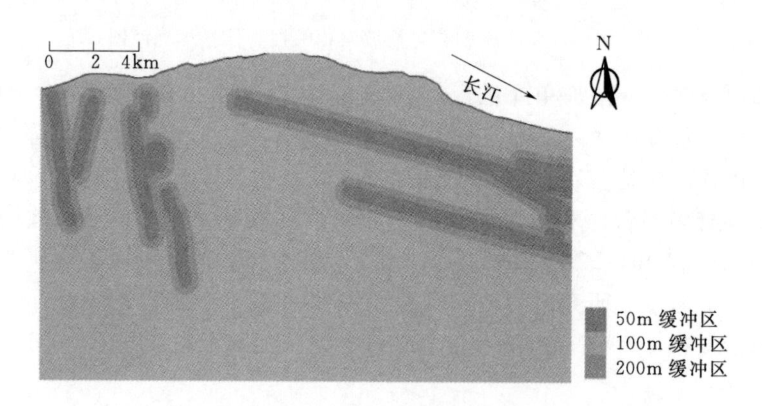

图 5.11 不同断层缓冲区分布图

4. 水的影响

水的影响是滑坡发生的最主要诱因之一，20 世纪以来，全国灾难性滑坡的统计结果表明，由水的作用为主导作用诱发的滑坡占绝大多数。结合库区的条件，库水位的上升和下降也常常诱发边坡失稳破坏从而发生滑坡地质灾害。在库水位下降过程中，滑坡体内的地下水位随之下降。但若滑坡岩土体的渗透性较差，地下水不能及时排出，使得地下水水位滞后于库水位下降，会导致坡体稳定性降低。

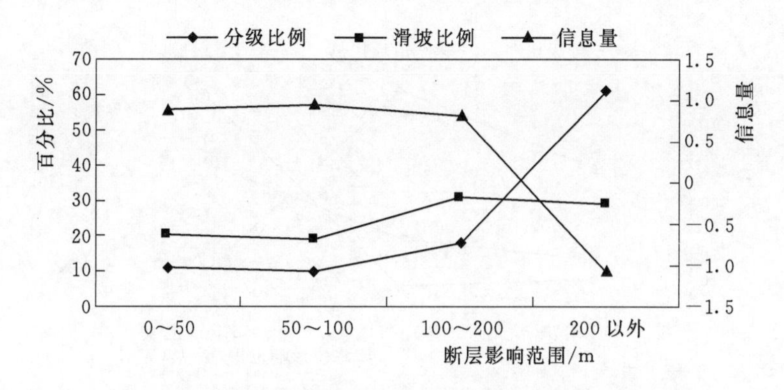

图 5.12　研究区滑坡与断层缓冲区相关性、信息量统计图

考虑距长江不同距离的缓冲区内出现滑坡灾害的频率得到缓冲影响的距离。降雨是滑坡产生的重要影响因素，由于降雨的时效特性以及不同地形地貌汇水能力不同，在滑坡空间分布预测中，可以将其转化为基于地表汇水能力的地表降雨“汇水面积”，不仅能够准确地描述地面水系的分布情况，同时考虑了边坡稳定性与降雨、地貌的关系，从库水位以及地表水系两方面进行计算。

(1) 库水位。研究区已发生的滑坡与长江河谷阶地高程存在一定联系，长江三峡库区地壳阶段性抬升，河谷相应地呈阶段性下切，因此滑坡地质作用也具有一定的阶段性。水的冲刷和软化作用是河谷谷坡上发育滑坡的主要诱发因素，在新一级阶地的形成过程中，河床接受水的冲刷、侵蚀和软化作用，形成了前缘高程略低于上一级阶地的滑坡。将库水位影响分为 175m 以下、175～225m、225m 以上 3 个部分，库水位影响区域如图 5.13 所示，研究区滑坡与库水位相关性、信息量统计如图 5.14 所示。由图可知，库水位对滑坡的影响主要集中在 175～225m 范围。

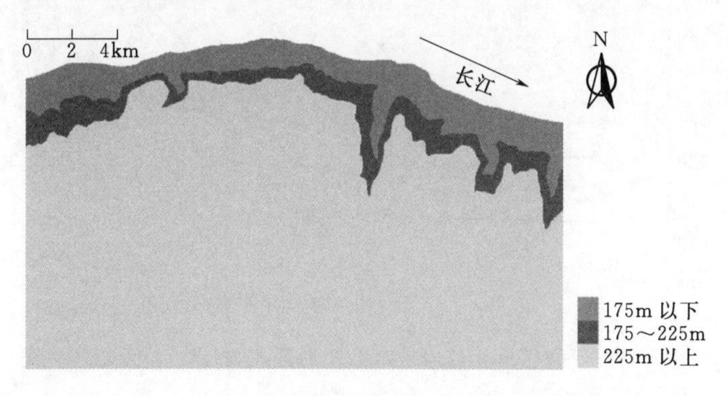

图 5.13　库水位影响区域图

(2) 地表水系。地表水系多发育在山谷中。山脊山谷是地形地貌的一种重要表现形式，一般地质灾害主要发生在冲沟地段。受水流的冲刷和侵蚀容易形成较深的沟谷，一般冲沟地形坡度较陡，切割坡度容易形成临空面，为地表水汇集的主要通道，不仅冲刷坡体也产生渗流。滑坡灾害的发生与沟谷发育程度密切相关，而沟谷的形成也表明了该地段的地层岩性特征。不同地表水系缓冲区分布如图 5.15 所示，研究区滑坡与地表水系缓冲区相关性、信息量统计如图 5.16 所示。

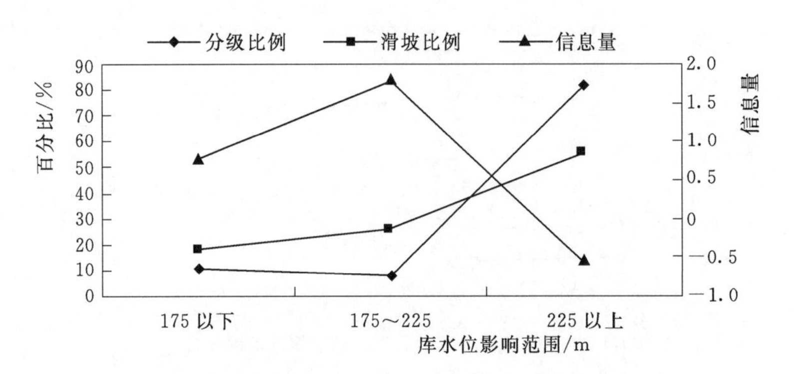

图5.14　研究区滑坡与库水位相关性、信息量统计图

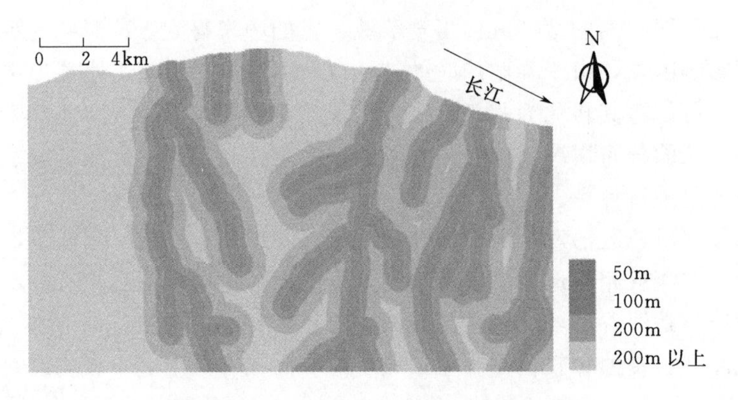

图5.15　不同地表水系缓冲区分布图

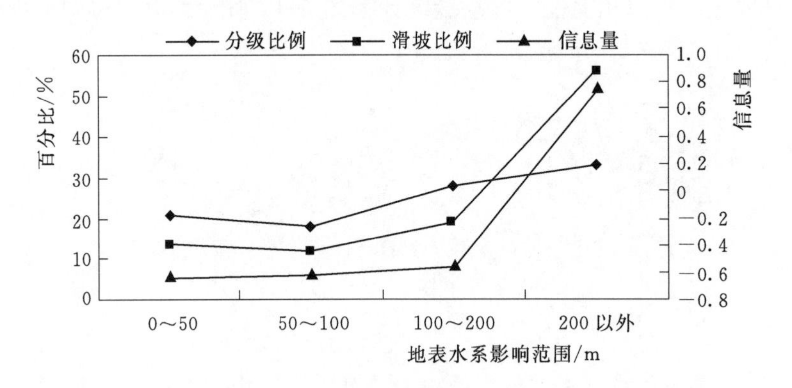

图5.16　研究区滑坡与地表水系缓冲区相关性、信息量统计图

5. 人类工程活动

人类工程活动对边坡稳定的影响主要表现在不合理的开挖、填方、工程爆破和建筑荷载等。由于人类工程活动的复杂性和不确定性，人类工程活动的影响可以通过与新开挖公路的距离来反映，而实际上研究区内已有滑坡分布和现有路网分布密切相关，山区在进行公路建设时，不可避免地要开挖山体，进行边坡支护。考虑到山区特殊的地质条件，特将公路作为影响滑坡分布的一个因素进行考虑。将公路影响缓冲区分为50m、100m、200m及200m以上4个部分，不同公路缓冲区分布如图5.17所示，研究区滑坡与公路相关性、

信息量统计如图 5.18 所示。由图可知，库水位对滑坡的影响主要集中在 100～200m 范围。

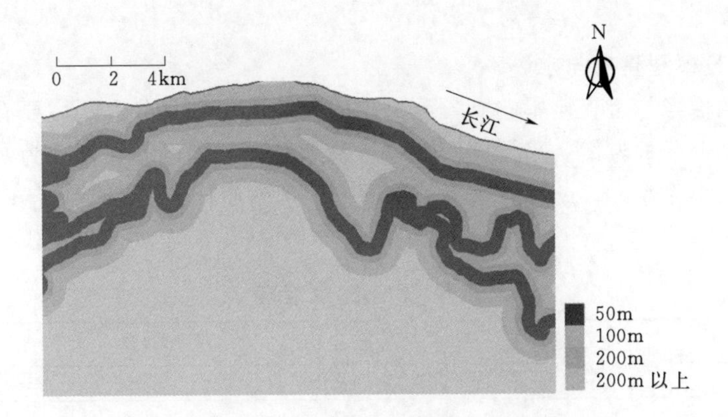

图 5.17　不同公路缓冲区分布图

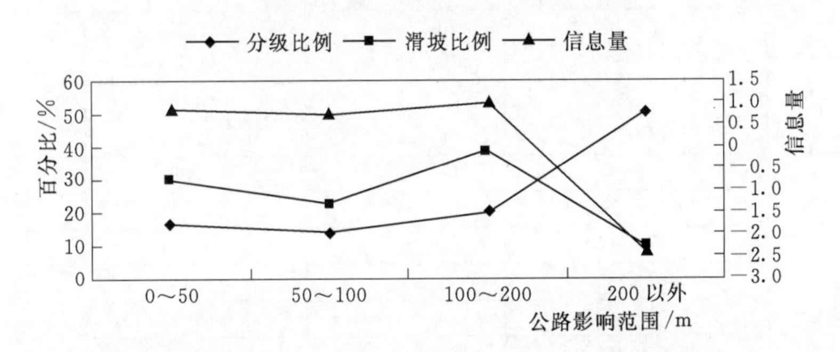

图 5.18　研究区滑坡与公路相关性、信息量统计图

5.3.2.2　因素状态相关性分析

建立滑坡危险性评价指标体系的过程中，选取的因素并不是绝对的相互独立，而是彼此间存在一定的相关性。如果不经过处理，各指标因素之间的影响权重可能会叠加，进而导致评价结果的错误或者不准确。因此，为了保证指标因素的相互独立性和满足模型输入参数的准确性，需要对所选各指标因素进行筛选。综上所述，对研究区所有指标因素进行相关性分析，各因素间的相关性系数见表 5.4。

表 5.4　各因素间的相关性系数表

因素	坡度	坡向	坡高	断层	地层岩性	库水位	地表水系	公路
坡度	1							
坡向	0.076	1						
坡高	−0.102	0.017	1					
断层	0.076	0.041	−0.039	1				
地层岩性	−0.091	0.045	0.719	−0.036	1			
库水位	−0.021	−0.035	0.465	0.032	0.096	1		
地表水系	−0.234	0.083	0.071	0.093	0.011	0.018	1	
公路	−0.030	−0.065	0.569	−0.001	0.193	0.457	0.025	1

由表5.4可知，相关系数大于0.5的共有3组。考虑到控制地形条件的因素有坡度、坡向和坡高，而坡高分别和四组因素相关性较大，为防止造成信息的相互干扰与叠加，将坡高因素剔除。

5.3.2.3 信息量模型建立与求解

单元划分的恰当与否直接影响到预测结果的精确度，其划分方法主要有规则单元划分和不规则单元划分两种方案。采用规则网格进行划分，共将研究区划分为335858个单元，每个单元栅格大小为5m×5m。依据信息量模型的基本原理，计算得到各评价指标信息量值见表5.5。

表5.5 评价指标信息量值

Ⅰ级指标	Ⅱ级指标	变量	信息量	排序
坡度	0°～10°	x_1	−0.149	17
	10°～15°	x_2	0.878	5
	15°～20°	x_3	0.201	12
	20°～25°	x_4	0.173	13
	25°～30°	x_5	−0.058	15
	30°～40°	x_6	−0.470	20
	40°～90°	x_7	−1.689	29
坡向	0°～60°	x_8	−0.093	16
	60°～120°	x_9	−0.542	21
	120°～180°	x_{10}	−1.417	28
	180°～240°	x_{11}	−6.133	31
	240°～300°	x_{12}	−0.944	26
	300°～360°	x_{13}	0.482	11
断层	0～50m	x_{14}	0.886	4
	50～100m	x_{15}	0.941	3
	100～200m	x_{16}	0.814	7
	200m以外	x_{17}	−1.073	27
地层岩性	Q	x_{18}	−0.273	18
	T_2b^2	x_{19}	−0.350	19
	T_2b^3	x_{20}	0.089	14
库水位	175m以下	x_{21}	0.788	8
	175～225m	x_{22}	1.800	1
	225m以上	x_{23}	−0.562	23
地表水系	0～50m	x_{24}	−0.639	25
	50～100m	x_{25}	−0.622	24
	100～200m	x_{26}	−0.555	22
	200m以外	x_{27}	0.751	9
公路	0～50m	x_{28}	0.841	6
	50～100m	x_{29}	0.729	10
	100～200m	x_{30}	0.980	2
	200m以外	x_{31}	−2.417	30

根据各评价指标信息量计算结果建立如下预测方程式，由此计算多因素图层叠加所得计算单元信息量值。

$$\begin{aligned}I=&-0.149x_1+0.878x_2+0.201x_3+0.173x_4-0.058x_5-0.470x_6-1.689x_7-0.093x_8\\&-0.542x_9-1.417x_{10}-6.133x_{11}-0.944x_{12}+0.482x_{13}+0.886x_{14}+0.941x_{15}\\&+0.814x_{16}-1.073x_{17}-0.273x_{18}-0.350x_{19}+0.089x_{20}+0.778x_{21}+1.800x_{22}\\&-0.562x_{23}-0.639x_{24}-0.622x_{25}-0.555x_{26}+0.751x_{27}+0.841x_{28}\\&+0.729x_{29}+0.980x_{30}-2.147x_{31}\end{aligned} \tag{5-8}$$

各边坡评价单元信息量的计算取评价单元内所有计算单元信息量的直接叠加。依据表5.6滑坡危险性分区表，得到研究区滑坡灾害危险性区划图如图5.19所示。

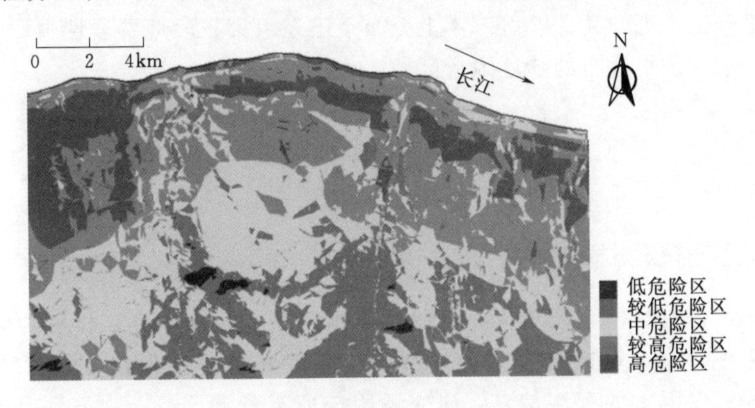

图 5.19 研究区滑坡灾害危险性区划图

表 5.6 滑坡危险性分区表

危险性分区	高危险区	较高危险区	中危险区	较低危险区	低危险区
信息量 I	$1.5\leqslant I$	$0.75\leqslant I<1.5$	$0.25\leqslant I<0.75$	$-0.25\leqslant I<0.25$	$I<-0.25$

统计不同危险性等级栅格总数、栅格百分比、滑坡栅格数、滑坡栅格百分比、占总滑坡栅格百分比，得到的计算结果统计见表5.7。

表 5.7 计算结果统计表

危险等级	栅格总数	栅格百分比 a /%	滑坡栅格数	滑坡栅格百分比 /%	占总滑坡栅格百分比 b /%	b/a
低	2912	1	223	0.07	0.50	0.57
较低	134094	40	6	0.002	0.34	0
中	54505	16	3358	1	7.49	0.46
较高	91751	27	12853	3.8	28.65	1.04
高	51224	15	28421	8.5	63.35	4.14

（1）分区结果显示，研究区内已发生的滑坡有92%落在高危险及较高危险区内，低危险区内基本无滑坡的发生，验证了预测结果的合理性。

（2）随危险性等级的提高，分区内发生滑坡的面积增大，同时，滑坡发生的实际比率（b/a，即分区内发生滑坡的密度与研究区总的滑坡密度的比值）也逐渐增大，且高危险区及较高危险区的 b/a 值均大于1。说明评价结果与实际滑坡的发生情况吻合，评价结果比较理想。

（3）在研究区划分的五级危险区中，较高危险区所占面积比例最大，高危险及较高危险面积之和超过全区面积的42%，说明研究区边坡整体稳定性状况较差。

5.3.2.4　讨论

（1）高危险区主要分布在研究区的临江地段。

（2）将分区图与岩性分布图、坡度、坡向分布图、断层分布图、地表水系分布图、公路分布图对比分析，可知高危险区基本上分布于巴东组第三段地层岩性中，且均展布于公路、缓坡度汇水区密集分布的断层附近区域。

5.4　滑坡变形预测模型与案例

5.4.1　滑坡变形预测模型

从总体来看，根据信息源不同，可将边坡预测预报方法研究工作分为两类：①基于预测目标的历史信息，可以结合室内模型试验而展开的模型预报方法；②基于对降雨量、库水位等诱发因素的观测信息，研究诱因与所需预测目标（如位移、地下水位等）在时间上的非线性关系，建立非线性映射。前者强调预测目标随时间的变化规律，体现宏观现象，主要代表方法有蠕变模型、灰色GM(1,1)模型、Verhulst模型等。后者强调地质体时变特征信息（如位移）受到外部诱发因素作用时的统计学或者非线性映射研究，主要代表方法有各类非线性神经网络模型和SVM模型等。这两类预测预报方法的基本特点、适用阶段以及数据量要求各有不同，表5.8概述了这两类预测思路的代表性方法。

5.4.1.1　BP神经网络

BP神经网络是目前国际上前沿研究领域的一门新兴交叉科学。BP神经网络是神经网络中采用误差反传算法作为其学习算法的前馈网络，通常由输入层、输出层和隐含层构成，层与层之间的神经采用全互连的连接方式，通过相应的网络权系数 w 相互联系，每层内的神经元之间没有连接（图5.20）。边坡变形预测问题是一个复杂的非线性动力系统问题，考虑到BP神经网络具有处理复杂非线性函数的能力，近年来，国内外已将神经网络模型成功地应用于边坡位移时间序列预测等方面的研究。首先将神经网络用于边坡预测预报的是Mayoraz等[169]基于气象和物理数据以及不同的神经网络结构来预测滑动土体蠕动速率的变化，并指出使用大量的监测数据建立的神经网络模型预测，可以获得相当好的短期（短至几天）预测效果，也说明进一步改进神经网络用于更多类型边坡和更精确的变形预测是可能的。

表 5.8　　　　典型预测方法对比表

模型	基本特点	优缺点	适用阶段	适用数据特点
蠕变模型	以蠕变理论为基础，基于多个滑坡的实测数据，注重公式推导，进行精确分析，得出明确的推理判断	优点：在临滑阶段可建立时间预报的经验公式。 缺点：一般仅适用于前缘不受阻的土质滑坡或者严重破碎的岩质滑坡	短期预报 临滑预报	类似“三段式”蠕变曲线；可用于小数据量
灰色GM(1,1)模型	以因果关系分析和统计关系分析为基础建立的各种预报模型	优点：①只要有四个以上数据，就可通过生成变换来建立灰色模型；②具有减弱随机性、增加规律性的作用。 缺点：①对于变形波动剧烈的情形预测精度较低；②对较复杂非线性问题，预测效果常不好	短期预报 临滑预报	适用于非负、等间隔、指数曲线；可用于小数据量
Verhulst模型	反映滑坡系统生长、发展、成熟的规律	优点：①数据量要求不高；②在数据平滑情况下，对变化大的数据也能较好地预测。 缺点：①和灰色GM(1,1)模型类似，得到的结果只是粗糙的指数模型；②对较复杂非线性问题，预测效果常不好		指数曲线；可用于小数据量
神经网络模型	建立是神经元网络通过对已知样本模式进行自适应、自组织的反复学习，掌握该类样本的特征，并将这些特征存储于网络间的连接权中，在此基础上就可以用已经训练好的网络对未知样本进行预测或拟合	优点：采用全部输入变量，可处理复杂、模糊的映射关系且不需要知道数据的分布形式和变量间的关系。 缺点：①隐层节点数确定方法不成熟；②需要足够的训练数据来训练模型	中、短期预报，短期预报精度较高	适宜各类波动性曲线；在具多个相关变量时，数据量越多越易获得好的预测模型
SVM模型	据统计学习理论中结构风险最小化的原则提出，是一种专门研究小样本情况下机器学习规律的理论	优点：①所需数据量要求不高，小样本的也能达到较好预测精度；②SVM具有较高的推广能力。 缺点：需要事先确定参数		

BP神经网络在应用于预测预报之前，需要根据输入的训练（学习）样本进行自适应、自组织，确定各神经元的连接权 w 和阈值，即网络学习过程。经过多次训练后，网络具有了对学习样本的记忆和联想的能力。网络学习过程包括信息正向传播和误差反向传播两个反复交替的过程。

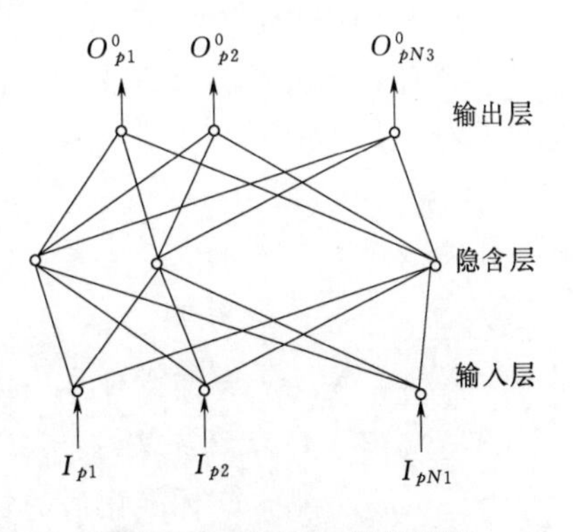

图 5.20　典型BP神经网络结构示意图

信息正向传播过程可由第 k 层第 j 个神经元的输入输出关系来简单地表示为

$$y_j^k = f_j^k\left[\sum_{i=1}^{n_{k-1}} W_{ij}^{(k-1)} y_i^{(k-1)} - \theta_j^k\right] \tag{5-9}$$

式中　$W_{ij}^{(k-1)}$——第（$k-1$）层第 i 个神经元到第 k 层第 j 个神经元的连接权因子（$j=1,2,\cdots,n_k$；$k=1,2,\cdots,M$）；

θ_j^k——该神经元的阈值；

n_k——第 k 层神经元的数目；

M——神经网络模型的总层数；

f——网络节点作用函数，通常为一非线性函数，如 sigmoid 函数：

$$f(x)=\frac{1}{1+e^{-x}} \tag{5-10}$$

一般来说，输入向量 I_p 通过网络模型计算的输出向量 θ_{pk}^0 和实际输出 T_{pk} 之间存在一定的计算误差，而误差的大小往往与网络参数有关，如权向量 w^F、w^S 以及阈值 θ^H、θ^0。误差反向传播的学习过程是将从输出层到输入层向后传播并修正相应网络参数的过程，学习的目标是使网络的总误差 E 小于某一允许值。权向量和阈值的修正采用梯度法，根据该法分别得到权向量和阈值的迭代公式为

$$\left.\begin{aligned}\Delta W(n+1)&=-\eta\frac{\partial E}{\partial W(n)}+\alpha\Delta W(n)\\ \Delta\theta(n+1)&=-\eta\frac{\partial E}{\partial\theta(n)}+\alpha\Delta\theta(n)\end{aligned}\right\} \tag{5-11}$$

其中

$$\left.\begin{aligned}\Delta W(n+1)&=W(n+1)-W(n)\\ \Delta\theta(n+1)&=\theta(n+1)-\theta(n)\end{aligned}\right\} \tag{5-12}$$

式中　η——网络学习率或学习因子；

α——动力因子，用于克服数值振荡。

上述各公式构成了 BP 神经网络模型。根据神经网络的训练学习算法，可确定网络的连接权向量和阈值等参数，即确定输入向量与输出向量的对应关系，使实际输出与计算输出的误差达到最小。网络误差 E 的函数形式一般采用常见的平方误差，即

$$E=\frac{1}{2}\sum_{p=1}^{p}\sum_{k=1}^{N_3}(T_{pk}-O_{pk})^2 \tag{5-13}$$

式中　p——输入样本数；

N_3——输出节点数。

为避免输入向量物理意义和单位的不同对 BP 神经网络模型的影响，对输入向量须作标准化处理，即

$$\overline{X}_i=\frac{X_i-X_{i\min}}{X_{i\max}-X_{i\min}}d_1+d_2 \tag{5-14}$$

其中

$$d_2=\frac{1-d_1}{2}$$

式中　$X_{i\min}$、$X_{i\max}$——输入样本中第 i 个节点中的最小值和最大值；

d_1、d_2——参数；

$\overline{X}_i$——标准化后的输入向量。

综上所述，可得 BP 神经网络模型算法框图，如图 5.21 所示。

BP 神经网络要达到良好预测效果的前提是构建最优网络拓扑结构，而最优网络拓扑结构

的建立涉及众多网络参数，如网络节点数量、神经元数量、学习速率等，网络结构较为复杂。

5.4.1.2　RBF神经网络

从BP神经网络的构建过程来看，其良好预测效果的前提是构建最优网络拓扑结构，而最优网络拓扑结构的建立涉及众多网络参数，如网络节点数量、神经元数量、网络学习速率等，其网络结构非常复杂。径向基函数神经网络（Radial Basis Function，简称RBF网络）在网络结构、逼近能力等方面均优于BP神经网络形式。其网络结构如图5.22所示。BP神经网络的隐节点采用输入模式与权向量的内积作为激活函数的自变量，而激活函数采用Sigmoid函数。与普通的三层神经网络相比，RBF神经神经网络的区别在中间层，RBF神经网络的隐节点采用输入模式与中心向量的距离（如欧式距离）作为函数的自变量，并使用径向基函数（如Gaussian函数）作为激活函数。神经元的输入离径向基函数中心越远，神经元的激活程度就越低。RBF神经网络的输出与数据中心离输入模式较近的“局部”隐节点关系较大，RBF神经网络因此具有“局部映射”特性。

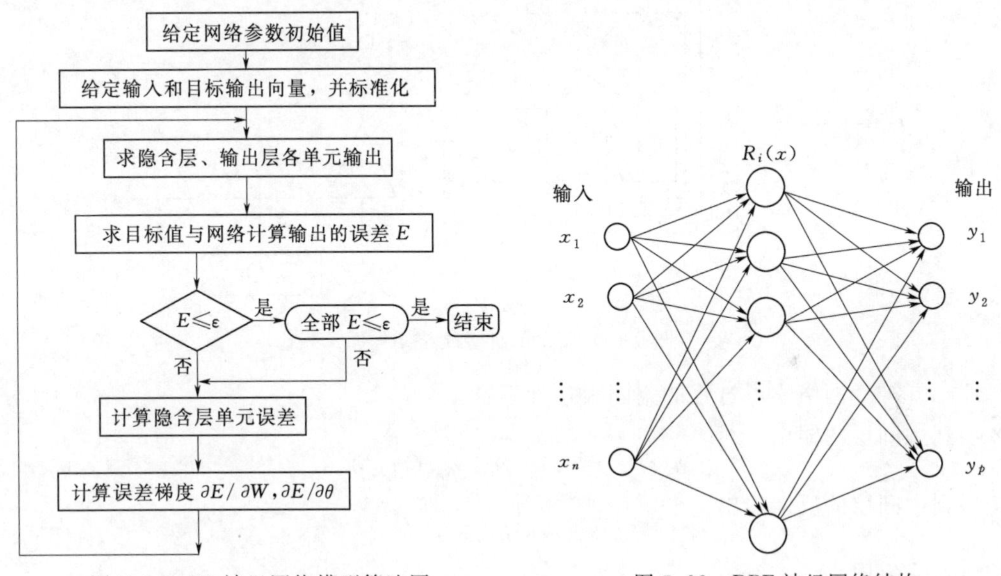

图5.21　BP神经网络模型算法图

图5.22　RBF神经网络结构

总之，RBF神经网络可以根据具体问题确定相应的网络拓扑结构，具有自学习、自组织、自适应功能，它对非线性连续函数具有一致逼近性，学习速度快，可以进行大范围的数据融合，可以并行高速地处理数据。RBF神经网络的优良特性使得其显示出比BP神经网络更强的生命力，正在越来越多的领域内替代BP神经网络。目前，RBF神经网络已经成功地用于非线性函数逼近、时间序列分析等。

5.4.1.3　Elman神经网络

Elman神经网络是一种典型的局部回归网络，Elman神经网络基本结构中，除了具备BP神经网络的输入层、隐含层和输出层外，还有一个特殊的承接层，用于构成局部反馈，其结构如图5.23所示。承接层又称上下文层或状态层，它用来记忆隐含层单元前一时刻的输出值，可以认为是一个一步延时算子，它使网络具有动态记忆的功能，并且在下一时刻与网络的输入一起作为隐含层的输入，使得网络具有动态记忆功能，非常适合时间序列的预测问题。神经网络的基本思路是利用训练样本进行网络训练直到均方差达到目标，然后将训练好的网络结构及参数用于测试样本的预测。

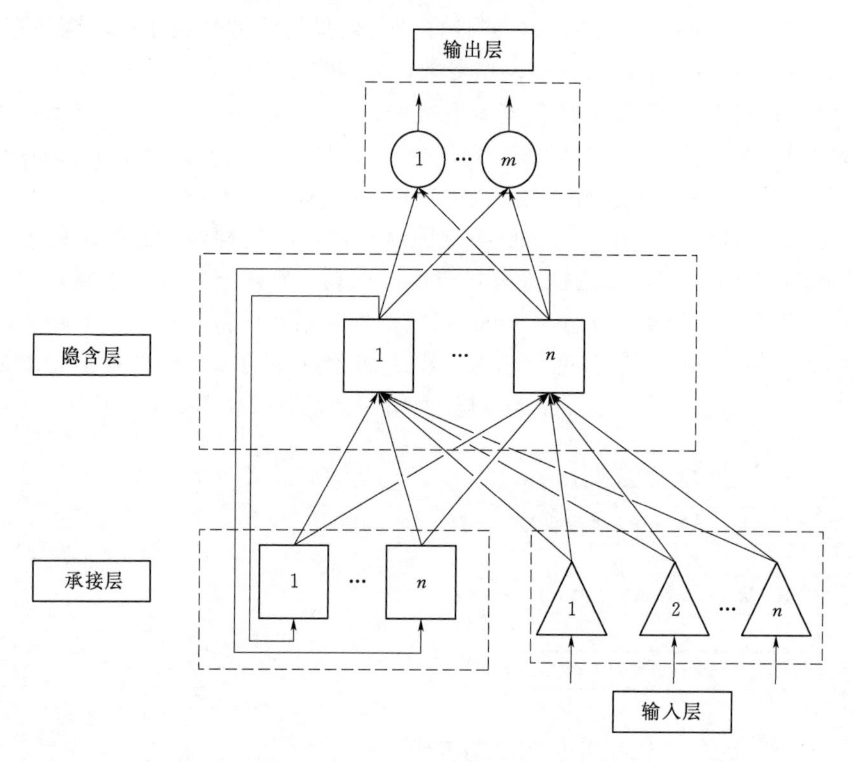

图 5.23　Elman 神经网络结构图

Elman 神经网络学习过程的空间表达如下：

输入层到中间层的输出

$$h(t)=f[\eta_1 h_p(t)+\eta_2 x(t-1)] \tag{5-15}$$

连接层到中间层的反馈输出

$$h_p(t)=h(t-1) \tag{5-16}$$

中间层到输出层

$$y(t)=g[\eta_3 h(t)] \tag{5-17}$$

式中　h——中间层结点单元向量；

h_p——反馈状态向量；

η_1——连接层到中间层的连接权值；

η_2——输入层到中间层的连接权值；

x——输入向量；

f——中间层单元传递函数；

y——输出结点向量；

g——输出层线性加权传递函数；

η_3——中间层到输出层的连接权值。

在 Elman 神经网络中，输入层、输出层和连接层均采用线性传递函数，中间层较多采用 Sigmoid 非线性传递函数。

在滑坡预测应用方面，由于 Elman 神经网络具有记忆功能，且网络结构简单，运算量小，较适合用来建立预测模型。

5.4.1.4 动态 Narx 神经网络

时间序列是按照时间顺序排列的一组数字序列。时间序列预测承认事物发展的延续性和随机性，反映三种实际变化规律：趋势变化、周期性变化、随机性变化。Narx（带外部反馈输入的非线性自回归模型）神经网络主要由输入层、隐层和输出层，以及输入和输出延时构成，该神经网络的输出不仅与当前的输入有关，而且与过去的输出有关。在拓扑连接关系上，Narx 神经网络可以等效为具有输入延时的 BP 神经网络加上输出到 A 输入的时延反馈，包含多步输入输出时延，可以反映出系统的历史状态信息，因此该网络具有记忆功能，可更好地描述时变系统的特性。

Narx 神经网络可以定义为

$$y(t)=f[y(t-1),y(t-2),\cdots,y(t-n_y),u(t-1),u(t-2),\cdots,u(t-n_u)] \tag{5-18}$$

式中 f——非线性的过程函数；

y——网络训练的目标向量；

u——网络的输入向量；

$y(t-1),y(t-2),\cdots,y(t-n_y)$、$u(t-1),u(t-2),\cdots,u(t-n_u)$——时延后的 $y(t)$ 和 $u(t)$。

Narx 神经网络模型结构如图 5.24 所示。

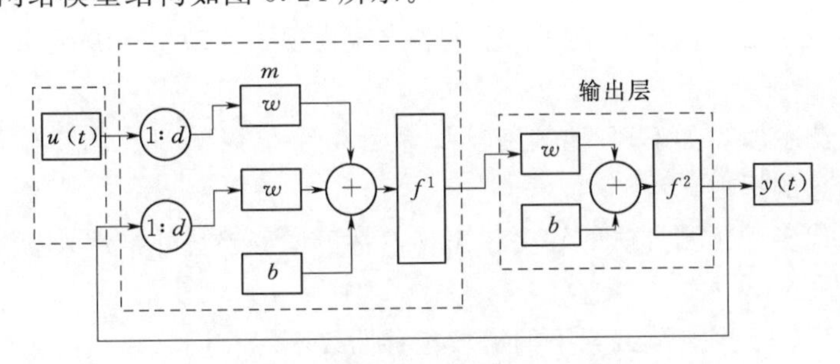

图 5.24 Narx 神经网络模型结构图

d—时延阶数；m—隐含层神经元个数；ω—权值向量；b—偏置；

f^1—神经网络隐含层激活函数；f^2—神经网络输出层激活函数

5.4.1.5 SVM 模型

机器学习是现代智能技术的重要方面，出发点是寻找历史观测数据中的规律，通过这些规律对进行预测，称为推广能力，或泛化能力。上述神经网络模型容易发生“过学习”问题，这是盲目追求小误差而导致推广能力下降的必然结果，在有限样本情况下，学习精度和推广性之间存在不可调和的矛盾，例如：神经网络记住了每个样本提供的信息，对有限样本显现强大的学习能力，往往使训练误差为 0，即经验风险为 0，但这并不能保证好的预测结果。另外，传统统计学研究的是样本数目趋于无穷大的渐近理论，而边坡位移预测中的样本往往有限，而专门针对小样本的机器学习理论表现出很多理论和实践上的优势，SVM 预测模型是统计学习理论的优秀预测技术之一，其与传统学习理论最大不同在于它服从结构风险最小而非经验风险最小，有其坚实的理论基础，是目前针对小样本估计

和预测学习的最佳理论之一，实际应用中取得了良好的效果。

SVM模型优良的推广性能能否实现，与模型中包括惩罚系数 c、核函数参数 g 及松弛系数 p 在内的3个重要参数的取值有很大的关系。对于应用者来说，主要问题是如何根据训练样本集选择合适的模型参数，以保证建立好的模型并有很好的推广性能，成为设计SVM模型的关键一步，在固定的核函数情况下，模型参数的调整与确定成为SVM模型设计的关键一环，也一直是SVM研究的热点。目前，对于SVM模型参数选择主要包括经验选择、实验试凑、网格搜索、交叉验证等传统方法，也有采用遗传算法、粒子群算法、人工免疫等智能优化方法。虽然这些方法中，很多已经可以针对训练集自动搜索出最优化的参数取值，进而获得极高的内部预测能力，但在实际应用中更加关注的无疑是模型对预测集（或检验集）的外延预测能力，很多情况下过高的内部预测能力反而带来很差的外部预测精度。

5.4.2 滑坡变形预测案例分析

对于单体滑坡的变形趋势预测，需基于具体工程边坡进行详细的工程地质勘察并合理布置检测体系，在边坡监测工程的基础上获得较为准确的监测信息，以特定的预测模型为手段，预测变形体的关键特征要素（如位移）在诱发因素作用下的发展趋势。

5.4.2.1 典型滑坡变形位移曲线特征分类

目前，就滑坡监测手段和国内外研究现状来看，采用滑坡变形信息（累积位移等）进行预测预报是主要研究热点之一，其主要原因可以解释如下：

（1）位移体现了滑坡内部复杂力学变化的宏观表现，反映了滑坡所处的演化阶段及变形运动方式。

（2）位移监测手段，如GPS地表变形测量、数字摄影测量、测斜仪等已广泛应用，便于滑坡位移信息的提取。

（3）随着现代多种预测方法的发展和完善，基于位移趋势外推用来预测未来变形具有越来越高的可信度。

不同成因类型、不同影响因素下的滑坡位移曲线不尽相同，总结滑坡变形位移曲线的特征，对判定滑坡变形发展阶段、外界因素响应以及预测预报模型的选取，具有重要的指导意义。按照滑坡仅在重力作用下和重力与外部影响因素作用分类，可将滑坡变形-时间曲线分为渐变型、渐变-陡增型和台阶型3种类型（表5.9）。

表5.9 滑坡变形监测位移-时间曲线分类

曲线类型	边 坡 类 型	曲线特征及预测难易程度	滑坡实例
渐变型	主要发生于松散土质边坡，或滑动条件不好，具有时效变形特征的岩质边坡（如反倾边坡、软岩为主的边坡等）中	前期趋势性特点明显，变形过程中，位移增量逐渐减小，位移加速度由负向零转变，后期位移速度趋于恒定，易于外推预测	黄茨滑坡古树屋滑坡、垮梁子滑坡、大水田滑坡
渐变-陡增型	主要发生于临空条件和滑移条件较好的岩质边坡中，如被开挖切脚的顺层岩质边坡，或存在一组倾向坡外且底端已暴露于地表的贯通性（软弱）结构面，边坡受到外界的强烈扰动（如暴雨、爆破等）而发生一次性剧烈变形	变形过程中，位移速率从恒定到逐渐增大，位移加速度由零向正转变，且有逐渐增大趋势，若趋势变化急剧，外推预测较困难	新滩滑坡

续表

曲线类型	斜 坡 类 型	曲线特征及预测难易程度	滑坡实例
台阶型	主要发生于稳定性相对较好但受到不定期或定期增强-减弱的影响因素（开挖-支护、水位升降等）作用的边坡环境，位移曲线突增，随着不利因素作用的衰减和消失，在自重作用下又逐渐恢复其原有的稳定性，如此往复变形	融合前两类的变形特点，总体上，非线性特征明显，演化具有一定的规律	大柿树滑坡、木鱼包滑坡

5.4.2.2 滑坡变形预测案例分析

1. 新滩滑坡

新滩滑坡位于湖北省秭归县长江西陵峡上段兵书宝剑峡口北岸，距长江三峡大坝约26km。新滩滑坡为堆积体滑坡，堆积物厚30～40m，滑坡长约2km，中部宽0.4km，于1985年6月曾发生大规模的滑动，约有几百万的岩土体滑入长江，滑坡体规模达$3\times10^7m^3$。

新滩滑坡为老滑坡，由于受到后缘不断崩塌加载，导致滑坡体上部失稳，从而促使整个滑坡体下滑，并且该滑坡处于多雨区，年降雨量1016mm，降雨是其主要诱发影响因素。取监测点A3的累积位移-时间数据[170]进行预测研究，共85个监测周期，如图5.25所示。由图中可以直观地看出，按照本章的曲线划分方法，经过长期观测得到的新滩滑坡的累积位移-时间曲线为渐变-陡增型。

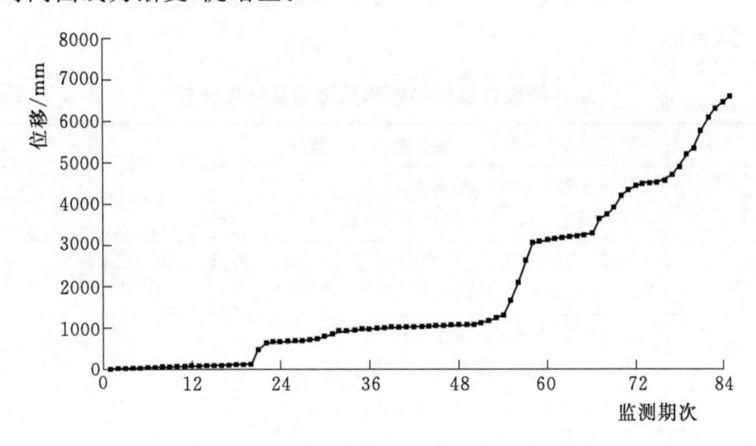

图5.25 新滩滑坡A3号监测点位移曲线

采用BP神经网络、RBF神经网络、Elman神经网络、Narx神经网络及SVM模型分别对其进行预测。在构建网络结构时，首先需要讨论的是网络输入。实践证明，输入节点数量太少，网络可能训练不出来。因此，采用“新陈代谢”理论，进行“滚动建模”，基本思想为：假定对某滑坡位移时序$\{x_t\}$进行预测，输入历史点数为p，预测步长为m，滚动预测的第一步是用$\{x_{n-p+1},x_{n-p+2},\cdots,x_n\}$预测$n$时刻后的$\{x_{n+1},x_{n+2},\cdots,x_{n+m}\}$；随着后面$m$个实测数据的获取，删除最前面的$m$个数据$\{x_1,x_2,\cdots,x_m\}$，用$n$个新观测数据加入时序中，构成$\{x_{m+1},x_{m+2},\cdots,x_{m+n}\}$进行下一步预测，依此类推。但注意，利用预测值作为下次预测的训练学习样本具有一定的适用范围，毕竟预测值不是实测值。实际工程中可随着监测值的获取实时更新预测模型。采用 BP 神经网络、RBF 神经网络、Elman 神经网络、Narx 神经网络及 SVM 模型对新滩滑坡进行位移预测前，还需将滑坡位移数据归一化到［0,1］。

对于 BP 神经网络、RBF 神经网络、Elman 神经网络，不同的隐含层神经元个数会较大程度地影响预测效果，当神经元过多时会出现“过学习”现象，造成测试样本的预测效果差，但目前还没有该方面的成熟理论。编程建模时，可根据预测建模问题按经验公式 $l=\sqrt{n+m}+a$ 选取隐含层节点数。其中，l 为隐含层神经元节点数，n 和 m 分别为输入层、输出层节点数，a 为［1,10］区间的常数。另外，还可以利用循环结构，设置不同的隐含层神经元个数，并依次计算预测误差，通过作图，可以观察不同隐含层神经元个数下的网络的预测效果，从而确定隐含层神经元最佳数目。对于 Narx 神经网络，其输入时延阶数对网络的训练效果和网络最终的预测性能有影响，可以利用试凑的方式确定时延阶数。SVM 模型的参数惩罚参数 c 和核函数参数 g 对 SVM 模型训练和预测的泛化性能有很大影响，本文采用 PSO 寻优的方法寻找这两个参数，参数 p 采用 LIBSVM 工具包的默认值 0.01。

在对新滩滑坡 A3 号监测点进行预测时，采用前三个位移数据作为输入，预测未来一个期次的位移，进行原数据的重组，因此实际的重组后数据共得到 82 组，为了便于比较，均取最后 5 个周期的位移作为各个预测模型的预测精度验证，其余 77 组数据用于模型构建的训练样本。各个模型的构建使用参数和预测结果精度比较见表 5.10，实测值与预测值对比如图 5.26 所示。

表 5.10　新滩滑坡各模型参数和预测结果精度比较

预测模型	参数设置	平均相对误差
BP 神经网络	迭代次数：1000；学习率：0.1；误差目标：0.001；隐层神经元数：7	−0.013
RBF 神经网络	RBF 扩展速度：4；误差目标：0.001；神经元最大数：300；每次添加神经元数：1	−0.002
Elman 神经网络	迭代次数：3000；误差目标：0.001；隐层神经元数：10	−0.020
Narx 神经网络	输入输出延时：1；2；隐层神经元数：5	−0.002
SVM 模型	惩罚参数 c：1.66；核函数参数 g：3.39	−0.009

可以看出，所使用的各类神经网络模型和 SVM 模型预测误差（平均相对误差 MPE）均较小，均能对新滩滑坡进行较好的预测，其中，Narx 动态神经网络和 RBF 神经网络预测效果最佳。

2. 华光谭水电站厂房边坡

华光潭一级水电站工程位于浙江省临安市巨溪中下游，地处低中山区，属峡谷地貌，两岸及谷底基岩裸露。一级厂房位于巨溪右岸，厂房后边坡冲沟发育，与巨溪近正交，厂房上、下游控制性冲沟切割深度 50～70m，形成三面临空、呈北东向展布的狭长型山脊。坡体表层为第四系崩坡积层，中部为卸荷作用强烈的破碎岩体，下部为新鲜的侏罗系熔结

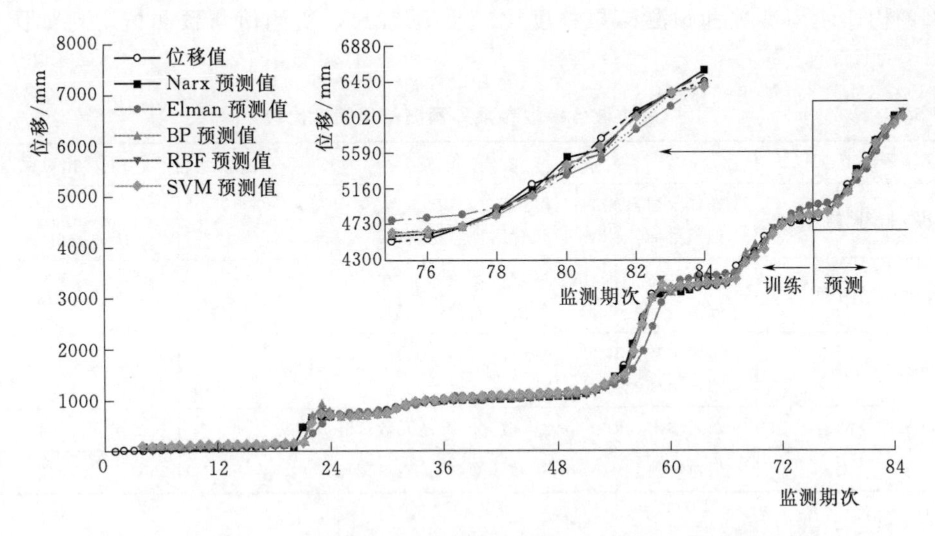

图 5.26 不同方法对新滩滑坡位移实测值与预测值对比图

凝灰岩。在 2008 年 5—6 月期间，厂区受到强降雨作用，马道发生沉陷和外鼓，并在以后补充勘察发现坡体中上部出现多条拉裂缝。为了可靠掌握边坡变形规律和发展趋势，建立了边坡变形安全监测系统。所有位移测点均采用三维坐标法观测位移量。选取其中主滑方向 8 号监测点水平合位移为预测对象，共有 44 个监测期次的累积位移和降雨量数据[171]，该监测点的水库位移与降雨量如图 5.27 所示。

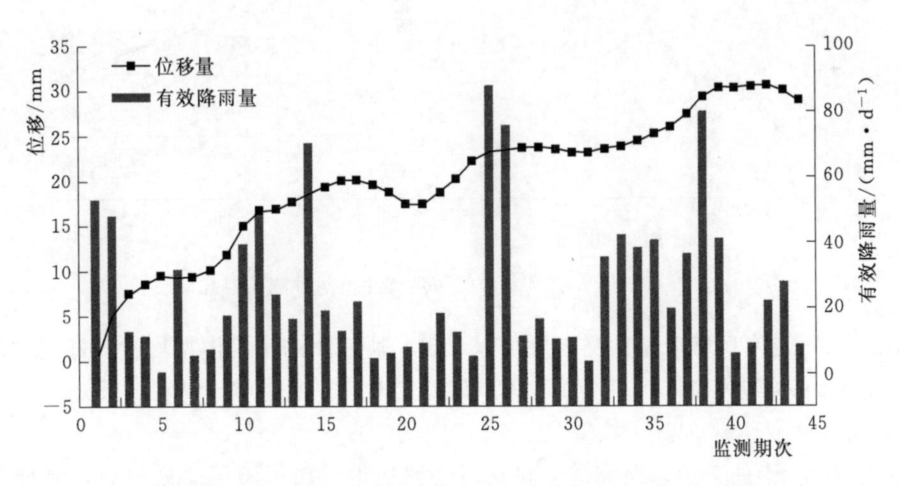

图 5.27 华光谭水电站厂房边坡 8 号监测点水平位移与降雨量

在诱发因素和位移数据都能获取的情况下，由于位移—时间序列未能完全考虑环境因素对边坡变形的影响，故将影响边坡变形的有效降雨量加入监测位移时序，基于降雨和位移的时序进行位移预测。因此，在对华光谭水电站厂房边坡 A3 号监测点进行预测时，采用前 3 个位移数据和上一月的降雨量作为输入，预测随后一个期次的位移，进行原数据的重组，因此实际的重组后数据共得到 41 组。同样地，为了便于比较，均取最后 5 个周期的位移作为各个预测模型的预测精度验证，其余 36 组数据用于模型构建的训练样本。各

个模型的构建使用参数和预测结果精度比较见表 5.11，实测值与预测值对比如图 5.28 所示。

表 5.11　　厂房边坡各模型参数和预测结果精度比较

预测模型	参数设置	平均相对误差
BP 神经网络	迭代次数：3000；学习率：0.1； 误差目标：0.001；隐含层神经元数：7	−0.021
RBF 神经网络	RBF 扩展速度：1；神经元最大数：300； 误差目标：0.001；每次添加神经元数：1	0.012
Elman 神经网络	迭代次数：3000；误差目标：0.001； 隐含层神经元数：10	−0.026
Narx 神经网络	输入输出延时：1：2；隐含层神经元数：5	−0.015
SVM 模型	惩罚参数 c：15.484；核函数参数 g：152.33	0.012

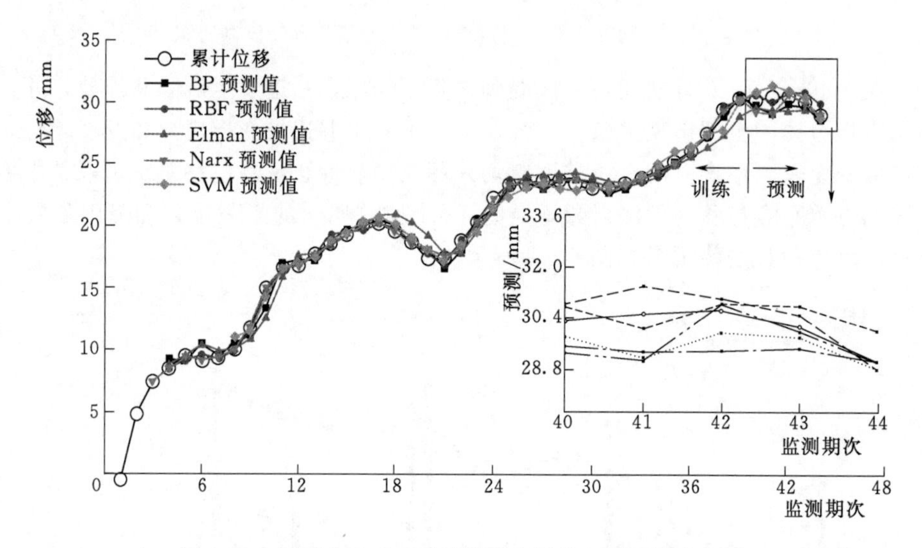

图 5.28　不同方法对 8 号监测点实测值与预测值对比图

由以上对华光谭厂房边坡预测结果可以看出，所使用的预测模型均能较好地预测位移值，其中，RBF 神经网络与 SVM 预测模型误差相对小。

3. 古树屋滑坡

古树屋滑坡[172]处于沪蓉西高速公路某段公路边坡，属于顺层岩质滑坡，其变形和破坏主要是由于该区域高速公路施工切穿岩层，造成滑坡上覆松散层和松动岩石层的组合滑动，边坡在进行开挖路基后出现裂缝，对已施工的切方路基回填，回填工作完成后，仅滑坡最上部的裂缝稍有扩展，整体基本处于稳定平衡状态。为了保障高速公路施工安全，对古树屋滑坡进行监测，其主滑方向中部 3 号监测点的位移曲线如图 5.29 所示。

古树屋滑坡 3 号监测点共计 33 期数据，按照前面方法进行重组后得到 30 组数据，利用前 25 组作为建模样本，后 5 期为检验样本，参数设置和精度见表 5.12，预测值与实测值对比如图 5.30 所示。

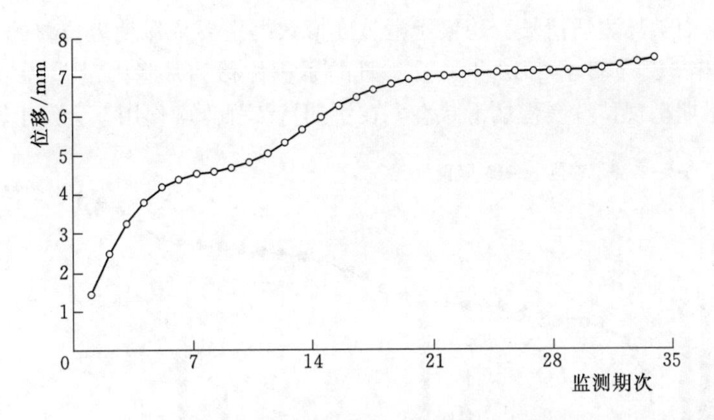

图 5.29 古树屋滑坡 3 号监测点位移曲线

表 5.12 古树屋滑坡各模型参数及预测结果精度比较

预测模型	参数设置	平均相对误差
BP 神经网络	迭代次数：3000；学习率：0.1； 误差目标：0.001；隐层神经元数：9	−0.020
RBF 神经网络	RBF 扩展速度：1；神经元最大数：300； 误差目标：0.001；每次添加神经元数：1	−0.010
Elman 神经网络	迭代次数：3000；误差目标：0.001； 隐层神经元数：12	−0.005
Narx 神经网络	输入输出延时：1：2；隐层神经元数：7	−0.022
SVM 模型	惩罚参数 c：100；核函数参数 g：0.01	−0.005

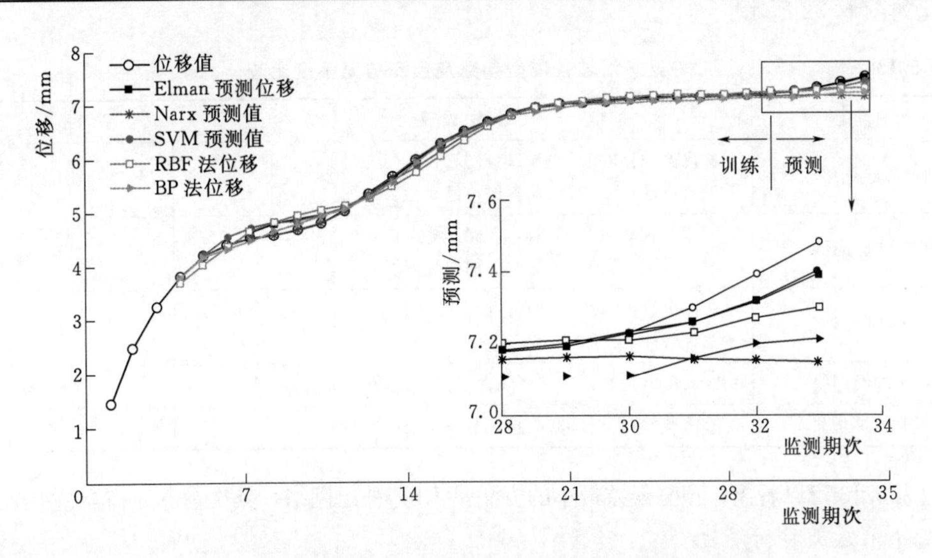

图 5.30 不同方法对 8 号监测点实测值与预测值对比图

可以得出，Elmam 神经网络和 SVM 模型预测误差相对较小。

4. 垮梁子滑坡

四川省德阳市中江县冯店镇垮梁子滑坡是近些年国内外发生的规模巨大、变形破坏特

征显著的典型平面破坏岩质滑坡。垮梁子滑坡变形数据主要依靠地表位移的 GPS 监测设备，取某点的 2009 年 3 月 1 日至 2016 年 6 月 1 日的累积位移和月降雨量[173]，如图 5.31 所示。滑坡地表在非汛期呈现持续缓慢蠕滑状态，在汛期持续强降雨作用下会发生剧烈滑动。

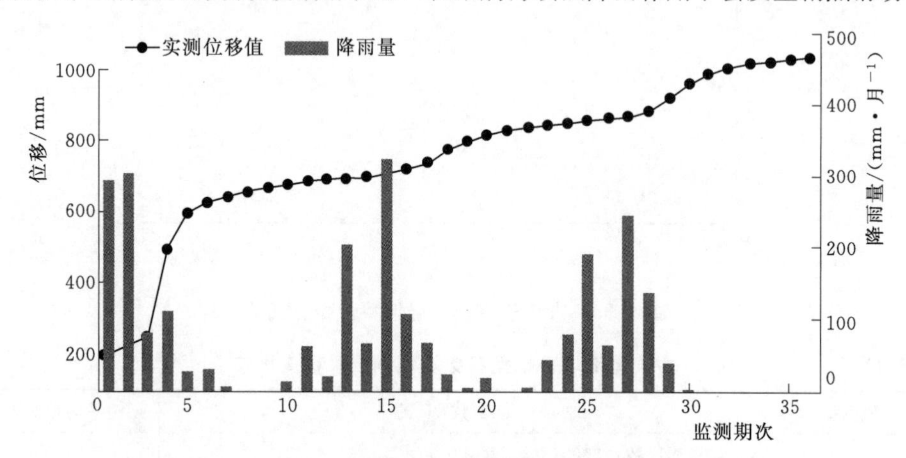

图 5.31 垮梁子滑坡月降雨量与累积位移-时间曲线

按照华光谭水电站厂房边坡的预测思路，基于降雨和位移的时序进行位移预测。对垮梁子滑坡监测点进行预测时，采用前 3 个位移数据和上一月的降雨量作为输入，预测随后一个期次的位移，进行原数据的重组，重组后数据共得到 33 组。同样的，为了便于比较，均取最后 5 个周期的位移作为各个预测模型的预测精度验证，其余 28 组数据用于模型构建的训练样本。各个模型的构建使用参数和预测结果精度比较见表 5.13，实测值与预测值对比如图 5.32 所示。

表 5.13　垮梁子滑坡各模型参数及预测结果精度比较

预测模型	参数设置	平均相对误差
BP 神经网络	迭代次数：3000；学习率：0.1； 误差目标：0.001；隐含层神经元数：7	0.023
RBF 神经网络	RBF 扩展速度：2；神经元最大数：500； 误差目标：0.001；每次添加神经元数：1	0.001
Elman 神经网络	迭代次数：3000；误差目标：0.001； 隐含层神经元数：10	0.004
Narx 神经网络	输入输出延时：1：3；隐含层神经元数：5	−0.005
SVM 模型	惩罚参数 c：94.036；核函数参数 g：0.775	0.001

由表 5.13 可以看出，预测误差最小的方法是 RBF 神经网络，其次是 Narx 神经网络模型。

5. 小浪底大柿树滑坡

大柿树滑坡位于小浪底库区右岸黄河与煤窑沟交叉口上游侧的基岩边坡区，距小浪底大坝 7km，该滑坡是以牵引式变形破坏为主的大型基岩滑坡。以小浪底大柿树滑坡区域某一测点的垂直位移数列为例，数据总数为 175 期[174]，如图 5.33 所示。

采用历史位移“滚动预测”的思路对该时间序列进行重组，利用前 3 个位移数据作为

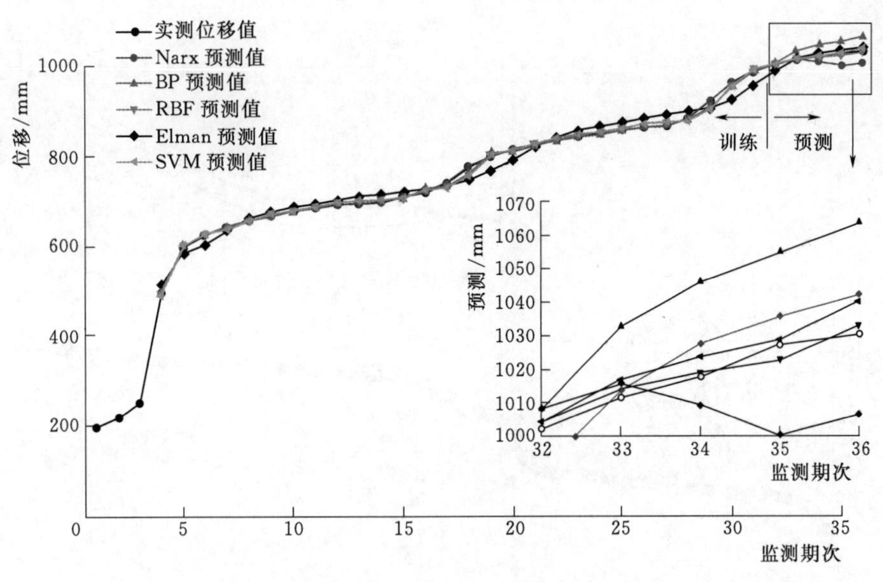

图 5.32 不同方法对垮梁子滑坡监测点位移实测值与预测值对比图

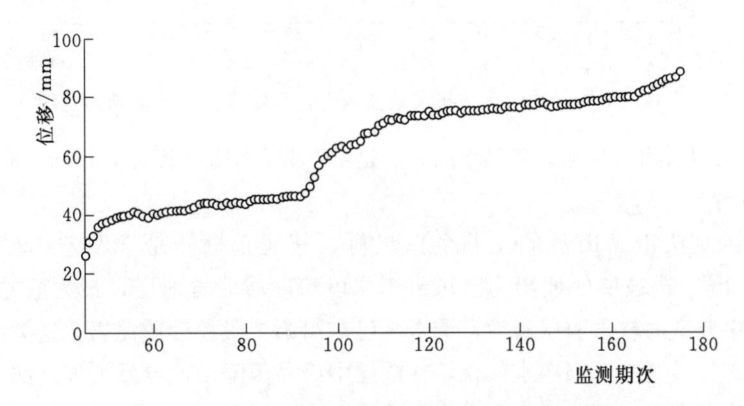

图 5.33 小浪底大柿树滑坡累积位移-时间曲线

一组输入，预测随后一个期次的位移，进行原数据的重组。因此实际重组后的数据共得到173组，后15组数据用于预测。各个模型的构建使用参数和预测结果精度比较见表5.14，实测值与预测值对比如图5.34所示。

表 5.14 大柿树滑坡各模型参数和预测结果精度比较

预测模型	参数设置	平均相对误差
BP 神经网络	迭代次数：3000；学习率：0.1； 误差目标：0.001；隐含层神经元数：12	−0.017
RBF 神经网络	RBF 扩展速度：3；神经元最大数：200； 误差目标：0.001；每次添加神经元数：1	−0.013
Elman 神经网络	迭代次数：3000；误差目标：0.001； 隐含层神经元数：10	−0.016
Narx 神经网络	输入输出延时：1：3；隐含层神经元数：10	−0.041
SVM 模型	惩罚参数 c：0.1；核函数参数 g：6.901	−0.217

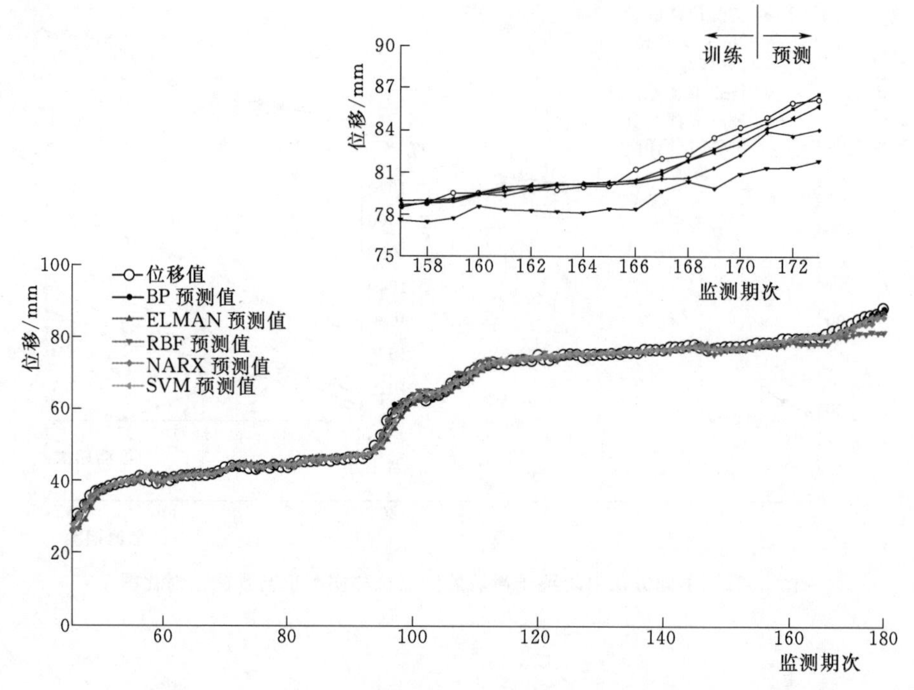

图 5.34　不同方法对大柿树滑坡监测点位移实测值与预测值对比图

由表 5.14 可以看出，预测误差最小的方法是 BP 神经网络，其次是 Elman 神经网络模型。

6. 大水田滑坡

该边坡地处重庆市巫山县的龙井乡白泉村，其起止桩号是 YK33＋500.00、K33＋900.00，长 400m。边坡所处地层为巴东组第二段粉砂质泥岩地层，最大挖方高度约 50m。该边坡是线路中典型的软岩顺层滑坡，滑带为巴东组第二段粉砂质泥岩。这类泥岩含有大量低强度的黏土矿物，这些矿物遇水软化，在顺层中极易因降雨而导致滑坡。此岩层在水的作用下易软化，严重影响工程建设安全，本文获取了 2009 年 3 月 10 日至 2010 年 2 月 28 日期间降雨量与位于该边坡后缘的监测点 A1 的变形量，共 36 期数据[175]，如图 5.35 所示。

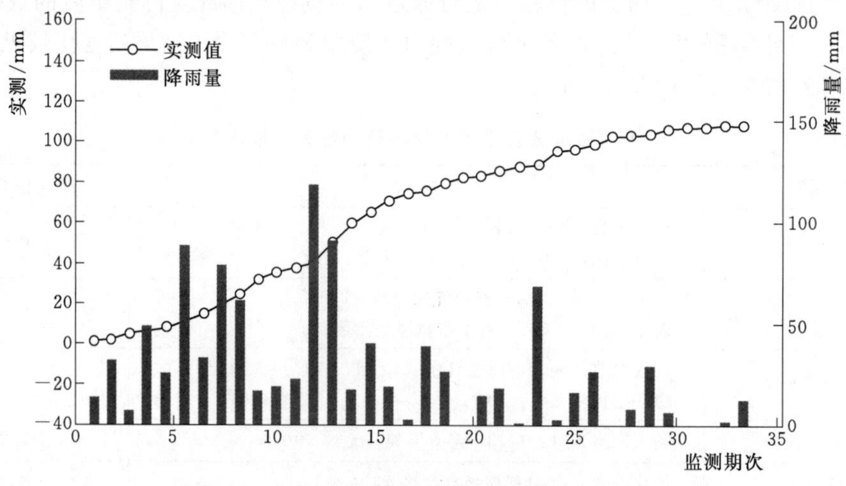

图 5.35　大水田滑坡降雨量及累积位移-时间曲线

基于降雨和位移的时序进行位移预测对大水田滑坡监测点进行预测时，采用前 3 个位移数据和上一月的降雨量作为输入，预测随后一个期次的位移，进行原数据的重组，重组后数据共得到 33 组。同样的，为了便于比较，均取最后 5 个周期的位移作为各个预测模型的预测精度验证，其余 28 组数据用于模型构建的训练样本。各个模型的构建使用参数和预测结果精度比较见表 5.15，实测值与预测值对比如图 5.36 所示。

表 5.15　大水田滑坡各模型参数和预测结果精度比较

预测模型	参数设置	平均相对误差
BP 神经网络	迭代次数：3000；学习率：0.1； 误差目标：0.001；隐含层神经元数：7	−0.015
RBF 神经网络	RBF 扩展速度：2；神经元最大数：500； 误差目标：0.001；每次添加神经元数：1	−0.016
Elman 神经网络	迭代次数：3000；误差目标：0.001； 隐含层神经元数：10	−0.014
Narx 神经网络	输入输出延时：1：3；隐含层神经元数：10	−0.005
SVM 模型	惩罚参数 c：6.168；核函数参数 g：8.235	−0.081

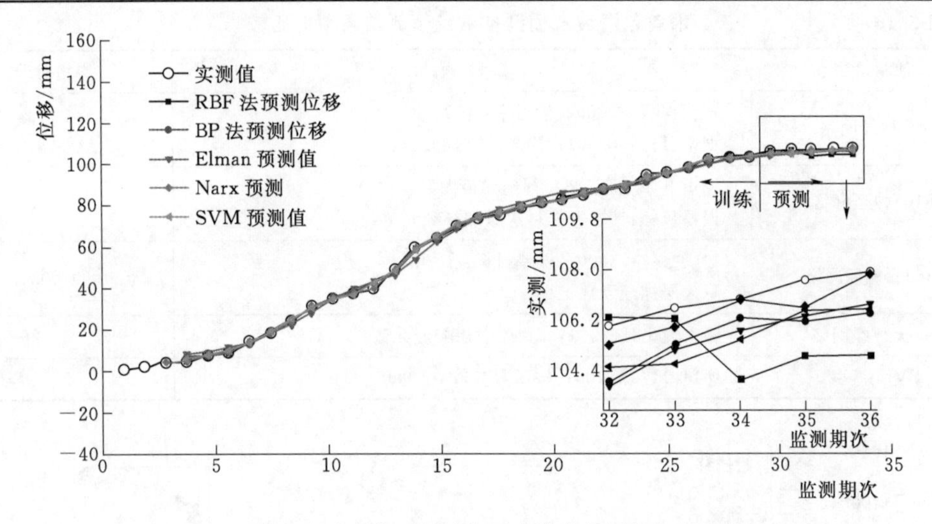

图 5.36　不同方法对大水田滑坡监测点位移实测值与预测值对比图

由表 5.15 可以看出，预测误差最小的方法是 Narx 神经网络，其次是 BP 神经网络模型。

7. 木鱼包滑坡

木鱼包滑坡位于长江右岸，距三峡大坝坝址 56km，属于大型顺层岩质滑坡。图 5.37 为木鱼包滑坡 2007 年 1 月至 2012 年 12 月 GPS 监测点 ZG291 的位移、降雨、库水位月监测数据，总共 94 组监测月数据[176]。资料表明，木鱼包滑坡为大型顺向岩质滑坡，变形表现为渐进推移式破坏特征，大气降雨与库水位的上升均对滑坡的变形破坏起到加剧作用。因此，在获取这两种重要诱发因素监测数据的情况下，应考虑将这两种因素作为预测建模的模型输入变量。

基于库水位、降雨和位移的时序对大水田滑坡监测点进行预测时，采用前 3 个位移数据和上一月的降雨量和库水位作为输入，预测随后一个期次的位移，进行原数据的重组，

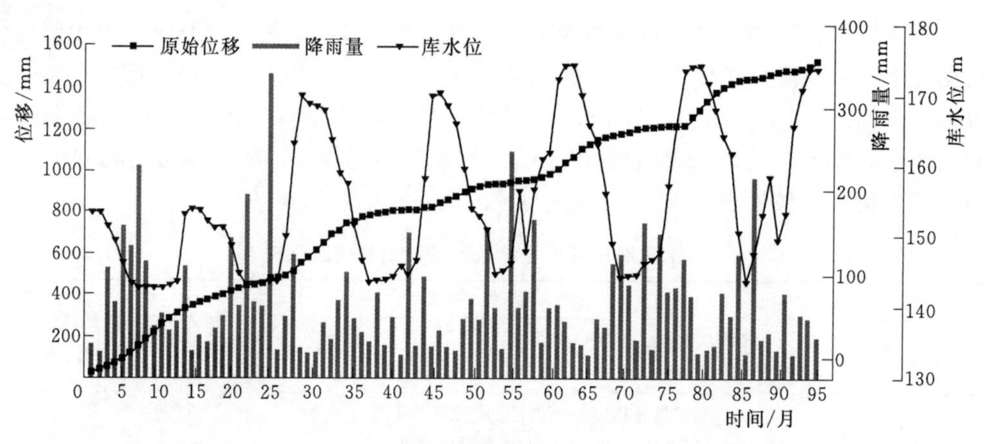

图 5.37 木鱼包滑坡地表 GPS 监测点 ZG291 累积位移-时间曲线

重组后数据共得到 91 组。为了便于比较，均取最后 15 个周期的位移作为各个预测模型的预测精度验证，其余 28 组数据用于模型构建的训练样本。各个模型的构建使用参数和预测结果精度比较见表 5.16，实测值与预测值对比如图 5.38 所示。

表 5.16　木鱼包滑坡各模型参数及预测结果精度比较

预测模型	参数设置	平均相对误差
BP 神经网络	迭代次数：3000；学习率：0.1； 误差目标：0.001；隐含层神经元数：10	0.241
RBF 神经网络	RBF 扩展速度：3；神经元最大数：200； 误差目标：0.001；每次添加神经元数：1	−0.014
Elman 神经网络	迭代次数：3000；误差目标：0.001； 隐含层神经元数：10	0.003
Narx 神经网络	输入输出延时：1：2；隐含层神经元数：5	−0.026
SVM 模型	惩罚参数 c：100；核函数参数 g：0.01	−0.018

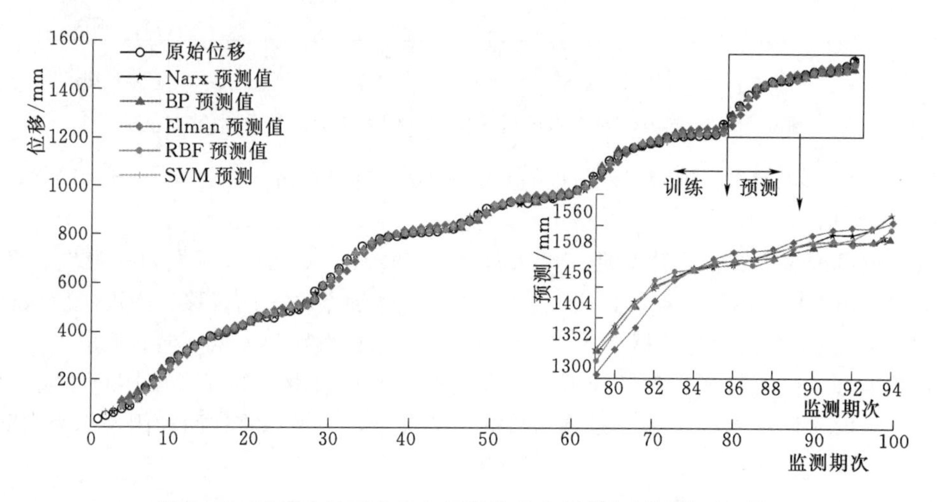

图 5.38 不同方法对木鱼包滑坡位移实测值与预测值对比图

由表 5.16 可以看出，对于木鱼包滑坡而言，Elman 神经网络和 SVM 模型预测精度相对较高，而 BP 神经网络的预测误差相对最大。

从位移曲线类型、预测模式、预测精度 3 个方面总结各个滑坡预测案例（表 5.17）。

表 5.17　　各个滑坡的预测模型精度对比表

滑坡名称	曲线类型	预测模式	预测精度
新滩滑坡	渐变-剧增型	基于位移信息	RBF=Narx>SVM>BP>Elman
华光谭厂房边坡	台阶型	基于降雨-位移耦合	RBF=SVM>Narx>BP>Elman
古树屋滑坡	渐变型	基于位移信息	SVM=Elman>RBF>BP>Narx
垮梁子滑坡	台阶型	基于降雨-位移耦合	RBF=SVM>Elman>Narx>BP
大柿树滑坡	台阶型	基于位移信息	RBF>Elman>BP>Narx>SVM
大水田滑坡	渐变型	基于降雨-位移耦合	Narx>Elman>RBF>BP>SVM
木鱼包滑坡	台阶型	基于降雨-库水位-位移耦合	Elman>RBF>SVM>Narx>BP

根据表 5.17 可以看出：总体上，RBF 神经网络和 Elman 神经网络、SVM 模型的预测效果总体优于其他的预测模型，其中 RBF 神经网络在基于位移信息、基于降雨-位移耦合预测这两种预测模式下均能体现较好的预测性能，而 SVM 预测模型用于滑坡累积位移-时间曲线波动变化不大、趋势较缓的情况下，表现出较好的拟合预测性能。

5.4.2.3　J2 号铁塔边坡预测案例分析

1. J2 号铁塔边坡关键影响因子

（1）降雨。大量研究显示短时高强度集中降雨或长时间持续降雨是诱发滑坡主要因素之一。短期内的集中降雨可以在较短时间内导致坡体内的地下水位迅速抬升，从而改变滑坡原有的应力状态，即孔隙水压力迅速增加，而有效应力减小，同时饱水加载，从而使滑坡的稳定性条件恶化，促进变形。而长时间持续降雨渗入到坡体和滑面，导致土体产生物理化学效应，软化滑面，强度降低而产生局部应力集中现象，这对滑坡的稳定性也是不利的。贵阳市降雨丰富，降雨量集中（5—9 月占 80%以上），年均降雨量 1118mm，最大日降雨量 230mm，最大月降雨量 430mm（图 5.39）。该区出现集中降雨或长时间持续降雨的可能性很大，J2 号边坡顶部岩土体较为松散，地表水易渗入滑坡体，这将是影响该边坡稳定性的关键影响因子之一。

（2）开挖施工。修建 J2 号铁塔之前，坡顶有两基带电运行的铁塔和有人居住的楼房（8 层），坡脚为 34 层高的安置区，正在修建中，无人居住。中、下部边坡已采用 2×2 的格构式无黏结拉力型预应力锚索支护。因场地限制，J2 号塔该处铁塔施工需垂直向下逆做法施工，将该平台之上的既有格构梁、锚索锚头及部分自由段及强风化泥岩和互层状泥岩、灰岩挖除，施工过程中将剪断 146 根既有锚索（自由段）。这些被截断的锚索控制该边坡的局部稳定性和整体稳定性，既有铁塔和楼房也因边坡的稳定而受影响，该处 34 层的安置房离边坡距离较近，边坡如出现垮塌，将影响和破坏安置房，危险性和影响范围较大。在 J2 号铁塔运营期由于铁塔塔基、线路加载，会对边坡产生不利影响。

2. 监测工程

为了监测 J2 号滑坡的位移变形特性及其稳定状态，根据铁塔施工位置、施工影响范

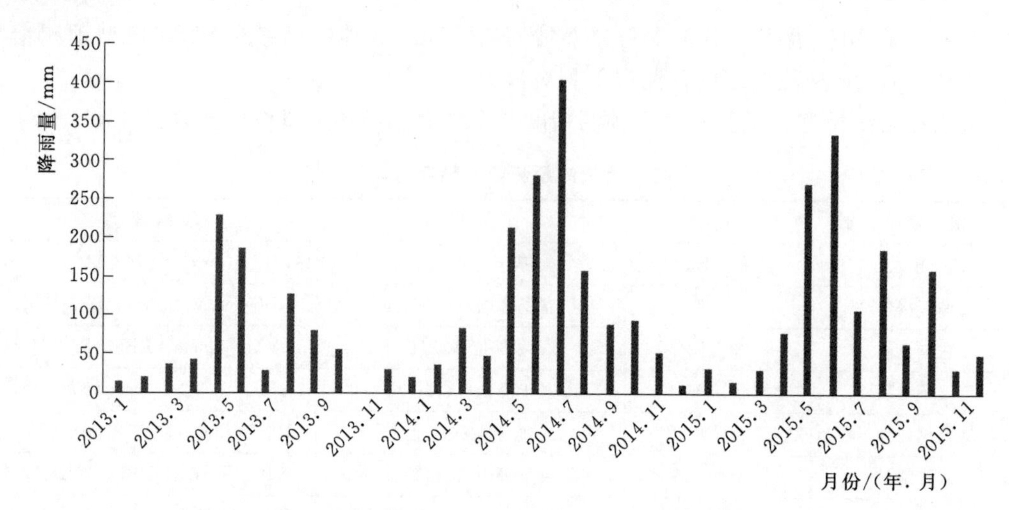

图 5.39 贵阳市 2013—2015 年月降雨量统计图

围布置监测点，同时进行沉降和位移的监测，建立了边坡监测系统。监测点按 B0、B1、B2、…编号；J2 号边坡顶铁塔监测点分别布置在铁塔 4 个脚腿基础上，4 基塔共布设 16 个监测点，编号为 T1、T2、T3、…；深层土体位移监测点布置在铁塔基础施工坡顶的上方和边坡下滑力最大的位置，按测斜孔 K3 和 K4 编号。边坡、铁塔的沉降、位移采用测量机器人监测，深层土体的位移采用测斜仪监测。其平面布置图如图 5.40 所示。

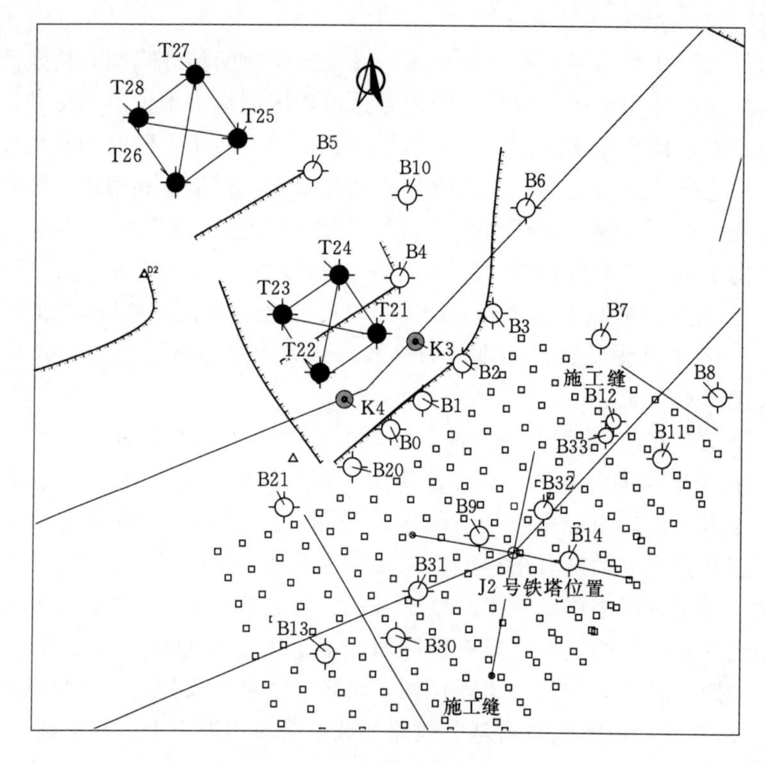

图 5.40 J2 号塔位置监测点布置图

3. 监测成果分析

图 5.41 为埋设在边坡中部靠近坡顶第二平台铁塔的钻孔测斜仪监测点 K3 和 K4 的位移与深度关系曲线。从图中可以看出，总体上，K4 孔的最大变形量大于 K3 孔，K3 测孔在深度 8m、10m、18m 处的强风化泥岩与互层状泥岩灰岩岩层界面、深度 31m 处的互层状泥岩灰岩与灰岩的岩层界面处存在较为明显的位移，截至 2016 年 5 月 5 日，变形分别为 4.92mm、−4mm、4mm、31mm、9.84mm，最大位移出现在深度 31mm 处的灰岩内，位移为 9.84mm。K4 测孔在孔深 6.5m、10.5m 强风化泥岩位移分别达到 7.54mm、−4.31mm，深度 18m、20.5m 处的强风化泥岩与互层状泥岩灰岩岩层界面位移为 9.23mm、−4mm，最大位移出现在深度 31m 处的灰岩内，位移达到 13.23mm。以上各个出现明显位移的深度点处位移增长速率较小，从坡体表层越往深处的位移变化逐渐减小。总体来说，从初次监测后，坡体内部变形变化较小，处于缓慢蠕动变形阶段，坡体基本稳定。

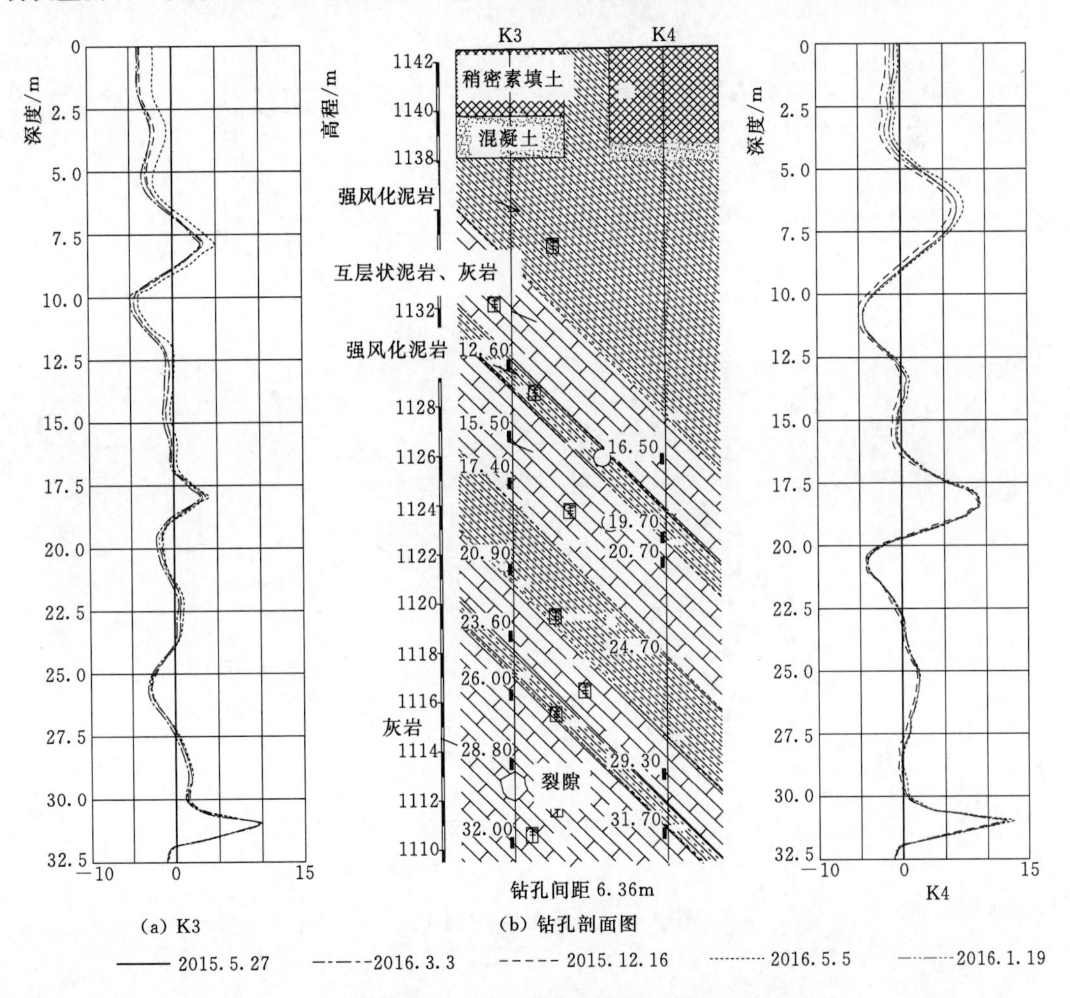

图 5.41　K3 和 K4 深度-累积位移时间曲线与钻孔剖面图

从监测开始时间 2015 年 6 月 11 日起，截至 2016 年 5 月 5 日的监测数据显示，J2 号铁塔边坡平面布置的各个监测点的水平位移及垂直位移-时间曲线（图 5.42 和 5.43）中，

最大位移出现在B5监测点，曾达到7.1mm，随着锚固工程施工进行，位移逐渐呈收敛状态，各个监测点的水平位移和垂直位移总体上呈不同幅度的跳跃增长状态，从水平位移-时间曲线和垂直位移-时间曲线可看出数据，跳跃增长的幅度不大。故可认为，该边坡未出现明显变形，坡体处于基本稳定状态。

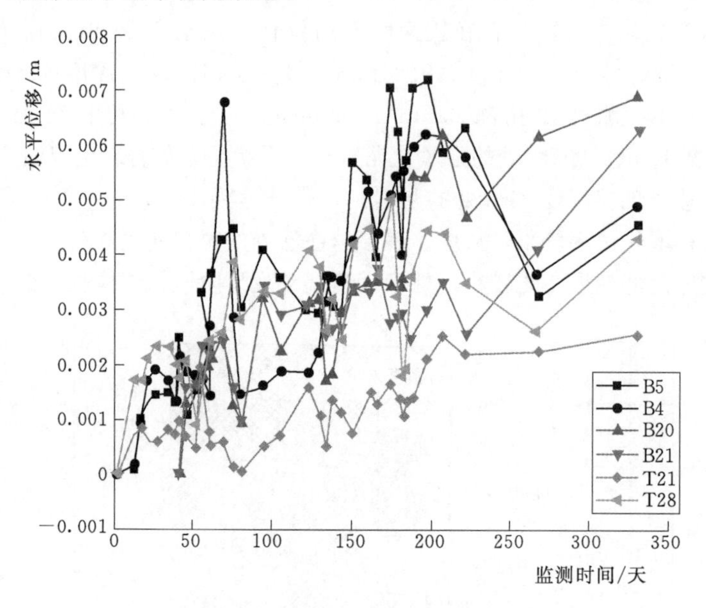

图5.42　水平位移-时间曲线

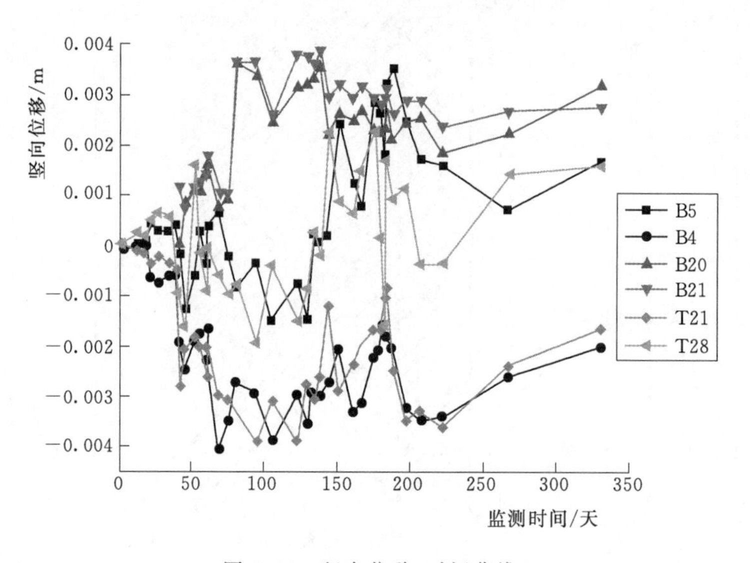

图5.43　竖向位移-时间曲线

4. 预测模型

截至2016年5月5日，B20监测点一共监测到29个水平位移数据，而监测周期、时间间隔不一导致位移数据在时间上的缺失，数据较为离散，因此，采用一维数值插值，将288天监测到的位移，按以7天为一个周期插值，得到42期位移数据（表5.18）。对42

个水平位移监测点进行重组，用每 2 期次的位移预测未来一天的位移，即每连续两天位移作为一组输入向量，第三天位移为预测目标向量，得到 40 组数据。用前 35 组位移作为训练样本，后面 5 组位移作为测试样本。

表 5.18　　B20 监测点水平位移监测数据

日期/(年．月．日)	水平位移/m	日期/(年．月．日)	水平位移/m	日期/(年．月．日)	水平位移/m
2015.7.23	0	2015.10.29	0.0022	2016.2.4	0.0052
2015.7.30	0.0014	2015.11.5	0.0031	2016.2.11	0.0054
2015.8.6	0.0019	2015.11.12	0.0034	2016.2.18	0.0057
2015.8.13	0.0022	2015.11.19	0.0035	2016.2.25	0.0059
2015.8.20	0.0023	2015.11.26	0.0035	2016.3.3	0.0062
2015.8.27	0.0012	2015.12.3	0.0034	2016.3.10	0.0063
2015.9.3	0.0015	2015.12.10	0.0035	2016.3.17	0.0063
2015.9.10	0.0026	2015.12.17	0.0055	2016.3.24	0.0064
2015.9.17	0.003	2015.12.24	0.0054	2016.3.31	0.0065
2015.9.24	0.0022	2015.12.31	0.0059	2016.4.7	0.0066
2015.10.1	0.0026	2016.1.7	0.0059	2016.4.14	0.0067
2015.10.8	0.003	2016.1.14	0.0052	2016.4.21	0.0067
2015.10.15	0.0032	2016.1.21	0.0047	2016.4.28	0.0068
2015.10.22	0.0021	2016.1.28	0.005	2016.5.5	0.0069

Elman 神经网络设置中间隐含层神经元个数为 10，网络参数配置为：迭代次数 3000，误差容限 0.001，学习率 0.1，训练函数为“traingdm”。RBF 神经网络设置：RBF 扩展速度 3，神经元最大数 200，误差目标 0.001，每次添加神经元数 1。用这两种模型进行模型训练和预测，可以得到图 5.44 和表 5.19 的结果。

表 5.19　　实际位移与预测位移对比表

日期/(年．月．日)	2016.4.7	2016.4.14	2016.4.21	2016.4.28	2016.5.5
实际位移/m	0.0066	0.0067	0.0067	0.0068	0.0069
Elman 预测值/m	0.00647	0.00663	0.0067	0.00678	0.00685
RBF 预测值/m	0.00647	0.00638	0.00668	0.00658	0.00652

从预测结果对比表可以看出，对于预测样本来说，Elman 神经网络的预测效果优于 RBF 神经网络，但在训练过程中存在较大误差，有可能是训练数据和预测数据的波动性差别较大，而 RBF 神经网络存在了“过学习”现象。但这种偏差相对于工程需求来讲可以忽略，这些偏差的产生并不代表模型本身存在缺陷，而可能是由于未考虑施工、降雨影响因子所造成的。在资料足够而且对施工影响因子和降雨影响因子进行同期监测的话，可以引入多组影响因子时间序列来单独考虑每种因素以提高预测精度。

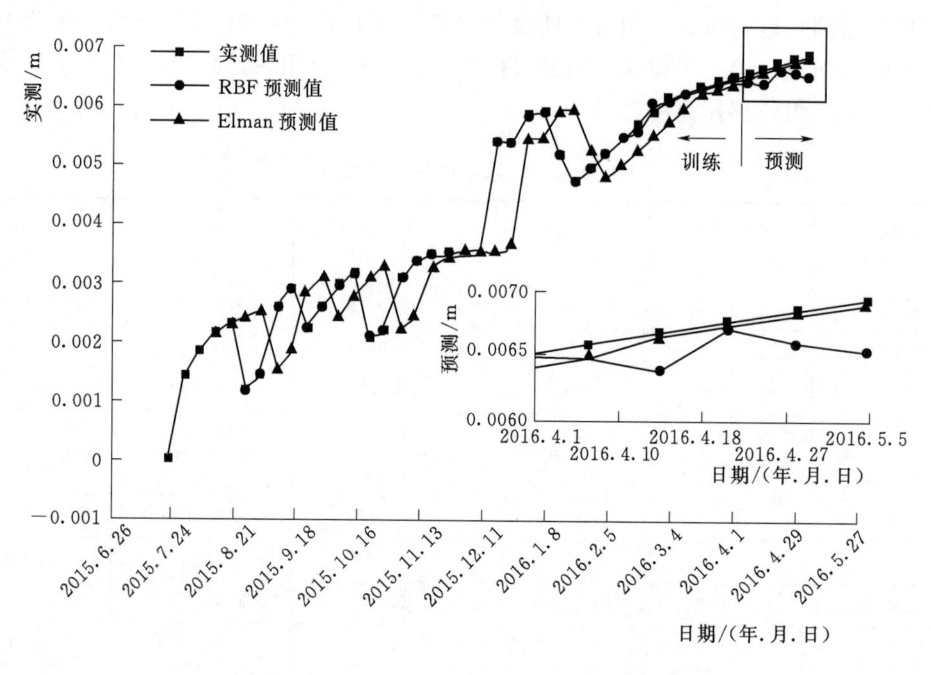

图 5.44　实际位移与两种预测位移对比图

5.5　滑坡时间预报模型与案例

本节将滑坡时间预报的 Verhulst 灰色模型、GM(1,1) 模型、日本斋藤的蠕变模型运用到黄茨滑坡时间预报实例中。另外，在 5.4 节中提到边坡预测预报方法研究工作分为两类：一类是基于地质灾害历史位移信息，可以结合室内模型试验而展开的模型预报方法，即基于位移的预测方法；另一类是基于对降雨量、地下水位、库水位等诱发因素的观测信息，研究诱因与预测目标在时间上的对应关系建立的统计关系或者非线性映射，即基于预测目标—诱发因素的多指标预测方法。

位移是滑坡变形的最直观信息，利用边坡监测得到的位移值建立边坡预测模型，有助于更准确地把握边坡未来的发展趋势。因此，收集了新滩滑坡、华光谭水电站厂房边坡、古树屋滑坡、垮梁子滑坡、小浪底大柿树滑坡、大水田滑坡、木鱼包滑坡共 7 个滑坡案例，基于位移或者位移—诱发因素分别运用上节中的各类神经网络预测模型（BP 神经网络模型、RBF 神经网络模型、Elman 神经网络模型、动态 Narx 神经网络模型）和 VRM 预测模型进行预测，并对比预测精度。

5.5.1　基于宏观变形的经验预报方法

边坡的失稳破坏之前一段时间往往已经出现蠕变或渐进变形和脆性断裂损伤，这些变形破坏现象信息可以通过观察或者监测边坡表层和地下位移得到，甚至可由坡体破裂处的崩塌土体或前兆落石确定是否发出预警指示。边坡岩体的变形不仅仅表现为弹性和塑性，而且具有流变性质。流变特性决定了边坡的位移变形随时间逐渐增加，也就是说，即使开

挖、锚杆施工等结束，外界荷载恒定，边坡内部依然可能会变形。根据应变速率和老化对岩土体强度和变形性质的影响研究，已经证实大多数滑坡的形成机制可以由蠕变理论解释。根据这一理论，利用平滑处理后的累计位移时序资料进行定量判定。监测数据经滤波处理后，随机波动性将大大降低，其历时曲线变成一条光滑曲线，人们可以建立早期滑动的蠕变方程来预测滑坡。通常的蠕变模型中，土体蠕变过程中蠕变-时间曲线可分为 3 个阶段（图 5.45）。因为随着变形阶段和预测目标的不同，预测方法也各异，对于多数渐变型滑坡预测的模型建立是基于判断滑坡变形进入加速变形阶段为前提，采用一定的预报模型进行拟合外推预报未来的位移，需先判断滑坡变形所处阶段。

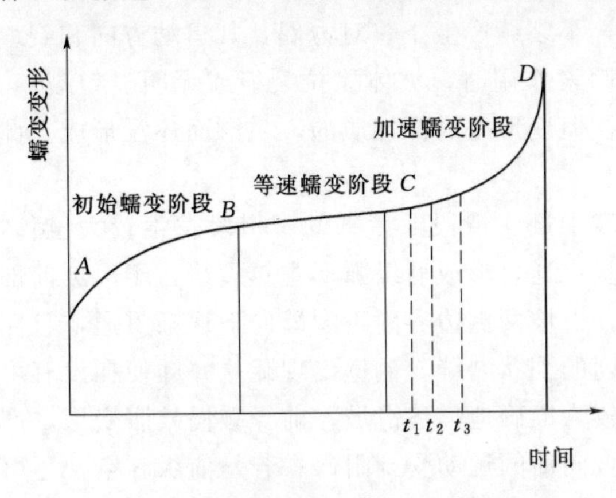

图 5.45 蠕变型滑坡蠕变-时间三阶段曲线

图 5.45 中，初始蠕变阶段（AB 段），滑坡岩土体蠕动变形减速式发展，蠕变曲线斜率逐渐减小；等速蠕变阶段（BC 段），蠕变曲线近似为一缓倾直线，蠕变速率保持一致水平；加速蠕变阶段（CD 段），岩土体变形速率自 t_3 点开始迅速增加，蠕变曲线斜率也快速变大，直到破坏点 D。但同时值得注意的是，实际监测都是由多个监测点组成，应区别对待各点变形演化的共性和个性特征。大量监测实例表明上述边坡变形三段式规律符合大多数重力致滑坡的变形演化曲线，具有一定的普适性。但通常在已知滑坡变形情况之后才采取位移监测手段所获得的时间曲线并不会都具有完整的三段式变形特征。另外，在不同强度和周期的外部诱发因素作用下，滑坡变形加快，曲线会出现不规则的“阶跃型”特征，有时在可逆性的外部因素作用下，导致变形曲线出现“震荡性”特征。因此，熟练掌握变形各阶段特征，抓住边坡失稳之前的加速现象（Nishii 等）[177]是边坡失稳预报的重要手段。例如，当滑坡未进入加速阶段，对其预测则属于长期预测范围，预测的目标即为加速变形起始点的时间；反之，若滑坡已进入了加速变形阶段，对其预测则属于临滑预报，预测目标也变为滑坡整体或关键部位失稳的预警预报。

滑坡变形是个动态过程，一切滑坡调查都必须从认识边坡破坏条件和已有的大大小小形迹开始，宏观变形和变形破坏迹象从始至终都是边坡演化发展阶段进行时间和空间分析的极为重要的环节，是滑坡预测预报的重要依据，根据宏观变形和变形破坏迹象可以大致判别滑坡的变形阶段，且只有对各个阶段变形有清晰的了解，才能认识灾害防治的轻重缓急，针对各阶段对症下药。许多场合下，如降雨、地震、冲刷或人类工程的不合理开挖和加载，造成边坡体内部产生应力调整，某个区域产生应力集中现象，致使该区域的滑带剪应力超过自身抗剪强度时，会产生不可逆的塑性变形，坡体松弛区不断扩大，应力降低。即在应力不变情况下随时间延续变形缓慢增加的蠕变现象；或者应变保持不变时，随着时间延续，应力逐渐减小的松弛现象交替作用，坡体裂缝由断续分布向贯通性分布发展。一般而言，不同阶段中的边坡具以下变形特点[178-179]：

(1) 初始蠕变阶段。边坡变形初期最先是变形区中的相对刚性建（构）筑物表现出变形，如墙体、公路、水井等开裂。变形发展到一定程度后表层松散土体也开始出现明显的裂缝，尤其是边坡后缘的拉张裂缝，发育的裂缝张开度小、长度短，以近似阶梯状排列，这对潜在的和刚开始的滑坡的识别特别重要，小裂缝产生于一对力偶，其运动方向和裂缝方向间的夹角因位置而异，在没有外部诱发因素作用时，坡体无拉裂缝或无明显拉裂缝；在有外部诱发因素作用时，坡体极缓慢变形，但变形是局部性质的，主滑面还没形成。此时坡体处于稳定—基本稳定状态。

(2) 等速蠕变阶段。随着变形发展，滑坡中部主滑段及后部的牵引段发生较大位移，地表裂缝也增多、变大，尤其是后缘裂缝逐步贯通，形成后缘弧形主拉裂缝，于滑坡前部的抗滑段滑面逐渐形成，在上部滑体挤压下，滑坡两侧边界附近裂缝向下逐渐贯通，且侧翼的剪张裂缝向后缘扩展缘，形成雁列状排列的羽状裂缝，侧壁出现陡坎，即使在没有可见位移的情况下，用阶梯状排列的裂缝也能较为准确地描述滑坡；前缘缓慢鼓胀变形，产生轻微的隆胀和扇形裂缝，这种现象反映滑坡向前的运动受到阻碍；若是前缘临空，还可能看到剪出口剪出。该阶段变形主要是后部和中部滑体缓慢向下、向前变形，前缘受到挤压而逐渐上拱，滑面全断面逐步贯通，在有诱发因素作用时，滑坡有加速变形的可能，此时坡体处于不稳定状态。

(3) 加速变形与临滑变形阶段。随着变形发展，不同性质的裂缝已经完全贯通，滑坡体在重力及其他作用下发生整体滑动变形，滑坡前缘中部后部位移及滑动速度基本同步变化，滑坡周界圈闭，雁列裂缝发生错断现象，出现整体向外滑动迹象。到临滑之前的短时间内，坡面尤其是沿着剪出口部位和后壁会出现小型崩落，滑坡后不出现反坡平台，甚至滑坡塘等现象，前缘迅速隆起或反翘出现明显较两侧地貌凸出的滑坡舌形态，并使前部河流受阻后发生弯曲改道。这也是判断老滑坡的主要地形特征之一。各种前兆特征出现，如潜在滑动面附近出现地下水突然增大或者突然减小的迹象，但部分滑坡会出现后缘裂缝逐渐闭合现象，如 1983 年甘肃洒勒山滑坡在整体滑动之前会出现后缘裂缝逐渐闭合现象。此时滑坡灾害形成条件和诱发条件都不利于坡体稳定是滑坡能量充分释放的阶段，滑坡的阻力已由坡体的内摩擦转换为外摩擦，坡体变形加速，即将失稳，有些大型滑坡的滑动过程还伴随气浪、巨响等现象，坡体处于危险—极危险状态。

分阶段进行预报可以达到减少漏报、误报目的，其中的短期和临滑预报阶段中，获取足够准确的滑坡地质体内部信息和诱发因素信息能得出相对确定的滑坡位移变化趋势，此时滑坡剧滑时间预报更加具有现实意义以及实现的可能性。临滑阶段的预报对象为具有变形陡然增加特征和较明显的滑坡前兆现象的单体滑坡，多基于前期试验与观测数据，如滑坡位移、地下水位或水化学场监测数据等积累的经验，得到滑坡诱发因素与滑坡变形的统计学关系，对处于加速变形阶段的滑坡整体失稳时间进行推断。

滑坡由蠕变到急剧变形主要源于边坡剪应力场的变化、孔隙水压力的变化，以及地质体中临界滑动面随时间的贯通、移变。当边坡处于稳定状态时，岩质边坡扰动的时效变形基本结束后的蠕变变形量很小，且处于稳定蠕变阶段；随着变形的发展，当边坡处于非稳定状态时，时效变形会继续发展，从而使边坡进入加速蠕变阶段，最终发生失稳破坏，到一定阶段时，岩体发生破坏，且蠕动速率在滑坡发生之前将随着造成诱发因素作用强度的

增加而增加。胡高社等[180]提出了以滑坡开始变形直至最终破坏过程中所表现出来的各种宏观前兆、迹象等为判据，得到与新滩滑坡特征相适应的4个宏观预报阶段（表5.20），可以消除某一特殊因素对滑坡预报的不利影响，便于从整体角度出发，准确地预报滑体目前所处的变形阶段，为准确地预报滑坡失稳时间服务。

表5.20　　新滩滑坡的4个宏观预报阶段（胡高社等[180]）

预报阶段 宏观迹象	蠕动阶段 （1979.8前）	等速变形阶段 （1979.8—1982.7）	加速变形阶段 （1982.7—1985.5）	急剧变形阶段 （1985.5—6.11）
裂缝	主滑区地表局部出现近南北向的长大裂缝	于雨期原地表裂缝复活，有新的扩展变形迹象	后缘及两侧出现羽状裂缝，并逐渐扩展，趋于连通，呈整体滑移边界条件	裂缝形成弧形拉裂圈，并急剧扩展，新裂缝不断产生
隆起与沉陷	无明显隆起与沉陷现象	滑体局部有小的隆起与沉陷变形	滑体后部拉张下沉，前缘坡脚鼓胀	滑体后部急剧下沉，局部出现鼓包
崩塌	滑体后缘、西侧上方的危岩有小崩塌	滑体后缘广家崖逐年崩塌加载，量达 $1.6\times10^6\mathrm{m}^3$		
变形量	变形微弱，月变形率小于10mm，坡体向下蠕动	变形量逐渐增大，10mm≤月变形率<50mm，近似匀速运动	变形量显著增大，50mm≤月变形率<100mm，蠕变曲线呈不可逆的增值现象，位移矢量角显著变化	变形量急剧增大，位移趋于峰值，月变形量≥100mm，蠕变曲线出现拐点，斜率趋于90°
变形量与降雨量的关系	变形与降雨关系不明显	当月降雨量大于200mm时，变形出现突变，且有滞后现象	当月降雨量小于200mm时，出现突变，滞后期缩短	变形与降雨同步
其他	滑体后缘和西侧逐年崩塌加载堆积使边坡开始蠕动变形	1982年3—5月，主滑区姜家坡陡坎坍塌 $3\times10^4\mathrm{m}^3$	主滑区坡体上树木向南倾斜，前缘率先出现崩滑体	出现地微动、地声、地热及经纬仪气泡整置不平等异常

从位移历时曲线特征来看，一方面，边坡变形从等速变形到加速变形阶段的一个显著特点就是位移时间曲线的斜率发生明显变化，所以可以同时分析变形速率—时间曲线和变形—时间曲线，根据两条曲线特点共同判断边坡所处的变形阶段；另一方面，根据变形—时间曲线切线角线性拟合可以判断边坡演化阶段（李天斌等）[181]，斜率值 A 的计算方法如下：

（1）监测时序为等间隔，则计算公式为

$$A=\frac{\sum_{i=1}^{n}(a_i-\overline{a})\left(i-\frac{n+1}{2}\right)}{\sum_{i=1}^{n}\left[i-\frac{(n+1)}{2}\right]^2} \tag{5-19}$$

（2）监测时序为非等间隔，则计算公式为

$$A=\frac{\sum_{i=1}^{n}(t_i-\bar{t})(a_i-\bar{a})}{\sum_{i=1}^{n}(t_i-\bar{t})} \tag{5-20}$$

其中

$$\alpha_i=\arctan\frac{x(t_i)-x(t_{i-1})}{B(t_i-t_{i-1})} \tag{5-21}$$

$$B=\frac{x(t_n)-x(1)}{(t_n-t_1)} \tag{5-22}$$

式中　α_i——根据累计位移-时间曲线计算某时刻 t_i 处的累计位移 $x(i)$ 的切线角；

B——比例尺度。

切线角 α_i 的线性拟合方程斜率 A 为

$$A=\frac{\sum_{i=1}^{n}(\alpha_i-\bar{\alpha})\left(i-\frac{n+1}{2}\right)}{\sum_{i=1}^{n}\left(i-\frac{n+1}{2}\right)^2} \tag{5-23}$$

式中　$\bar{\alpha}$——切线角的平均值。

则 $A>0$ 成为等速变形阶段与加速变形阶段的定量判断依据。

5.5.2　滑坡时间预报模型

5.5.2.1　Verhulst 模型

德国生物学家 Verhulst 依据生物的生长过程经历发生、发展到成熟 3 个阶段，于 1987 年提出了 Verhulst 生物生长模型，由于滑坡系统的孕育演变规律与生物生长、发展、成熟的规律相似，因此 Verhulst 生物生长模型在预测中有相当广泛的应用，在滑坡预测中也不例外。晏同珍于 1988 年依据滑坡的变形演变过程，将 Verhulst 模型引入滑坡预测预报领域[182]。

设 $x^{(0)}$ 为原始监测的非负数列 $x^{(0)}=\{x_1^{(0)},x_2^{(0)},x_3^{(0)},\cdots,x_n^{(0)}\}$，经一次累加生成后，其均值生成算式为 $[x^{(1)}(k+1)+x^{(1)}(k)]/2$。对于 Verhulst 生物生长模型，Verhulst 模型的微分方程形式为

$$\frac{\mathrm{d}x}{\mathrm{d}t}=ax-bx^2 \tag{5-24}$$

式中　a、b——系数，随不同的滑坡类型和不同的滑坡位移阶段而变化，可用灰色系统原理进行求解。

若用 x 代表滑坡的位移，则式（5-24）中左边为位移随时间变化的速率，并且位移速率在初始阶段（x 较小时）随位移的增大而增大。当位移增加到某一量值时，$\mathrm{d}x/\mathrm{d}t$ 达到极大值，随后阶段的位移速率减缓。用 $\mathrm{d}x/\mathrm{d}t$ 达到极大值的时间作为滑坡快速滑动时间的预测值，其初期 $\mathrm{d}x/\mathrm{d}t$ 的增长过程反映滑坡自身演化的进程（如所熟知的滑坡加速位移阶段）。

式（5-24）的解为

$$x=\frac{\frac{a}{b}}{1+\left(\frac{a}{bx_1}-1\right)\mathrm{e}^{-a(t-t_1)}} \tag{5-25}$$

式中 x_1——初始位移值；

t_1——初始时间。

当 $x=a/2b$ 时，$\mathrm{d}x/\mathrm{d}t$ 为最大值，所对应的时刻 t_r 为滑坡发生时间的预测值。

$$t_r=-\frac{1}{a}\ln\left(\frac{bx_1}{a-bx_1}\right)+t_1 \tag{5-26}$$

如果滑坡位移观测数据的时间间隔为 Δt，则预测方程可写为

$$t_r=-\frac{\Delta t}{a}\ln\left(\frac{bx_1}{a-bx_1}\right)+t_1 \tag{5-27}$$

滑坡位移监测数据（等时间距$=\Delta t$）为 $x_1^{(0)}$，$x_2^{(0)}$，$x_3^{(0)}$，…，$x_n^{(0)}$，对滑坡位移监测数据进行累加生成处理（AGO），得到累加生成数列：$x_1^{(1)}$，$x_2^{(1)}$，$x_3^{(1)}$，…，$x_n^{(1)}$。

根据原始观测数据和累加生成数列建立的矩阵 $\boldsymbol{A}$、$\boldsymbol{B}$ 为

$$\boldsymbol{A}=\begin{bmatrix}\frac{1}{2}(x_1^{(1)}+x_2^{(1)})\\ \frac{1}{2}(x_2^{(1)}+x_3^{(1)})\\ \cdots\\ \frac{1}{2}(x_{n-1}^{(1)}+x_n^{(1)})\end{bmatrix},\quad \boldsymbol{B}=\begin{bmatrix}-\left[\frac{1}{2}(x_1^{(1)}+x_2^{(1)})\right]^2\\ -\left[\frac{1}{2}(x_2^{(1)}+x_3^{(1)})\right]^2\\ \cdots\\ -\left[\frac{1}{2}(x_{n-1}^{(1)}+x_n^{(1)})\right]^2\end{bmatrix} \tag{5-28}$$

$$Y_n=[x_2^{(0)},\quad x_3^{(0)},\quad \cdots,\quad x_n^{(0)}]^{\mathrm{T}} \tag{5-29}$$

a、b 系数根据下式求解：

$$\begin{bmatrix}a\\ b\end{bmatrix}=[(\boldsymbol{A}\mid\boldsymbol{B})^{\mathrm{T}}(\boldsymbol{A}\mid\boldsymbol{B})]^{-}(\boldsymbol{A}\mid\boldsymbol{B})^{\mathrm{T}} \tag{5-30}$$

式中 $(\boldsymbol{A}\mid\boldsymbol{B})$——矩阵 $\boldsymbol{A}$ 和 $\boldsymbol{B}$ 的合矩阵。

Verhulst 预测模型运用到较多滑坡预测中，如新滩滑坡、黄龙西村滑坡、Vaiont 滑坡、鸡鸣寺滑坡、黄茨滑坡等，取得了极高的预测精度。目前多数研究表明，Verhulst 模型适用于短期或临滑预报时的效果较好。

5.5.2.2 GM（1,1）模型

灰色系统理论是我国著名学者邓聚龙教授于 1982 年创立的一门新兴学科，它在滑坡位移预测领域的基本思路是：视边坡为灰色系统，通过对“部分”已知位移监测时序信息进行灰色生成，使之变为一递增时间序列，然后用适当的曲线逼近，以此作为预报模型对系统进行预测预报，提取有价值的信息。

1988 年，陈明东、王兰生教授结合边坡变形破坏机制，首次将灰色系统理论中的 GM（1,1）模型法引入边坡位移-时间曲线的拟合外推，提出了边坡变形破坏的灰色预报方法[104]。滑坡位移 GM（1,1）模型的建模方法如下。

一般来说 GM（1,1）模型的白化形式的微分方程为

$$\frac{\mathrm{d}x^{(1)}}{\mathrm{d}t}+ax^{(1)}=u \tag{5-31}$$

式中 a——发展系数；

u——灰作用量。

以下为求解参数 a 和 u 的辨识问题。

假设给出原始位移数据列为

$$x^{(0)}(1),x^{(0)}(2),\cdots,x^{(0)}(t) \tag{5-32}$$

（1）作一次累加生成（1-AGO），即

$$x^{(1)}(t)=\sum_{i=1}^{t}x^{(0)}(i) \tag{5-33}$$

生成数据列为

$$x^{(1)}(1),x^{(1)}(2),\cdots,x^{(1)}(t) \tag{5-34}$$

（2）构造系统矩阵 B、Y_n 为

$$\boldsymbol{Y}_n=\boldsymbol{B}\begin{bmatrix}a\\u\end{bmatrix} \tag{5-35}$$

$$\boldsymbol{B}=\begin{bmatrix}-\dfrac{x^{(1)}(1)+x^{(1)}(2)}{2} & 1\\ -\dfrac{x^{(1)}(2)+x^{(1)}(3)}{2} & 1\\ \cdots & \cdots\\ -\dfrac{x^{(1)}(t-1)+x^{(1)}(t)}{2} & 1\end{bmatrix} \tag{5-36}$$

$$\boldsymbol{Y}_n=[x^{(0)}(2)\quad x^{(0)}(3)\quad \cdots\quad x^{(0)}(2)]^{\mathrm{T}} \tag{5-37}$$

（3）求系数向量为

$$\begin{bmatrix}a\\u\end{bmatrix}=[\boldsymbol{B}^{\mathrm{T}}\boldsymbol{B}]^{-1}\boldsymbol{B}^{\mathrm{T}}\boldsymbol{Y}_n \tag{5-38}$$

（4）求解单步位移一次累加后的预测目标值为

$$\hat{x}^{(1)}(t+1)=\left(x^{(0)}(1)-\frac{u}{a}\right)\mathrm{e}^{-at}+\frac{u}{a} \tag{5-39}$$

（5）对所得结果进行一次累减生成还原，即

$$\hat{x}^{(0)}(t+1)=\hat{x}^{(1)}(t+1)-\hat{x}^{(1)}(t)=(1-\mathrm{e}^{a})\left[x^{(0)}(1)-\frac{u}{a}\right]\mathrm{e}^{-at} \tag{5-40}$$

GM(1,1) 模型和 Verhulst 模型思路上是一致的。但其对滑坡时间预测预报存在时间可靠度的问题，前者适用于滑坡中短期预测，后者适用于临滑预测；前者依据变形速率最大值所对应的时间即为滑坡剧滑时间的理论（即位移-时间曲线在位移切线角α介于86°～89.5°时所对应的时间为滑坡剧滑），后者取滑坡运动加速度为零的时刻为剧滑时间 t_{r}。

$$t_{\mathrm{r}}=\frac{\ln\dfrac{\tan\alpha}{a\left[x^{(0)}(1)-\dfrac{b}{a}\right]}}{-a}>t_{\mathrm{n}} \tag{5-41}$$

式中　t_{r}——滑坡监测资料最后一个数据所对应的时间。

在实际应用方面，也取得了一些成功的范例，如黄龙西村滑坡、新滩滑坡、鸡鸣寺滑

坡等。但是，由于GM(1,1) 模型的预测值是一条光滑的曲线，灰色建模适用于原始位移数列为非负、等时距、指数变化的位移序列，对变形波动剧烈的情形预测精度较低，否则变形预测中可能出现较大误差。因此，灰色系统对较复杂非线性问题预测效果常不好。

5.5.2.3 蠕变模型

边坡失稳时间预测的有效性几乎完全取决于监测时间跨度。因此，在实际工程中，一旦发现边坡岩土体开始蠕变（会伴随岩土体开裂现象），就需要在开裂处设立位移监测点，需要将定性评价和定量分析结合起来综合判断滑坡所处阶段，在等速蠕变阶段不会滑坡。当坡体已经进入加速蠕变阶段，那么即可在此后的位移-时间曲线上任意截取相邻点间相对位移量 ΔD 相等的3个点 A_1、A_2、A_3，它们分别对应的时间为 t_1、t_2、t_3，则滑坡发生时间 t_r 可以利用作图法直接求出破坏时间。具体步骤如下：

（1）计算地面位移

$$x_1(t_1),\ x_2(t_2),\ x_3(t_3) \tag{5-42}$$

（2）计算平均速度的倒数

$$\frac{1}{v_1}=\frac{t_1-t_1}{x_2-x_1},\ \frac{1}{v_2}=\frac{t_3-t_2}{x_3-x_2} \tag{5-43}$$

（3）在日期-速率倒数图中画 $\left(\frac{t_2-t_1}{2},\ \frac{1}{v_1}\right)$ 得到 A 点，画 $\frac{t_3-t_2}{2}$，$\frac{1}{v_2}$ 得到 B 点。

（4）画直线连接 A 和 B。

（5）延长直线与横轴的交点 t_r 即为破坏时间。

蠕变模型是由室内实验和现场观测总结出的临滑预报模型，蠕变曲线和计算公式的物理意义明确，不过该模型以土体蠕变理论为依据，在一定的条件下建立的经验公式对岩质滑坡难以实施精确的时间预报。

5.5.3 滑坡时间预报案例分析

滑坡时间预报，即预报发生剧烈滑动的可能时间点或者时间段。空间预测是时间预报的先决条件，在空间预测之后，对部分经济效益不大，或虽然具有较好的经济效益但来不及治理的滑坡，应尽量预报发生剧滑的时间，以便及时转移避让，把潜在的损失降至最低，这是预测预报工作最重要的意义之一。通常而言，对单体滑坡的预报多指对滑坡事件发生时间的预报。不同的预测尺度所需信息源有所差别，预测精度及目标也有不同。根据预报的时间尺度，一般分为长期预报、中期预报、短期预报和临滑预报4个阶段。其中短期预测预报是指在滑坡体已经发生了明显的肉眼可观测到的变形等破坏迹象时，对滑坡体的短期内的变形行为或者破坏时间所做出的分析，其时间尺度一般在季度或者月之内，对应于理想蠕变曲线的匀速变形阶段的后期，以及部分的加速形变阶段所处的时期。临滑预测预报是指在滑坡体已经形成非常明显的变形等破坏迹象时，对滑坡体失稳剧滑时间所做出的分析，其时间尺度一般在日或者小时之内，对应于理想蠕变曲线的加速变形阶段。然而大量的研究与实践表明：由于滑体变形（位移）时序动态规律的随机性和复杂性，滑坡剧滑时间的中长期预报具有显著的不确定性，应该属于边坡稳定性预测与评估的研究范畴；而在短期和临滑预报阶段，滑坡位移时序变化已由不确定型向确定型或相对确定型转

化，此时滑坡剧滑时间预报才具有现实意义和实现的可能。滑坡临滑预测预报常用方法有：基于位移信息的Verhulst灰色模型、GM（1,1）模型、蠕变模型。这里主要介绍基于位移信息的Verhulst灰色模型、GM（1,1）模型、蠕变模型对黄茨滑坡进行临滑及短期预测预报。

根据滑坡位移信息开展滑坡灾害临滑时间预报，一般要采用滑坡加速位移阶段的数据方可取得理想的效果，而且是距离实际滑坡发生时间越近的数据，预测的精度就会越高。表5.21是黄茨滑坡后缘A7电子记录式位移计记录的滑坡发生前几天的位移观测信息，据观测数据开展滑坡灾害临滑时间预报研究的反分析。

根据表5.21所列数据，采用7个点的位移观测数据，数据观测的时间间隔为1d，t_1为1995年1月23日。

表5.21　　　　黄茨滑坡A7观测点日位移值

日期/(年.月.日)	1995.1.23	1995.1.24	1995.1.25	1995.1.26	1995.1.27	1995.1.28	1995.1.29
编号	1	2	3	4	5	6	7
位移/mm	7.0	7.0	6.0	3.0	9.0	8.4	8.0

1. Verhulst灰色模型

按照Verhulst灰色模型建模的步骤建立预测方程，得

$$a=0.295563,\quad b=0.001774$$

将a、b代入式（5-41）得到该滑坡的时间预测方程为

$$t_r=-\frac{1}{0.295563}\ln\left(\frac{0.001774\times7.0}{0.295563-0.001774\times7.0}\right)+1995.1.23 \tag{5-44}$$

预测的滑坡发生时间为1995年1月31日13时55分。根据表5.22所列数据，采用B2监测点的7个点的位移观测数据，数据观测的时间间隔为1d，t_1=1995年1月23日。

表5.22　　　　黄茨滑坡B2观测点日位移值

日期/(年.月.日)	1995.1.23	1995.1.24	1995.1.25	1995.1.26	1995.1.27	1995.1.28	1995.1.29
编号	1	2	3	4	5	6	7
位移/mm	3.2	4.6	6.3	6.1	6.8	7.5	7.5

按照Verhulst灰色模型建模的步骤建立预测方程，得

$$a=0.625778,\quad b=0.0024$$

将a、b代入式（5-40）得到该滑坡的时间预测方程为

$$t_r=-\frac{1}{0.625778}\ln\left(\frac{0.0024\times3.2}{0.625778-0.0024\times3.2}\right)+1995.1.23 \tag{5-45}$$

预测的滑坡发生时间为1995年1月30日0时18分。

2. GM(1,1)模型

利用1994年11月25日—12月21日监测数据进行滑坡短期预测，得到结果见表5.23。

表 5.23　　基于 GM(1,1) 模型预测结果

观测点	切线角 α /(°)	监测时间 /(年.月.日)	a	b	预测时间 /d	误差 /d
B2	86	1994.11.25—12.3	0.0218	2.0902	88.4844	−22.4844
	87				101.6837	−35.6837
	88				120.2583	−54.2583
	89				151.9598	−85.9598
	89.5				183.5904	−117.5904
B2	86	1994.12.15—12.21	−0.0554	1.7783	36.0582	9.9418
	87				41.2602	4.7398
	88				48.5807	−2.5807
	89				61.0748	−15.0748
	89.5				73.5409	−27.5409
A7	86	1994.11.25—12.3	−0.008	2.0499	243.503	−177.503
	87				279.7108	−213.7108
	88				330.6642	−264.6642
	89				417.6272	−351.6272
	89.5				504.3957	−438.3957
A7	86	1994.12.15—12.21	0.2775	4.5778	5.2202	40.7798
	87				6.2586	39.7414
	88				7.7199	38.2801
	89				10.2139	35.7861
	89.5				12.7023	33.2977

3. 蠕变模型预测

蠕变模型主要适用于临滑阶段，据前述蠕变模型步骤，首先用地面位移数据计算出平均速度的倒数，然后画$\frac{1}{v_1}\sim\frac{t_2+t_1}{2}$得到 A 点，画$\frac{1}{v_2}\sim\frac{t_3+t_2}{2}$得到 B 点（其坐标见表 5.24）。画直线连接 A 和 B 后，延长直线与横轴的交点 t_r 即为破坏时间。

运用该模型对黄茨滑坡进行预报，选取 23 日、26 日、29 日 3 天数据进行蠕变破坏模型计算，计算结果见表 5.24 和图 5.46。

表 5.24　　蠕变模型计算表

时间	A7			B2		
	位移	A 坐标	B 坐标	位移	A 坐标	B 坐标
$t_1=23$	$x_1=7$	(24.5，0.1875)	(27.5，0.11811)	$x_1=3.2$	(24.5，0.176471)	(27.5，0.137615)
$t_2=26$	$x_2=23$			$x_2=20.2$		
$t_3=29$	$x_3=48.4$			$x_3=42$		

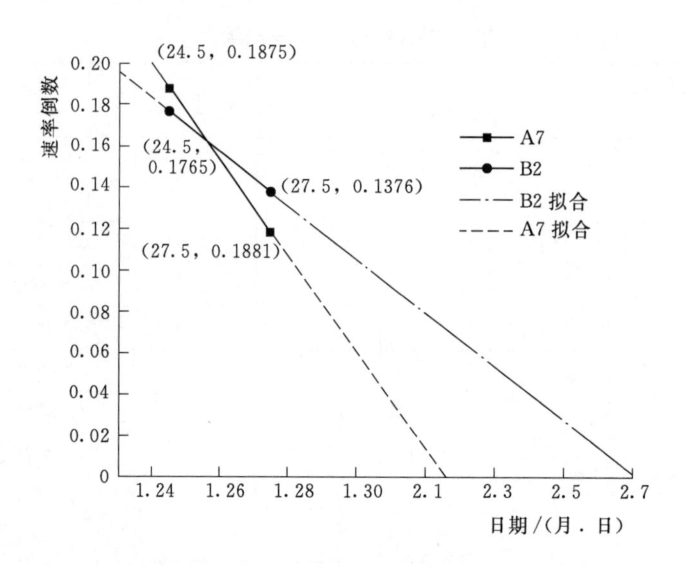

图 5.46 A7 和 B2 监测点蠕变模型

当 $y=0$ 时，x 分别等于 32.606、38.125，计算结果见表 5.25。

表 5.25 蠕变模型预测结果

监测点	A7	B2
t_r（预测值）	2月1日14时33分	2月7日3时00分

4. 时间预测效果分析

据上述结果，Verhulst 灰色模型和蠕变模型的预测结果见表 5.26。

表 5.26 Verhulst 灰色模型和蠕变模型的预测结果

方法	A7	B2
Verhulst 灰色模型	1月31日13时55分	1月30日0时18分
蠕变模型	2月1日14时33分	2月7日3时00分

从以上分析可以得到以下结论：

（1）基于位移信息的 Verhulst 灰色模型所作的临滑预报结果最为接近实际滑动时间。同一模型，所选数据相差不大，预测结果也会有所差别。

（2）应用斋藤的蠕变模型选取不同的数据作预测，其结果差异很大。

（3）GM(1,1) 模型中进行短期预报时，选择不同的监测点的预测效果差别较大。

通过对比可以得出 Verhulst 模型适宜于滑坡临滑预报，GM(1,1) 模型综合考虑了滑坡形成的影响因素，采用丰富量化的数学方程概化出预测预报关系，具有科学性和合理性，适用于中短期预测预报。

5.6 滑坡灾害预警预报判据及等级划分

5.6.1 基于层次分析法的气象降雨预警判据

5.6.1.1 基于气象降雨的预警判据

气象降雨是滑坡监测预警的重要工作对象，对降雨型滑坡预警预报研究已经成为滑坡领域的热门课题。降雨阈值方法是气象降雨预警的重要判据，是在研究与滑坡发生有关的某种阈值的基础上，将其作为降雨预报和雨量监测信息的参照来预测可能引发的滑坡。

有关引发滑坡的降雨阈值几乎都是通过研究已导致或可能导致滑坡的历史降雨事件来确定的。通常的做法是将引发滑坡的降雨条件标绘在笛卡尔坐标、半对数坐标或双对数坐标上，以数据分布的下部界线作为阈值，即引发滑坡的降雨下限或临界降雨量。这里所说的“临界降雨量”，指从降雨强度开始明显增大（“0点”）到滑坡（第一次）发生时的降雨量，在累积降雨曲线上表现为降雨强度快速增大导致的斜率急剧变化。实际上在大多数情况下，引发滑坡的降雨阈值是凭直觉勾画的，亦即没有任何严格的数学、统计学或物理标准。因此，在一些文献中将现有的通过分析历史数据确定的降雨阈值称为经验性降雨阈值。

对于如何表示可能（或不可能）引发滑坡的降雨条件，至今尚无一致的特征变量和度量单位。由于不同的研究者对引发滑坡所必需的降雨和滑坡变量的描述相互不一致，还难以对各种经验性的降雨阈值进行比较。国内外学者对降雨与滑坡的关系研究主要从以下两个方面开展：①研究引发滑坡的降雨强度阈值；②研究降雨时段与滑坡发生的关系，即滑坡与前期降雨条件的关系。

1. 降雨强度阈值

通过引发或未引发滑坡的降雨数据分析，对可能引发滑坡的降雨进行预报时需要确定降雨强度。降雨强度可以是某一给定时期内的累计降雨量，或降雨速率，通常是以mm/h作为度量单位。根据观测时间的长短，降雨强度可以用于对降雨量的“瞬间”测量，也可以用小时（小时强度）、天或者更长时间段的平均值来表示。对于长的观测时段，以“平均”值表示的降雨强度低于观测时段内出现的峰值（最大）降雨量。因此，短时段和长时段观测的降雨强度的物理含义有很大区别。这使得基于降雨强度的降雨模式在降雨持续时间的尺度范围上会变得很复杂。

目前，结合降雨观测，通过对个别或多起过程降雨分析，得到的可能（或不可能）引发滑坡的降雨阈值主要为降雨强度-持续时间阈值。通过滑坡与降雨数据记录，绘制引起滑坡的平均降雨强度-持续时间关系曲线（Intensity - Durationcurve，$I-D$ 曲线），$I-D$ 曲线是目前使用最为广泛、认可度最高的降雨阈值形式，是最常用的降雨临界值确定方法，可表示为

$$I=c+\alpha D^{\beta} \tag{5-46}$$

式中 I——诱发滑坡事件的平均降雨强度，mm/h；

D——诱发滑坡事件的降雨持续时间，h；

α、β——统计参数；

c——系数，$c \geqslant 0$。

1980 年 Caine[183] 将降雨持续时间引入到降雨阈值的表达形式中，将降雨阈值从状态概念拓展为过程概念，使得降雨阈值从滑坡预警系统各项阈值中独立出来。分析 73 个降雨导致浅层滑坡和泥石流典型案例的降雨数据，绘制降雨强度-持续时间散点图，拟合出上下包络线，作为降雨致浅层滑坡预警的降雨阈值，即 $I-D$ 曲线，如图 5.47 所示。这种方式的好处在于：降雨持续时间既能表示降雨的时间效应，又能反映降雨强度涵义——降雨持续时间较短时对应降雨强度特征，降雨持续时间长对应累积雨量。基于诱发滑坡的降雨数据，Caine 建立滑坡降雨阈值，其表达式为

$$I=14.82D^{-0.39} \tag{5-47}$$

由于地域限制，式（5－47）的取值只能作为参考，但 Caine 建立降雨阈值的思路在后来的研究中得到广泛的应用，其意义远大于其给出的降雨阈值本身。

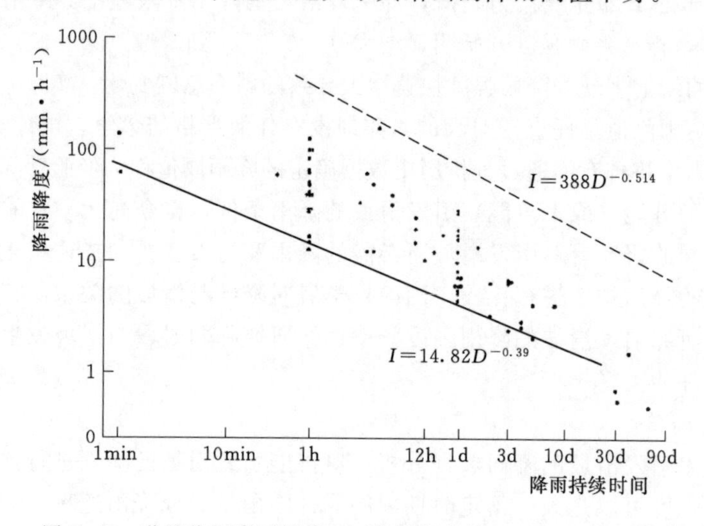

图 5.47　世界范围降雨阈值双对数坐标统计（Cane，1980）[183]

李巍岳等[184] 收集我国 2005—2011 年 6—9 月的降雨量及典型滑坡分布资料，统计拟合降雨强度与持续时间的关系，得到 $I-D$ 曲线（图 5.48）。图中横坐标为降雨持续时间，纵坐标为降雨强度，基于式（5－48）的指数关系，引入介绍的 60 起降雨滑坡，拟合得到 $I-D$ 曲线。其中，圆圈表示 60 起滑坡事件，其对应的坐标表示发生滑坡时，降雨持续时间与从降雨开始到发生滑坡时的平均降雨强度。其中，60 起滑坡数据的平均降雨强度小于 25mm/h，降雨持续时间为 3～45h。

图 5.48 中显示，滑坡发生时的降雨强度与降雨持续时间成反比关系，拟合得到的 $I-D$ 曲线的函数关系为

$$I=85.72D^{-1.15}(3<D<45) \tag{5-48}$$

李巍岳还结合影响滑坡产生的 9 个重要滑坡内部因子（岩性、凹凸性、坡度、坡向、高度、土壤性质、植被覆盖度、水系及断裂带分布），通过寻找滑坡历史记录在滑坡内部因子中出现的概率，利用构建的 BP 神经网络训练，得到了 9 个重要滑坡内部因子的权

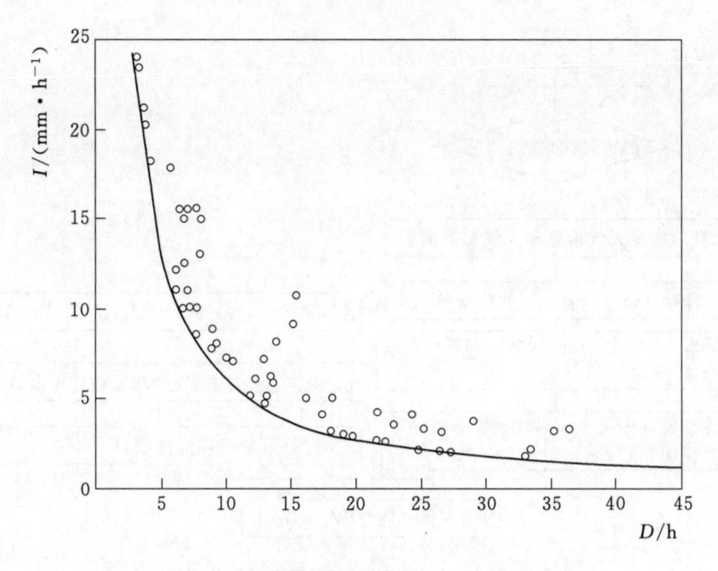

图 5.48 滑坡事件中的 $I-D$ 曲线[184]

重，基于 GIS 空间分析中的图层叠加功能，得到了我国滑坡敏感性分布，当敏感性较高区域的 $I \geqslant 85.72D^{-1.15}$ ($3<D<45$) 时，降雨阈值超过了公式中的 $I-D$ 阈值，则说明此时会产生降雨滑坡。

2. 前期降雨条件

地下水位和土壤含水量是影响边坡稳定的两个重要因素。地下水位、土壤含水量的地理模式和时间演化与降雨、温度等许多因素有关，要确切了解是非常困难的，但是前期降雨条件会对地下水位和土壤含水量产生影响是必然的。一些研究者提出根据前期降雨条件预测发生滑坡的时间（这里的前期降雨一般指一次过程降雨前的降雨）。前期累积降雨量可以为一场连续降雨之前 14 天期间所降的雨量，而一场连续降雨是指一次集中降雨事件的前后各 24h 没有降雨（或降雨小于 4mm)。

综合国内外学者的研究成果，在研究降雨与滑坡的关系方面，虽然在某些方面还有争议，但在以下方面还是达成了共识：①降雨强度和前期降雨量两个降雨指标与滑坡灾害有很大关系；②没有适用于各地的一个降雨阈值，不同地区滑坡类型不同，降雨阈值也不相同。

5.6.1.2 基于层次分析法的降雨预警分析

以某降雨滑坡预警工程为例，基于层次分析法进行风险指标计算和预警等级划分。预警思路为：①分析滑坡主要评价因素及评分等级；②采用层次分析方法，获得因素比较矩阵，计算滑坡危险性指数；③计算降雨指数；④由危险性指数和降雨指数计算预警指标，判断所属预警等级。其预警流程如图 5.49 所示。

1. 滑坡主要评价因素及评分等级

基于降雨量监测和预报 1h 降雨量，可以计算以下内容：

(1) 前期降雨过程进入岩土体降雨量的经验公式为

$$r_a = kr_1 + k^2 r_2 + \cdots + k^n r_n \tag{5-49}$$

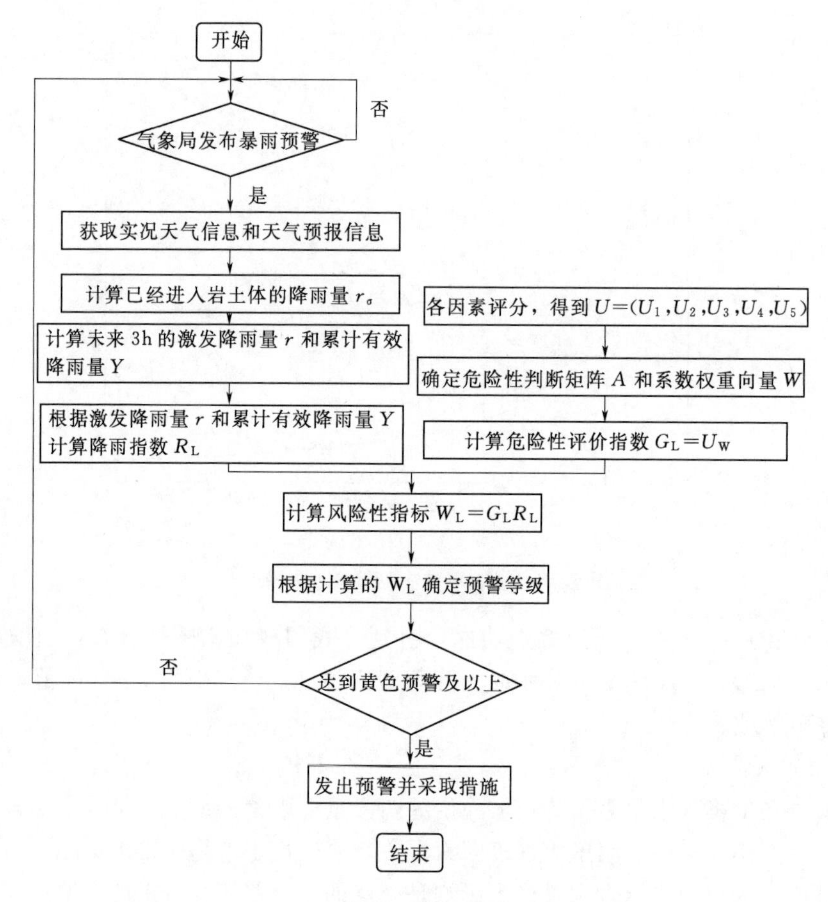

图 5.49 基于层次分析法的降雨预警流程

式中 r_a——当天前期有效降雨量；

r_n——前 n 天的降雨量；

k——系数，k 取 0.84。

（2）根据预报，未来1h激发雨量为

$$r=Y_1+R_{23} \tag{5-50}$$

式中 Y_1——未来1h降雨量预报值；

R_{23}——前23h累积降雨量。

（3）未来1h实际有效累积降雨量 Y 为

$$Y=r+r_a=Y_1+R_{23}+r_a \tag{5-51}$$

边坡变形破坏影响因素的内因和外因主要有地层岩性、地形地貌、岩土体结构、地质构造、地下水作用等。通过分析，该场地滑坡影响因素主要为岩土体、地形地貌、植被条件、水文条件、地质构造，本文采用经验评分的方式，对这些影响因素进行量化分析。

对于坡体结构条件，据文献［185］列出定性的、无覆盖层条件下层状岩质边坡类型与稳定性见表5.27，I是软弱结构面倾角，S 是坡角 φ_t 是崩塌发生时的新生贯通面倾角，φ_c 是滑坡发生时滑面的综合内摩擦角。其分级按照、较差—差、较差、较好、好分别赋值

5、4、3、2、1。

表 5.27 层状岩质边坡类型与稳定性（陈喜昌等[185]，略修改）

坡体结构类型			坡体稳定性
平叠坡	I_1^1	平缓层状边坡（$I<10°$）	好
横向坡	I_2^1	缓倾贯通面横向坡（$I<\varphi_c$）	好
	I_2^2	陡倾贯通面横向坡（$I>\varphi_c$）	较好
顺向坡	I_3^1	倾伏坡（$S<I$，$I<\varphi_t$）	好
	I_3^2	陡立倾伏坡（$S<I$，$I<\varphi_t$）	差
	I_3^3	缓倾角等倾坡（$S\approx I$，$I<\varphi_c$）	较好
	I_3^4	陡倾角等倾坡（$S\approx I$，$I>\varphi_c$）	较差
	I_3^5	缓倾角超倾坡（$S>I$，$I<\varphi_c$）	较好
	I_3^6	陡倾角超倾坡（$S>I$，$I>\varphi_c$）	差
逆向坡	I_4^1	完整性好，软弱结构面倾角较缓的反倾坡（$I<45°$）	好
	I_4^2	软弱底座或软弱结构面倾角较陡的反向坡（$I<45°$）	较好
斜交坡	I_5^1	趋优斜向坡（$I<\varphi_c$，接近 I_2^1、I_3^1、I_3^3、I_3^5、I_4^1）	好-较好
	I_5^2	稍劣斜向坡（$\varphi_c<I<45°$，接近 I_3^4、I_3^6、I_4^2、I_6）	较差
	I_5^3	趋劣斜向坡（$I>45°$，接近 I_2^2、I_3^4、I_3^6、I_4^2、I_6）	差
特殊结构	I_6	裂隙密集、断层发育带等	较差-差

对于岩土体、软弱结构面、地下水及排水设施的具体描述和评分标准借鉴前人研究[186]，见表 5.28。

表 5.28 U_1～U_4各因素评分标准（文献［186］、［187］，略修改）

等级	岩土体（U_1）	软弱结构面（U_2）	层状坡体类型（U_3）	地下水及排水设施（U_4）
5	岩体破碎严重，表层风化严重	软弱结构面连通，其间为各种成因的蒙脱土、高岭土、伊利石及水云母等黏性夹层所充填，夹层较厚，滑动时夹泥层起控制作用	差	附近有常年径流，地下水埋藏浅，基本无排水设施，排水较差
4	岩体破碎较严重，表层风化较严重	岩石为软弱岩类，强风化，结构面连通，岩壁间有各种成因的泥膜或为非黏性夹层，具有很薄的泥化层面，断层糜棱岩带等，其中泥化夹层起控制作用	较差—差	地表附近常年径流，汇水面积大，设施功能不健全，排水一般
3	岩体破碎一般，表层风化少	岩石为较软岩，风化明显，软弱结构面连通，其间为各种成因的岩屑及其他物质充填，泥质含量重，充填物起控制作用，富水程度较高；或为紧密接触的层面、整合面，以及千枚岩、片岩、板岩、泥岩等的片理面、劈理面及页理面	较差	低洼处有泉水出露，汇水面积较大，设施基本符合排水要求，排水较好

续表

等级	岩土体 (U_1)	软弱结构面 (U_2)	层状坡体类型 (U_3)	地下水及排水设施 (U_4)
2	岩体基本完整，表层基本无风化	岩石为坚硬—较坚硬岩类，弱风化，软弱结构面连通，闭合—微张，岩壁较粗糙，岩壁部分直接接触，部分为物质充填，充填物一般为强度较高岩屑或角砾，结构面不富水；断层影响带、挤压紧密的压碎岩带和片麻岩构造带等	较好	地表附近存在径流，地下水埋藏较深，设施较完善，排水较好
1	岩体完整，表层无风化	岩石为坚硬岩类，微—弱风化，结构面连通，岩壁粗糙，紧密闭合，无任何充填物质，结构面不富水	好	基本无径流，排水设施完善，排水良好，基本无汇水分布

对于地形地貌，根据表5.29用高填低挖比例、边坡高度与坡度这3个标准评价结果的平均值。

表5.29　地貌评价因素 U_5 评分取值[186]

评价等级	地貌单元		
	高填低挖比例/%	边坡高度/m	坡度/(°)
5	>80	>30	>35
4	60～80	20～30	30～35
3	40～60	10～20	25～30
2	20～40	5～10	15～25
1	<20	<5	<15

采用层次分析法，对滑坡评价因素的相对重要性进行两两比较，得到滑坡灾害危险性因素判断矩阵 **A**，取值标度及其含义见表5.30，$a_{ji}=1/a_{ij}$。使用规范列平均法计算系数权重，即有

$$w=\frac{\sum_{j=1}^{5}a_{ij}}{\sum_{i=1}^{5}\sum_{j=1}^{5}a_{ij}} \tag{5-52}$$

$$w=(w_1,w_2,w_3,w_4,w_5)^{\mathrm{T}} \tag{5-53}$$

表5.30　取值标度的含义

标度	含义
1	两个元素相比具有同等重要性
3	两个元素相比，一个元素比另一个元素稍微重要
5	两个元素相比，一个元素比另一个元素明显重要
7	两个元素相比，一个元素比另一个元素强烈重要
9	两个元素相比，一个元素比另一个元素极端重要
2，4，6，8	为上述重要性的中间判断

滑坡危险性评价指数 GL 为

$$G_L = Uw = w_1U_1 + U_2w_2 + U_3w_3 + U_4w_4 + U_5w_5 \tag{5-54}$$

2. 获得判断矩阵 **A** 和权重

根据层次分析法，对滑坡灾害危险性等级评价因素相对重要性进行两两比较，得到杆塔滑坡灾害危险性判断矩阵 **A**（表 5.31）。

表 5.31　滑坡危险性判断矩阵 **A** 各元素（a_{ij}）取值

i	j				
	1	2	3	4	5
1	1	0.2	0.33	0.33	0.5
2	5	1	4	3	2
3	3	0.25	1	0.5	3
4	3	0.33	2	1	0.33
5	2	0.5	0.33	3	1

使用规范列平均法计算系数权重为 $w=(0.0611, 0.3886, 0.2008, 0.1725, 0.1769)^T$。

3. 评价各因素评分等级和计算危险性指数

对照表 5.28，J2 号边坡岩土体条件属于岩体破碎较严重，表层风化较严重，鉴于已有锚杆支护情况，取 $U_1=2$；从目前的地质构造资料来看，边坡基岩风化严重且出露条件较差，光滑、泥质填充，符合 $U_2=3$ 的情况；边坡为陡倾角超倾边坡，属于“差”的边坡结构类型，鉴于已有锚杆支护情况，$U_3=4$。

据 J2 号铁塔所在边坡现场地表调查，场地及周边未见泉点、泉眼、河流等地表水，且场地排水设施完善，有利于地表水的排泄，排水良好，对照表 5.28，符合 $U_4=1$ 的条件。

以新建 J2 号铁塔所在边坡剖面 5-5′为例，该剖面地貌情况是：桩基开挖占边坡高度比例约为 66%，边坡高度约为 39.5m，坡度约有 59°。高填低挖比例、边坡高度、坡度评分分别为 4、5、5，三者的算术平均值为 4.67，对照表 5.29，取 $U_5=4.67$。

计算滑坡危险性指数 $G_L = Uw = w_1U_1 + U_2w_2 + U_3w_3 + U_4w_4 + U_5w_5 = 2.9713$。

4. 计算临界降雨量及降雨指数

结合贵阳 2013—2015 年的日降雨资料，以 2015 年 6 月 8 日为例，最大日降雨为 64.3mm，此前已连续下雨 5 天，这 5 天的降雨量分别是 13.1mm、10mm、37mm、1.1mm、53.1mm，于是计算得到 $r_a=62.74$mm。当天，假设前 23h 已经累积降雨 60mm，天气预报未来 1h 降雨量为 4.3mm，故未来 1h 激发雨量 $r=64.3$mm，则 2015 年 6 月 8 日未来 1h 有效累计降雨量为 $Y=64.3+62.74=127.04$(mm)，R_L 根据表 5.32 中 r 与 Y 较大值取值判据为准，故可确定 $R_L=3$。

5. 确定预警等级

据 $G_L=2.9713$ 和 $R_L=3$ 的滑坡风险计算指标为

$$W_L = G_L R_L = 8.9139 \tag{5-55}$$

表 5.32　　降雨指数 R_L 的取值

R_L取值	有效降雨量 Y /mm	激发降雨量 r /mm	R_L取值	有效降雨量 Y /mm	激发降雨量 r /mm
5	$Y \geqslant 220$	$r \geqslant 140$	2	$70 \leqslant Y < 120$	$50 \leqslant r < 80$
4	$170 \leqslant Y < 220$	$110 \leqslant r < 140$	1	$0 \leqslant Y < 70$	$0 \leqslant r < 50$
3	$120 \leqslant Y < 170$	$80 \leqslant r < 110$			

按照预警等级表（表 5.33），$W_L = 8.9139$ 对应的是不发布预警，但比较接近黄色预警，应引起高度注意，查清原因，此阶段对应中长期预报，只作内部预警。另外，如果对应黄色预警等级，表示滑坡发生的可能性很大，应及时警示当地居民，对应短期预报；而红色预警需要提供合理的论证，经领导部门同意下令，居民必须及时强制撤离，并准确预报滑坡日期。

表 5.33　　预警等级表（文献 [186]，略修改）

预警等级	对应 W_L	预警等级	对应 W_L
红色预警	$\geqslant 15$	注意级预警	< 10
黄色预警	[10，15)		

5.6.2　基于相关矩阵法的预警方法

5.6.2.1　多因素相互作用关系矩阵变权法

相互作用关系矩阵变权法是一种定性、半定量的分析评价系统指标间相互关系的研究方法。通过评价指标相互作用强度来确定各指标对系统稳定性的重要程度，可为评价指标体系结构和权重的确定提供较为准确的依据，如图 5.50 所示。多因素相互作用关系矩阵组成的做法是将 n 个影响因素放置在该矩阵的主对角线上（前后位置可互换），矩阵主对

因素 1	…	V_{1i}	…	V_{1j}	…	V_{1n}	S_C (1)
…	…	…	…	…	…	…	S_C (…)
V_{i1}	…	因素 i	…	V_{ij}	…	V_{in}	S_C (i)
…	…	…	…	…	…	…	S_C (…)
V_{j1}	…	V_{ji}	…	因素 j	…	V_{jn}	S_C (j)
…	…	…	…	…	…	…	S_C (…)
V_{n1}	…	V_{ni}	…	V_{nj}	…	因素 n	S_C (n)
$S_E(1)$	$S_E(\cdots)$	$S_E(i)$	$S_E(\cdots)$	$S_E(j)$	$S_E(\cdots)$	$S_E(n)$	$S(n)$

图 5.50　多因素相互作用关系矩阵

角线以外的位置为影响因素相互作用或影响程度。每行的编码表示在该行主对角线上因素对其他因素的主动作用，如 V_{ij} 表示因素 i 作用于因素 j 的程度，矩阵是非对称矩阵，每列的编码表示在该列主对角线上的因素受到其他因素的影响，即被动作用，如 V_{ji} 表示因素 j 作用于因素 i 的程度。

$$\left.\begin{aligned} S_C(i) &= V_{i1} + V_{i2} + \cdots + V_{ij} + \cdots + V_{in} \\ S_E(i) &= V_{1i} + V_{2i} + \cdots + V_{ji} + \cdots + V_{ni} \\ S(n) &= \sum_{i=1}^{n} S_{C(i)} = \sum_{i=1}^{n} S_{E(i)} \end{aligned}\right\} \tag{5-56}$$

式中 n——影响工程选址稳定性的主要影响因素个数；

$S_C(i)$——主对角线上第 i 个因素主动作用于其他因素的程度，即主对角线上第 i 个因素所处行的数字之和（$i=1,2,\cdots,n$，且 $i=j$ 时，V_{ii} 不存在）；

$S_E(i)$——主对角线上第 i 个因素受到其他因素的影响程度，即主对角线上第 i 个因素所处列的数字之和；

$S(n)$——n 个所有影响因素主动作用或被动影响的总和。因素 i 的权重值 W_i 则为其在系统整体中主动作用与被动影响程度之和所占的比例，下式计算出的权重即为因素在系统评价中的固定权重。

$$W_i = \frac{S_C(i) + S_E(i)}{\sum_{j=1}^{n} [S_C(i) + S_E(i)]} \tag{5-57}$$

5.6.2.2 指标体系及预警分级

通常情况下，各因素相互之间的双向影响是不相同的，为了量化影响程度，在对矩阵建立、编码及影响因素活跃程度确定的过程中，应参考前期研究，尽可能地减小主观因素的影响，采用半定量取值法，用 0～2 赋值形式，分别表示各个因素实际上无作用（0）、中等作用（1）和强烈作用（2）。

对 J2 号铁塔建立如下指标体系：一级指标为坡体原始结构条件（N_1）、变形监测（N_2）、裂缝分期配套（N_3）、工程环境（N_4），二级指标为边坡结构稳定性（N_1^1）、位移速率（N_2^1）、切线角（N_2^2）、位移矢量（N_2^3）、后缘裂缝（N_3^1）、侧缘裂缝（N_3^2）、前缘剪出口（N_3^3）、降雨量（N_4^1）。将每一个二级指标进行四级刻化。

对于工程环境，采用降雨量指标，依据气象学中对降雨量的划分[188]，见表 5.34。除了边坡原始坡体结构条件（N_1）用好、较好、较差、差这四级描述定性刻画外，所选用的各级指标按照蠕动变形四个阶段来划分，即采用初始或等速变形阶段、加速变形初始阶段、加速变形中期阶段、临滑阶段这四个级别对其余指标（N_2～N_4）进行定量或定性划分，参考前人研究对各因素间相互作用程度的评判思路，对 8 个因素构建关系矩阵，并结合经验进行打分（图 5.51、表 5.35 和表 5.36）。

表 5.34 雨量等级划分表

降雨等级	12h 雨量值/mm	24h 雨量值/mm
小雨	0.1～4.9	0.1～9.9
中雨	5.0～14.9	10.0～24.9
大雨	15.0～29.9	25.0～49.9
暴雨	30.0～69.9	50.0～99.9
大暴雨	70.0～140.0	100～250.0
特大暴雨	>140.0	>250.0

									Ci	$Ci+Ei$	权重
	坡体结构 N_1^1	1	1	1	1	1	1	0	6	11	0.11
	0	位移速率 N_2^1	1	1	1	1	1	0	5	13	0.13
	0	1	切线角 N_2^2	1	1	1	1	0	5	12	0.12
	0	1	0	位移矢量 N_2^3	1	1	1	0	4	11	0.11
	1	1	1	1	后缘裂缝 N_3^1	1	1	0	6	13	0.13
	1	1	1	1	1	侧缘裂缝 N_3^2	1	0	6	14	0.14
	1	1	1	1	1	1	前缘剪出口 N_3^3	0	6	14	0.14
	2	2	2	1	1	2	2	降雨 N_4^1	12	12	0.12
Ei	5	8	7	7	7	8	8	0	总分	100	1

图 5.51 因素相互作用关系矩阵

C_i—行之和；E_i—列之和；k_i—权重，$k_i=(C_i+E_i)/\sum_{i=1}^{n}(C_i+E_i)$

采用相互关系矩阵所确定各二级指标权重 $K=(N_1^1, N_2^1, N_2^2, N_2^3, N_3^1, N_3^2, N_3^3, N_4^1)=(0.11, 0.13, 0.12, 0.11, 0.13, 0.14, 0.14, 0.12)$。

根据权重采用半定量专家取值法，对不同级别下的评价指标给出贡献值，并给出分值区间，根据调查进行单一指标贡献评分，然后总评分。依据综合分级预警阈值进行判别。

结合 J2 号铁塔边坡，选取位移速率、切线角、位移矢量、后缘裂缝、侧缘裂缝、前缘剪出口、降雨指标，对照表 5.35 对边坡进行打分。通过综合分级预警模型判定：当 $S>75$时，应发布临滑预警。预警级别可以按照四级划分，见表 5.37。

以 2015 年 6 月 8 日的 24h 降雨量 64.3mm 进行综合预警判别如下：

$$S=S_{N_1^1}+S_{N_2^1}+S_{N_2^2}+S_{N_2^3}+S_{N_3^1}+S_{N_3^2}+S_{N_3^3}+S_{N_4^1}=9+1+1+0+0+2+3+8=24\leqslant 50$$

表 5.35　滑坡监测预警指标体系

一级指标	二级指标	四级刻划			
坡体结构（N_1）	边坡结构（N_1^1）	好	较好	较差	差
		I_1^1、I_2^1、I_3^1、I_4^1	I_2^2、I_3^3、I_3^5、I_4^2、I_5^1	I_3^4、I_5^2	I_3^2、I_3^6、I_5^3、I_6
一级指标	二级指标	初始变形阶段	加速初始阶段	加速中期阶段	临滑阶段
变形监测（N_2）	位移速率（N_2^1）/(mm·d^{-1})	$v \leqslant 5$	$5 < v \leqslant 50$	$50 < v \leqslant 100$	$v > 100$
	切线角α_i（N_2^2）	$\alpha_i \leqslant 45°$	$45° < \alpha_i \leqslant 80°$	$80° < \alpha_i \leqslant 85°$	$\alpha_i \geqslant 85°$
	位移矢量（N_2^3）	方向不一致，不同部位量值差别大	矢量方向逐渐趋于统一，指向主滑方向	矢量方向基本指向主滑方向，量值差别逐渐缩小	监测点位移矢量方向和量值均趋于一致
裂缝分期配套（N_3）	后缘裂缝（N_3^1）	断续延伸、初具雏形	基本连通、开始延伸	已经连通、出现下错台坎	迅速拉张甚或闭合
	侧缘裂缝（N_3^2）	裂缝主要分布于侧缘中后部，有扩展	侧缘裂缝向坡体前部延伸	侧缘裂缝基本贯通，向深部蔓延	完全贯通
	前缘剪出口（N_3^3）	无明显变形	前缘开始鼓胀，有少量裂缝	前缘鼓胀明显，裂缝较多	前缘隆起较剧烈，坡脚剪出
关键影响因子（N_4）	降雨（N_4^1）	0<12h 降雨≤29.9mm 0<24h 降雨≤49.9mm	30<12h 降雨≤69.9mm 50<24h 降雨≤99.9mm	70<12h 降雨≤140mm 100.0<24h 降雨≤250mm	12h 降雨量>140mm 24h 降雨>250mm

表 5.36 滑坡综合分级预警模型

一级指标	二级指标	权重	归一百化四级刻化分值区间表								评分
			好		较好		较差		差		
坡体结构（N_1）	坡体结构 N_1	0.11	I_1^1、I_2^1、I_3^1、I_4^1	0～4	I_2^2、I_3^3、I_3^5、I_4^2、I_5^1	5～8	I_3^4、I_5^2	9～10	I_3^2、I_3^6、I_5^3、I_6	11	SN_1^1
	变形阶段		初始变形阶段		加速变形初始阶段		加速变形中期阶段		临滑阶段		
变形监测（N_2）	位移速率（N_2^1）/(mm·d^{-1})	0.13	$v \leqslant 5$	0～4	$5 < v \leqslant 50$	5～8	$50 < v \leqslant 100$	9～11	$v > 100$mm/d	12～13	SN_2^1
	切线角 α_i（N_2^2）	0.12	$\alpha_i \leqslant 45°$	0～4	$45° < \alpha_i \leqslant 80°$	5～7	$80° < \alpha_i \leqslant 85°$	8～10	$\alpha_i \geqslant 85°$	11～12	SN_2^2
	位移矢量（N_2^3）	0.11	方向不一致，不同部位量值差别大	0～4	矢量方向逐渐趋于统一，指向主滑方向	5～8	矢量方向基本指向主滑方向，量值差别逐渐缩小	9～10	监测点位移矢量方向和量值均趋于一致	11	SN_2^3
裂缝分期配套（N_3）	后缘裂缝（N_3^1）	0.13	断续延伸、初具雏形	0～4	基本连通、开始延伸	5～8	已经连通、出现下错台坎	9～11	迅速拉张甚或闭合	12～13	SN_3^1
	侧缘裂缝（N_3^2）	0.14	裂缝主要分布于侧缘中后部，有扩展	0～4	侧缘裂缝向坡体中前部延伸	5～7	侧缘裂缝基本贯通，向深部蔓延	8～12	完全贯通	13～14	SN_3^2
	前缘剪出口（N_3^3）	0.14	无明显变形	0～4	前缘开始鼓胀，有少量裂缝	5～7	前缘鼓胀明显，裂缝较多	8～12	前缘隆起较剧烈，坡脚剪出	13～14	SN_3^3
关键影响因子（N_4）	降雨（N_4^1）	0.12	0<12h 降雨≤29.9mm；0<24h 降雨≤49.9mm	0～4	30<12h 降雨≤69.9mm；50<24h 降雨≤99.9mm	5～8	70<12h 降雨≤140mm；100.0<24h 降雨≤250mm	9～11	12h 降雨>140mm；24h 降雨>250mm	11～12	SN_4^1

表 5.37　　滑坡预警级别定量划分标准（许强，略修改）[111]

变形阶段	初始阶段	加速阶段	临滑阶段
预警级别	注意级	黄色预警	红色预警
评分	$S\leqslant 50$	$50<S\leqslant 75$	$S\geqslant 75$

实际上，J2 号边坡处于初始变形阶段，且大部分边坡进行了锚索支护，失稳概率很小，依据以上计算 $S=24\leqslant 50$，预警级别处于注意级，不发布预警信号。

监测预警不仅应该依据不同边坡的实际情况来选择不同的指标体系，而且是一个动态的过程，随着时间、滑坡形成条件和关键影响因子的变化，滑坡会出现不同的变形。因此，除了正确判断滑坡的关键指标，还应该不间断地进行专业监测和巡查，发现问题及时预警，如险情降低，预警应予以解除。

第6章　岩质边坡地质灾害防治工程研究

6.1　概　　述

6.1.1　抗滑桩工程

抗滑桩是穿过滑坡体深入于滑床的桩柱，利用抗滑桩插入滑动面以下的稳定地层对桩的抗力（锚固力）平衡滑动体的推力，起稳定边坡的作用，是一种抗滑处理的主要措施。当前理论分析多将滑床岩体等效成均质体或水平的非均质体，且考虑滑床复合倾斜岩体对抗滑桩内力与变形影响的研究还不够深入，而我国三峡库区大部分滑坡位于沉积岩分布区，滑床多为复合倾斜层状岩体（图6.1），所以有必要开展考虑滑床岩体为倾斜的不同岩性特征抗滑桩内力计算方法研究。因此，本节分别就抗滑桩设计参数确定、滑坡推力分布形式以及常用抗滑桩桩身内力计算方法等方面的问题进行研究，进一步了解抗滑桩与滑坡体的相互作用机理。

图6.1　复合倾斜层状岩体

6.1.1.1　抗滑桩设计参数确定

1. 桩位与桩间距

（1）桩位。抗滑桩的桩位通常应综合考虑滑坡岩土体性质、滑坡体厚度、滑坡推力大小、滑动面倾角以及施工条件等因素的影响。

由于滑坡上部的滑动面较陡且滑体张拉裂隙较多，在滑坡体的上部不宜设计桩位；同时，由于滑动面较深且下滑力较大，在滑坡体中部亦不适合设计桩位；而在滑坡体的下

部，由于滑动面比较平缓、下滑力比较小且多为抗滑地段，同时也能提供一定的桩前抗滑力，因此滑坡体下部常作为较好的桩位设计位置。

(2) 桩间距。合理的桩间距是抗滑桩有效治理滑坡的重要影响因素之一。在实际工程当中，多依据经验确定为4～10m，合理的桩间距应该使桩间滑体具有足够的稳定性，如果桩间距过大，岩土体可能从桩中间挤出；反之，桩间距偏小，尽管安全度高，但是抗滑桩的数量增多，加大了工程投资，同时也延长了工期。对于抗滑桩桩间距的确定，通常应综合考虑滑坡岩土体性质、滑坡体厚度、滑坡推力大小、滑动面倾角以及施工条件等因素的影响。目前对于抗滑桩桩间距的确定尚没有较为成熟的计算方法，一般情况下，当滑体比较完整且密实度较高或滑体下滑力较小，桩间距可以适当增大；反之，应取小些。而针对实际工程情况，位于滑坡主轴附近的桩间距应取小值，两侧的桩间距可以适当取大些。

一些学者为解决抗滑桩桩间距多根据工程实践经验取值的情况，多通过土拱效应以及桩间土体受力分析来确定桩间距。常保平[189]依据桩间土拱强度条件推导了抗滑桩桩间距的计算公式。周德培等[190]基于桩间土拱效应，认为抗滑桩桩间距以3个条件共同控制来确定比较合理，其中3个控制条件包括桩间静力平衡条件、土拱跨中截面强度条件和土拱拱脚截面强度条件，并且提出了抗滑桩桩间距的计算公式。周应华等[191]在抗滑桩桩间土拱静力平衡条件和拱脚处土体强度条件的基础上，建立了抗滑桩桩间距力学模型。王乾坤[192]基于桩间土拱受力特性，认为抗滑桩临界桩间距以3个条件共同控制来确定比较合理，其中3个控制条件包括抗滑桩桩间土体莫尔-库仑破坏准则、静力平衡条件和桩间土体的绕流阻力，并且提出了抗滑桩桩间距的计算公式。喻学文[193]基于工程力学原理建立了抗滑桩桩间土楔体力学模型，并推导了桩间距计算公式。

目前虽然有不少学者开展了桩间土拱效应以及土条间的侧向作用对抗滑桩桩间距确定的影响研究，但是尚需要更进一步的研究以便更好地应用于工程实践中。

2. 桩截面尺寸与计算宽度

(1) 桩截面尺寸。影响抗滑桩桩截面尺寸的主要因素包括滑坡推力大小、抗滑桩桩间距以及嵌固段侧壁容许应力等。目前工程设计中常用的抗滑桩截面形状主要有圆形和矩形(包括正方形)两种，工程实践中以矩形抗滑桩应用最为广泛，而桩身的截面尺寸常为2m×3m、2.5m×3.5m、3m×4m等，其中以2m×3m桩截面尺寸最为常见[194]。

(2) 计算宽度。为了将抗滑桩桩身的受力由空间问题转化为平面问题，同时考虑抗滑桩桩截面形状对桩身内力和变形的影响，于是提出了抗滑桩计算宽度的概念。将抗滑桩的设计宽度b(或桩径d)换算等效成实际工作条件下的矩形截面桩桩宽B_P，此宽度便称为桩的计算宽度。

试验研究表明，在滑坡推力作用下，位于抗滑桩桩宽范围内的桩侧岩土体受到挤压作用，且也会对桩宽范围外的岩土体产生影响。针对不同的抗滑桩桩截面形状，岩土体的影响范围也不相同。矩形桩的形状换算系数为1，而圆形桩的形状换算系数为0.9。由于将空间受力状态简化为平面受力状态，同时应将实际受力宽度乘以受力换算系数，矩形桩受力换算系数为$1+1/b$，圆形桩受力换算系数为$1+1/d$[194]。

因此，矩形截面抗滑桩的换算公式和圆形截面抗滑桩的换算公式为

$$B_P=1\left(1+\frac{1}{b}\right)b=b+1 \tag{6-1}$$

$$B_P=0.9\left(1+\frac{1}{d}\right)d=0.9(d+1) \tag{6-2}$$

式中　b——矩形桩的截面宽度；

d——圆形桩的直径。

3. 桩嵌固深度与桩底支承条件

(1) 桩嵌固深度。抗滑桩嵌固深度的影响因素主要包括滑床稳定岩层性质、滑坡推力大小、抗滑桩桩身截面刚度及其截面形状、抗滑桩桩间距以及桩前滑体抗力等。如果嵌固深度过浅，抗滑桩不足以抵抗滑坡推力，则达不到抗滑效果；反之，嵌固深度过深，易造成工程量增加和施工困难。基于滑床地层侧壁压应力不大于侧向容许压应力这一原则，目前工程实践中抗滑桩嵌固深度多通过滑动面以下桩周岩土体的强度来控制确定。

通常情况下，分为土层或风化破碎岩层和较完整岩层两种情况考虑[194]，两种情况计算方法如下：

1) 土层或风化破碎岩层。对于土层或风化破碎岩层，抗滑桩在滑坡体推力作用下，桩发生转动变位，当桩周岩土体达到极限状态时，桩前岩土体产生被动抗力，桩后岩土体产生主动压力。

根据土的极限平衡条件，桩前岩土体作用于桩身的被动土压力为[194]

$$\sigma_P=\gamma y\tan^2\left(45°+\frac{\varphi}{2}\right)+2c\tan\left(45°+\frac{\varphi}{2}\right) \tag{6-3}$$

式中　γ——岩土重力密度；

y——桩身计算点深度；

c——黏聚力；

φ——摩擦角。

根据土的极限平衡条件，桩后岩土体作用于桩身的主动土压力为[195]

$$\sigma_a=\gamma y\tan^2\left(45°-\frac{\varphi}{2}\right)-2c\tan\left(45°-\frac{\varphi}{2}\right) \tag{6-4}$$

由于桩身某点对滑坡地层的侧壁压应力不能大于该点被动土压力与主动土压力之差，故对于土层或风化破碎岩层而言，桩身对滑坡地层的侧应力 σ_{max} 应满足下列关系式[195]：

$$\sigma_{max}\leqslant\sigma_P-\sigma_a=\frac{4(\gamma y\tan\varphi+c)}{\cos\varphi} \tag{6-5}$$

注意，倘若桩身侧壁最大压应力不满足式 (6-5) 的要求，应当调整抗滑桩的嵌固深度或者桩截面尺寸及桩间距，直至符合上述条件。

2) 较完整岩层。对于岩层较为完整的情况，抗滑桩桩身作用于围岩的侧向压应力容许值 σ_{max} 应满足下列关系式：

$$\sigma_{max}\leqslant KCR \tag{6-6}$$

式中 K——换算系数，根据岩层构造在水平方向的岩石容许承载力，一般取 0.5～1.0；

C——折减系数，根据岩石的裂隙、风化程度以及软化程度，一般取 0.3～0.5；

R——岩石单轴极限抗压强度。

工程实践表明，对于土层或较软岩层，嵌固深度宜取桩长的 1/3～1/2，而对于较完整坚硬的岩层而言，则取桩长的 1/4 较为合适[195]。

(2) 桩底支承条件。抗滑桩的顶端通常为自由端，而对底端而言，一般根据嵌固程度的不同分为自由端、铰支端以及固定端三种情况，如图 6.2 所示。

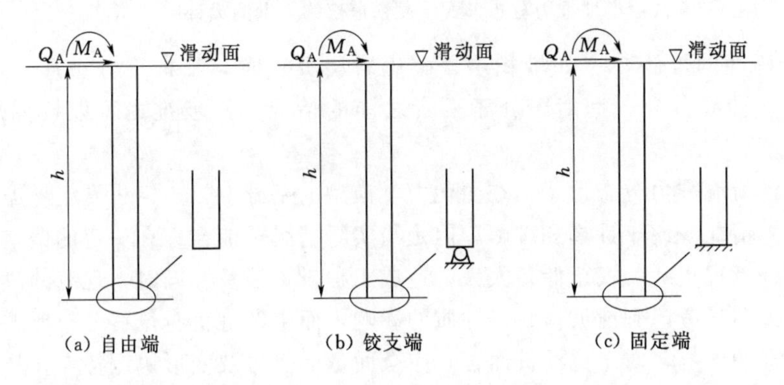

图 6.2 桩端支承条件图（原铁道部第二勘测设计院[194]，略修改）

工程实践表明，对于滑动面以下抗滑桩的 AB 段而言，当地层为土体或破碎岩层时，在滑坡推力的作用下，抗滑桩桩端有明显的位移和转动，故桩底可按自由端考虑，此时桩底剪力和弯矩为零；当桩底岩层较为完整，较 AB 段地层坚硬且抗滑桩嵌入不深时，桩底可按铰支端考虑，此时桩底位移和弯矩为零。当桩底岩层极坚硬完整且抗滑桩嵌入较深时，可按固定端考虑，此时桩底位移和转角为零。通常多采用前两种情况[194]。

6.1.1.2 滑坡推力分布形式

1. 常见滑坡推力分布形式

滑坡推力分布形式的影响因素较多，包括滑坡类型、滑坡地层性质、滑坡变形情况以及地基系数等因素。选取合理的滑坡推力分布形式对于抗滑桩桩身内力和变形的计算十分重要，一定程度上会直接影响其计算结果的准确性，从而对抗滑桩设计的合理性产生一定的影响。目前常用的滑坡推力分布形式主要包括三角形、矩形以及梯形三种形式，如图 6.3 所示。

国外学者多将滑坡体视为松散体，且滑坡推力分布形式多按三角形分布考虑，其合力作用位置为滑动面以上（受荷段）桩长三分点处（即 $h_1/3$ 处，h_1 为滑动面以上抗滑桩桩长），如图 6.3 (a) 所示；而我国设计人员则多按矩形分布形式考虑，其合力作用位置位于滑面以上（受荷段）桩长中点处（即 $0.5h_1$），如图 6.3 (b) 所示。两者推力分布形式对于推力较大的滑坡而言，造成的倾覆力矩差别较大，对抗滑桩受力及埋深的影响较大[194]。

在原铁道部编著的《抗滑桩设计与计算》一书中，建议当滑坡体为黏聚力较大的地层（如黏土、岩石等）时，其推力分布形式可视为矩形分布；当滑坡体是以内摩擦角

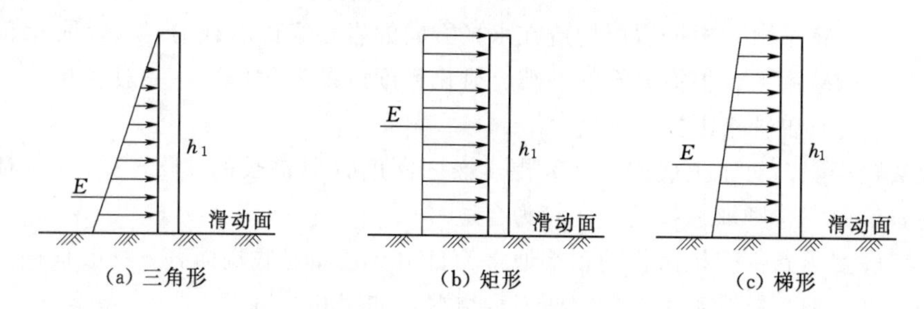

图 6.3　常用滑坡推力分布形式（原铁道部第二勘测设计院[194]，略修改）

为主要抗剪特性的堆积体（如堆积层、破碎岩层等）时，其推力分布形式可视为三角分布或者二次曲线分布；而对于介于两者之间的情况，滑坡推力可以按梯形分布形式来考虑[194]。

上述几种滑坡推力分布形式，在简化力学模型的基础上，一定程度上考虑了抗滑桩结构的实际受力情况，便于计算和理解。但是与实际情况可能会存在一定的偏差，使抗滑桩的设计不符合工程实际，安全储备太大，造成工程投资浪费。同时，现有的滑坡推力分布形式的假定大多只考虑到滑坡体自身性质的影响，而未考虑桩身位移分布形式以及推力合理作用点因素的影响，对于抗滑桩而言，应全面考虑受力及变形协调特点，从而确定更符合工程实际的滑坡推力分布形式。

2. 滑坡推力分布形式的确定

为了更好地了解滑坡推力的分布形式，许多学者进行了大量研究。戴自航[195]较为系统地总结了滑坡推力分布形式以及岩土体抗力分布形式，提出滑坡推力分布形式主要与滑坡体结构形式、抗滑桩的受力特性以及变形规律等有关，适当降低滑坡推力的合理作用位置和提高岩土体抗力合力作用位置，更加符合抗滑桩的实际受力情况。当滑坡岩土体为岩石时，其推力分布形式可以按矩形或平行四边形考虑，桩前岩土体抗力可按倒梯形考虑，如图 6.4（a）所示；当滑坡岩土体为砂土或松散体时，其推力分布形式可以按三角形—抛物线形考虑，桩前岩土体的抗力分布形式可按抛物线考虑，如图 6.4（b）所示；当滑坡岩土体为黏土时，其推力分布形式可以按三角形—抛物线形考虑，桩前岩土体抗力分布形式可以按倒梯形考虑，如图 6.4（c）所示；当滑坡岩土体介于砂土及黏土之间时，推力分布形式可按梯形考虑，桩前岩土体抗力分布形式可按抛物线考虑，如图 6.4（d）所示。

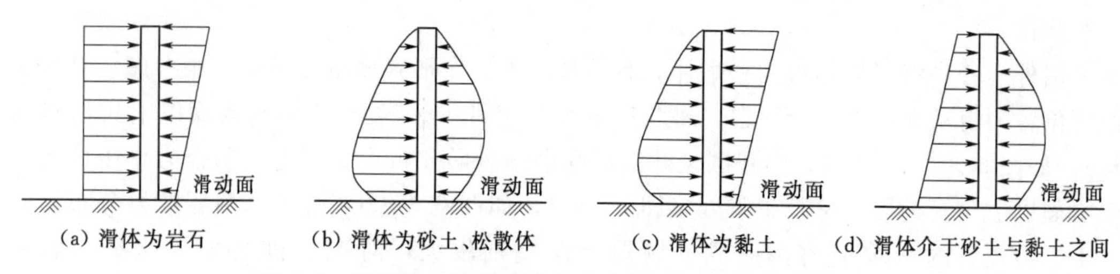

图 6.4　滑坡推力及抗力分布形式图（据戴自航[195]修改）

同时，基于抗滑桩模型试验研究与试桩实测资料分析，提出了针对不同滑坡体岩土类型的滑坡推力分布函数，见表 6.1。

表 6.1 滑坡推力分布函数（戴自航，略修改）[195]

滑坡岩土类别	滑坡推力分布形式	滑坡推力合力作用位置	滑坡推力分布函数 $q(x)=Ax^2+Bx+C$
岩石	矩形或平行四边形	$h_1/2$	$A=B=0$、$C=E/h_1$
砂土、散体	三角形—抛物线形	$3h_1/5\sim2h_1/3$	$A=(36K-24)E/h_1^3$、$B=(18-24K)E/h_1^2$、$C=0$
黏土	抛物线形—三角形	$2h_1/3\sim3h_1/4$	$A=(36K-24)E/h_1^3$、$B=(18-24K)E/h_1^2$、$C=0$
介于砂土与黏土间	梯形	$13h_1/20$	$A=0$、$B=1.8E/h_1^2$、$C=E/10h_1$

郑明新[196]通过室内模型试验研究认为：对于挡土墙以及抗滑桩，滑坡推力实际监测分布形式近似接近抛物线—梯形，且滑坡推力作用位置位于滑体下部 $0.42h_1\sim0.433h_1$ 处；而对于预应力锚索抗滑桩而言，滑坡推力近似呈矩形—梯形分布形式。

徐良德等[197]在室内对滑坡体为松散介质和黏性土的抗滑桩开展了模拟试验研究，认为当滑坡岩土体为松散介质（如砂土）时，下滑力呈三角形分布，其合力作用位置大约位于滑动面以上 $0.3h_1$ 处，桩前岩土体抗力分布形式可视为抛物线，其合力作用位置大约位于滑动面以上 $0.45h_1$ 处；而当滑坡岩土体为黏性土时，下滑力仍呈三角形分布，其合力作用位置位于滑动面以上 $0.26h_1$ 处，桩前岩土体抗力分布形式可视为抛物线，其合力作用位置位于滑动面以上约 $0.6h_1$ 处。

李海光[198]认为滑坡推力分布形式的影响因素主要包括滑体的性质和厚度等。当滑坡体液性指数较小、刚度大及较密实时，顶底层的滑动速度基本一致，滑坡推力的分布形式为矩形；而当滑坡体液性指数较大、刚度小以及密实度不均匀时，靠近滑动面处的滑动速度大于滑坡体表层的滑动速度，滑坡推力分布形式可按三角形考虑；而对于介于两者之间的情况，滑坡推力分布形式可按梯形考虑。

6.1.1.3 常用抗滑桩桩身内力计算方法

目前对于抗滑桩受力的计算方法主要有：弹性分析法、地基反力法（极限地基反力法和弹性地基反力法）、$P-y$ 曲线法和数值分析方法等。对于弹性抗滑桩而言，由于其在承受荷载时的受力特征类似于弹性地基梁，而且弹性桩通常破坏的主要原因是桩顶位移过大导致最大弯矩点屈服。因此，我国工程应用中多采用弹性地基反力法（包括线弹性和非线弹性两种情况）进行抗滑桩的内力和变形的计算。其中线弹性地基反力法中根据地基反力分布形式的不同又分为“K”法、“m”法、“C”法等，而非线弹性地基反力法主要包括双参数法、港研法等。

1. 线弹性地基反力法

(1) 传统“K”法。地基系数 K 随深度的变化规律呈矩形，对于弹性抗滑桩，桩顶受水平荷载作用，其嵌固段挠曲微分方程为

$$EI\frac{\mathrm{d}^4x}{\mathrm{d}y^4}=-xKB_{\mathrm{P}} \tag{6-7}$$

该方法对小变形的抗滑桩来说，其计算结果基本能符合实际监测值，但是通过该方法计算出的滑面处位移偏大，过于保守。

（2）传统“m”法。地基系数 K 随深度的变化规律呈梯形，对于弹性抗滑桩，当滑动面处地基系数为零时，桩顶受水平荷载作用，其嵌固段挠曲微分方程为

$$EI\frac{d^4x}{dy^4}=-xmyB_P \tag{6-8}$$

该方法对于滑坡推力较小的抗滑桩来说，其计算结果基本能符合实际监测值，并且能基本反映桩岩的相互作用关系。但是随着滑坡推力的增大，桩周岩土体进入非线性弹性状态，其计算结果与实际监测值存在较大偏差。

由于滑动面以上存在滑坡体，此时滑动面处的地基系数为某一数值 A_0，滑动面以下地基系数随深度变化的表达式为 $K=A_0+my$，对于抗滑桩内力的计算可采用“换算桩法”进行，如图6.5所示。

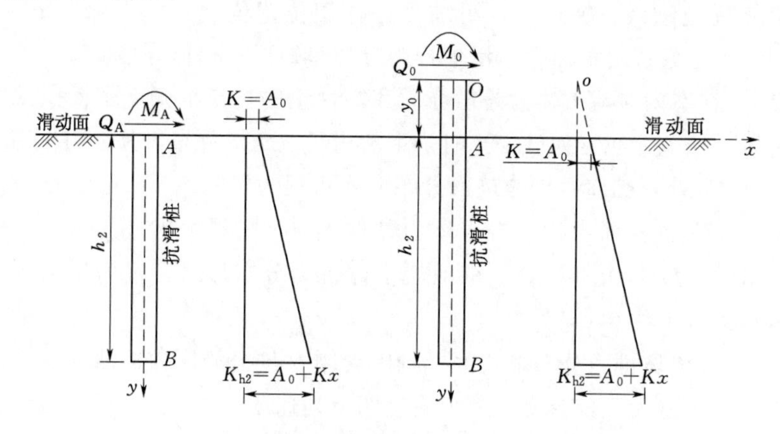

图6.5　滑面处地基系数不为零时的换算示意图

（铁道部第二勘测设计院[194]，略修改）

换算桩法主要步骤如下：

1）将地基系数的变化图形延长至虚点 o，其延长高度为 $h_0=A_0h_2/(K_{h2}-A_0)$。

2）在确定 o 点位移 y_0、转角 φ_0、弯矩 M_0、剪力 Q_0 的基础上，可通过式（6-8）进行虚点 o 向下的计算。

3）同时在 M_0、Q_0 的作用下须满足滑动面处（$y=0$）处弯矩为 M_{h0}、剪力为 Q_{h0} 以及桩底（$y=h_2$）须满足3种不同边界条件。

（3）传统“C”法。地基系数 K 随深度的变化规律呈外凸抛物线，对于弹性抗滑桩，桩顶受水平荷载作用，其嵌固段挠曲微分方程为

$$EI\frac{d^4x}{dy^4}=-x^{\frac{1}{2}}KB_P \tag{6-9}$$

该方法可以通过幂级数方法求解，但由于计算时所用参数需查表，过程繁琐、效率低下，故在实际工程中较少采用。

2. 非线性弹性地基反力法

（1）双参数法。传统“K”法、“m”法、“C”法多将地基系数用单一参数来表示，

且多为经验性假设，容易造成抗滑桩内力和变形的计算结果与实际监测值不符，基于此，吴恒立[199]提出了综合刚度原理和双参数法。吴恒立认为抗滑桩的桩身截面刚度应由桩体刚度和桩周岩土体刚度共同控制决定，在分析抗滑桩的受力特征时，应该考虑桩周岩土体的刚度，即为综合刚度。桩体与桩周岩土体之间的相互作用关系通过对综合刚度的调整来反映。

而双参数法中地基系数主要通过 m 和 n 两个参数来表示，其表达式为 $K=my^{1/n}$，通过调整两个参数 m 和 n 来改变地基系数 K 随深度的变化规律，从而使滑面处计算结果及其位置与实测结果一致，且解唯一。

对于弹性抗滑桩，桩顶受水平荷载作用，由综合刚度原理和双参数法可知其嵌固段挠曲微分方程为

$$EI\frac{\mathrm{d}^4x}{\mathrm{d}y^4}=-xmy^{1/n}B_{\mathrm{P}} \tag{6-10}$$

（2）港研法。日本学者久保、林一宫岛等人在地基系数 $K=my^nx^p$ 的基础上，通过一些模型试验和原位试验研究认为，应将地基土条件分为S型地基（$K=myx^{1/2}$）和C型地基（$K=mx^{1/2}$）。

S型地基适用于密度均匀的砂土或正常固结的黏土等，对于弹性抗滑桩，桩顶受水平荷载作用，其嵌固段挠曲微分方程为

$$EI\frac{\mathrm{d}^4x}{\mathrm{d}y^4}=-x^{1/2}myB_{\mathrm{P}} \tag{6-11}$$

C型地基适用于表面紧密砂土或很大的预先固结的黏土等，对于弹性抗滑桩，桩顶受水平荷载作用，其嵌固段挠曲微分方程为

$$EI\frac{\mathrm{d}^4x}{\mathrm{d}y^4}=-x^{1/2}mB_{\mathrm{P}} \tag{6-12}$$

该方法的非线性分析理论能较好地反映桩体与桩周岩土体之间的相互作用关系，但是式（6-11）和式（6-12）为非线性微分方程，无法对其作解析解。久保等建议采用相似原理，由标准桩的桩顶荷载与桩顶位移、桩顶弯矩、桩顶转角等的关系推算实际桩的性能。

6.1.2　锚固工程

岩土锚固是岩土工程领域的重要分支[200]。岩土工程中采用锚固技术，能充分发挥和提高岩土体的自身强度和自稳能力，显著缩小结构物体积和减轻结构的自重，有效控制岩土工程（体）的变形，岩土锚固可控、可测以及可靠的突出特点已经成为提高岩土工程稳定性和解决复杂岩土工程问题最为经济、最为有效的方法之一，在我国水利、水电、交通、铁道、矿山、城市基础设施等工程建设中正发挥着越来越重要的作用。近年来，随着我国土木、水利和建筑工程建设力度的加大，岩土锚固技术的发展尤为迅速。岩土锚杆（索）（以下统称锚杆）的品种已达到60余种，土层锚杆最大承载力达1500kN，岩石锚杆的最大承载力达8.0MN，锚杆的最大长度已超过80m[201]。

6.1.2.1　锚杆的截面面积

预应力锚杆是将张拉力传递到稳定的或适宜的岩土体中的一种受拉杆件（体系），一般由锚头、杆体自由段和杆体锚固段组成。其结构如图6.6所示。关于锚杆预应力筋体截面面积设计，国内《建筑基坑支护技术规程》（JGJ 120—2012）规定按以下公式计算确定：

$$N \leqslant f_{py} A_p \tag{6-13}$$

式中　N——锚杆轴向拉力设计值；

f_{py}——预应力筋抗拉强度设计值；

A_p——预应力筋截面面积。

式（6－13）对于由普通钢筋作杆体的非预应力锚杆是合适的，而对于一般以多股钢绞线作筋体的预应力锚杆则是不相宜的，会造成筋体截面面积不足，加大安全风险。岩土中的预应力锚杆是一种典型的后张法预应力结构，应当满足张拉控制应力的要求。采用多股钢绞线作筋体的预应力锚杆埋设于地层内，工作条件恶劣，直径为4～5mm的钢丝在地下水或潮湿介质影响下易出现腐蚀；筋体施加预应力后，各股钢绞线及各根钢丝的拉应力是不均匀的，其差异常高达10%～20%，钢丝在高拉应力状态下工作，易出现肉眼看不到的微细裂缝，从而导致应力腐蚀的风险加大。

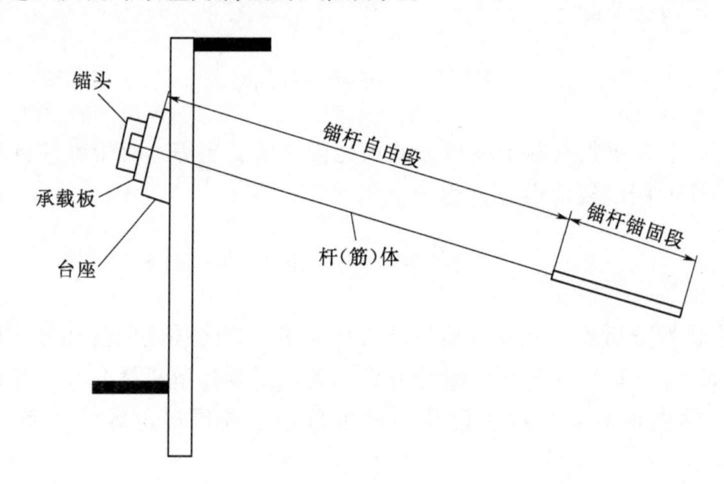

图6.6　预应力锚杆结构组成示意图

当前，包括我国规程在内的世界各国岩土锚杆标准都规定，在满足设计抗力要求时，预应力锚杆筋体的张拉应力水平不应大于钢材极限抗拉强度标准值的60%。具体来说，各国规定的锚杆筋体的最小抗拉安全系数（筋体极限抗拉力与锚杆拉力设计值之比）中，美国为1.67，日本为1.54（临时）与1.67（永久），中国为1.6（临时）与1.8（永久），英国为1.6（临时）。英国的锚杆标准还规定，对地层腐蚀风险较大或破坏后果严重的锚杆工程，锚杆筋体抗拉安全系数不应小于2.0。

6.1.2.2　锚杆自由段的长度

锚杆自由段的长度是指锚杆锚头与锚固段间的杆体长度，锚杆自由段的功能是利用该

段筋体张拉过程的自由弹性伸长对筋体施加张拉力，并将拉力完全传递给锚固体及锚固体周边的地层。足够长的锚杆自由段是必需的。其理由如下：

（1）锚杆自由段应穿入临界破坏面至少1.5m，国内外岩土锚杆标准几乎都做出了上述相同的规定。只有当锚杆锚固段离潜在破坏面足够远，才能有效发挥锚杆的抗力作用。保证地层开挖面与滑裂面间有足够的压应力区。

（2）有利于将锚固段设置于抗剪强度较高的地层中。

（3）保证锚杆与结构体系的整体稳定性。

（4）足够长的锚杆自由段有利于缓解位移变化引起的锚杆初始预应力的显著变化，既可防止由于钢绞线与锚具间缺乏足够的紧固度或墩座等传力系统荷载损失而引起传递荷载的显著减小，也可防止由于地层位移增大而引起传递荷载显著增大。

因此，世界各国的岩土锚杆技术标准均规定，锚杆自由段的长度不应小于4.5～5.0m。目前，国内基坑工程中的土锚自由段长度普遍偏小。

6.1.2.3 锚杆锚固段的合理长度

锚杆锚固段的功能是借助注浆体或机械装置，将作用于锚杆杆体上的拉力传递给其周围的地层。黏结型锚固体锚杆的抗拔承载力值 R 是由锚固段长度 L_a、锚固体直径 D、锚固段注浆体与地层间的黏结强度 f_{mg}决定的，以往一般采用的计算公式为

$$R=f_{mg}\pi D L_a \tag{6-14}$$

式（6-14）表明，锚杆的抗拔承载力随着锚固段长度的增加而成比例地增大，由此，国内一些商业性的基坑支护设计程序也按传统的计算公式确定锚杆锚固段的长度，导致国内相当普遍地存在基坑锚拉桩墙的锚杆锚固段的长度高达18～25m，甚至有设计者将位于卵石层中的锚杆锚固段也设计成不小于20m的情况。大量关于锚杆荷载传递机制的试验研究与理论分析已证实，基于锚杆与周边地层的弹性模量存在明显差异，荷载集中型锚杆在拉力作用下，锚杆锚固段注浆体与地层间的黏结应力沿锚固长度的分布很不均匀，即当拉力较小时，黏结应力仅分布在较小的长度上，随着拉力的增加，则黏结应力峰值逐渐向锚杆根部转移，而锚杆锚固段近端的黏结应力则急剧下降，当黏结应力峰值到达根部时，锚杆锚固段近端残余黏结应力则会降至很低的水平或出现注浆体与周边地层的黏脱现象。所以锚杆的锚固段越短，则其平均黏结强度越高，能够有效发挥岩土体抗剪强度的锚固段长度是有限的。

总之，超越有效发挥黏结效应的锚杆锚固段长度，并不能提高锚杆的抗拔承载力，过长的锚固段是不必要的和不经济的，反而会降低锚杆施工效率、增加工程成本、推迟施锚时机，对岩土锚固工程带来不少负面影响[202]。

6.2 边坡地质灾害防治工程适宜性研究

边坡的变形破坏给人类和工程建设带来危害的案例在国内外均较常见。在我国，由于特殊的自然地理和地质条件的制约，边坡地质灾害分布广泛，活动强烈，危害严重。因此，必须对边坡的变形破坏采取防治措施。具体措施可归纳为工程防治、监测预警、搬迁

避让3个方面。

6.2.1 工程防治

工程防治是防治地质灾害的重要组成部分，工程防治的适用条件及方式为：大多数房后切坡造成的小型土质滑坡，选用滑坡后缘地表排水、前缘支挡或削方减载护坡等工程措施较为适应；对于中型以上滑坡的抗滑工程，应根据工程地质勘察资料选择工程防治措施。

6.2.1.1 削方减载

降低下滑力主要通过削方减载，在削方时必须正确设计削方断面遵循“砍头压脚”的原则（图6.7）。特别注意不要在滑移-弯曲变形体隆起部位削方，否则可能加速深部变形的发展。

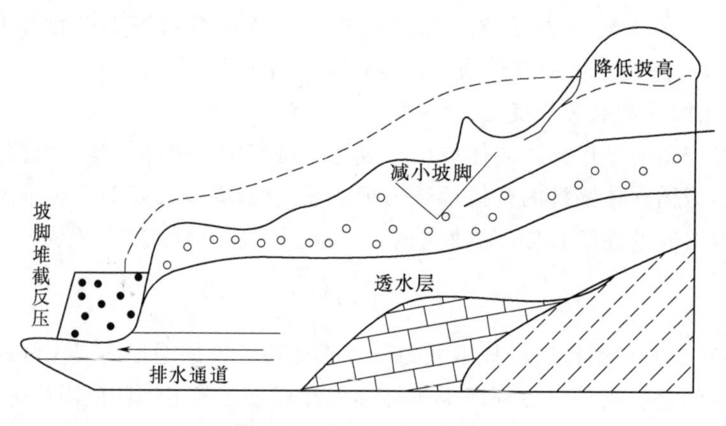

图6.7 边坡“砍头压脚”

6.2.1.2 抗滑工程

抗滑工程是提高边坡抗滑力最常用的措施，主要有挡墙、抗滑桩、锚杆（索）和支撑工程等。

1. 挡墙

挡墙也称挡土墙，是目前整治中小边坡滑动应用最广泛的措施之一，并与排水等措施联合使用（图6.8）。它借助于挡墙自身的重力以支挡滑体的下滑力。根据边坡滑动性质、类型和挡墙的受力特点、材料和结构的不同，挡墙可分为重力式抗滑挡墙、锚杆式抗滑挡墙、加筋土抗滑挡墙、板桩式抗滑挡墙。

2. 抗滑桩

抗滑桩通过桩身将上部承受的坡体推力传递给桩下部的侧向土体或岩体，依靠桩下部的侧向阻力来承担边坡的下推力，从而使边坡保持平衡或稳定的工程结构（图6.9）。抗滑桩按材质分为木桩、钢筋混凝土桩、钢桩；按结构形式分普通桩、单锚点桩（即目前通常称的预应力锚索抗滑桩）；按截面形状分圆形桩、矩形桩等。通常所说的抗滑桩为钢筋混凝土桩，抗滑桩是我国铁路部门于20世纪60年代开发、研究的一种抗滑支挡结构。抗滑桩的出现是抗滑结构工程的一大发展，由于抗滑桩有施工量小，施工安全可靠，布置灵活便利，适应性强，可抵抗较大的滑坡推力等优点，很快在滑坡整治工程中得到广泛的应用和发展。

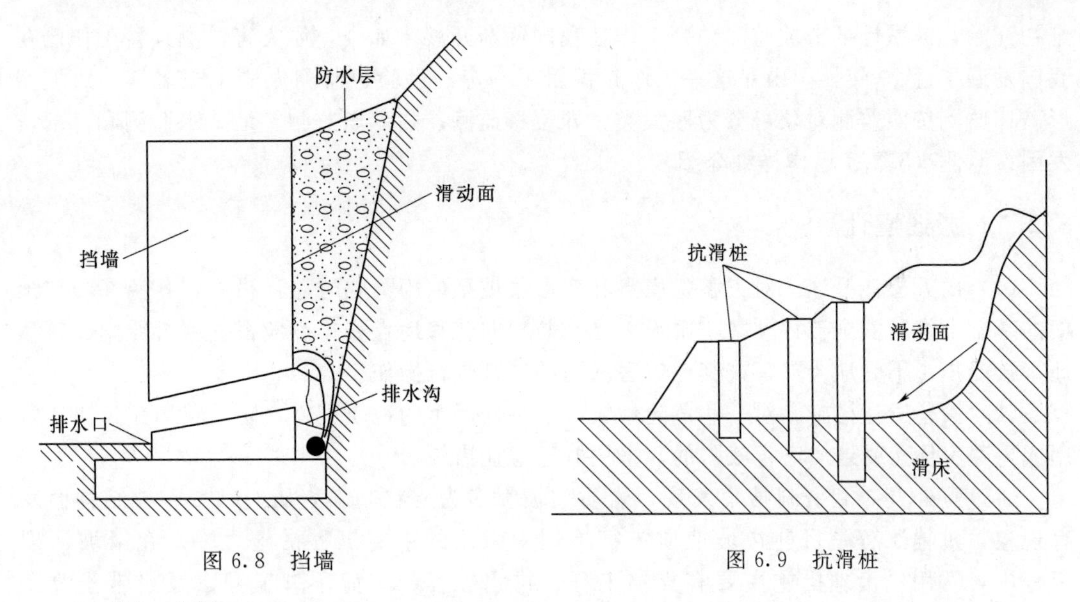

图 6.8 挡墙

图 6.9 抗滑桩

3. 锚杆（索）

锚杆（索）是一种把受拉杆件埋入地层中，加大结构面的法向应力，以提高边坡自身的强度和稳定能力的工程技术。其本身原理是利用锚杆周围的岩土的抗剪强度来承受结构物的拉力，以保持地层开挖面自身的稳定（图 6.10）。由于这种技术大大减轻了结构物的自重，且能节约工程材料，故具有显著的经济效益和社会效益。对于岩质边坡，这是一项非常有效的治理措施，一般采用预应力锚杆或锚索进行加固。

4. 支撑

支撑主要用来防治陡峭边坡顶部的危岩体并制止其崩落（图 6.11）。施工时应将支撑的基础埋深置于新鲜基岩中，并在危岩体中打入锚杆将危岩与支撑连接起来。

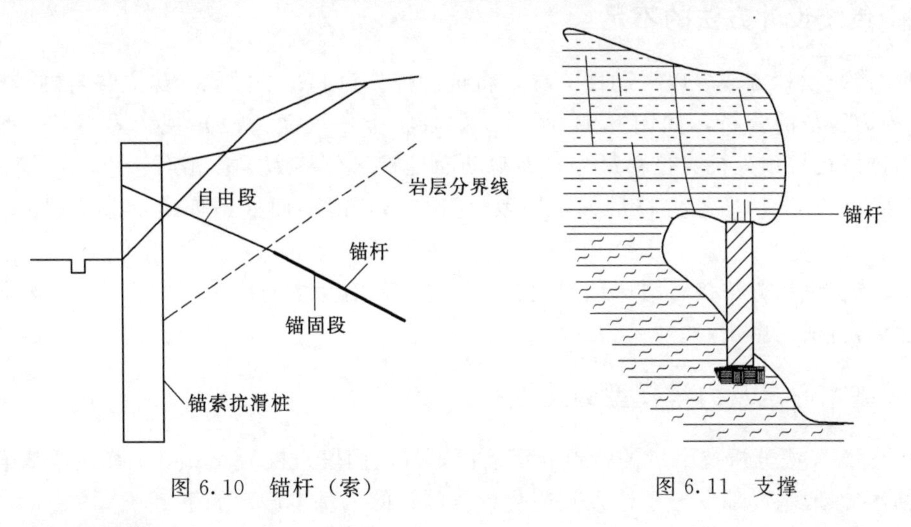

图 6.10 锚杆（索）

图 6.11 支撑

6.2.2 监测预警

监测预警作为地质灾害风险减缓的重要措施之一，越来越受到人们的重视。从 21 世纪初开始，区域性的滑坡监测预警工作在我国逐渐开展。如今，质灾害监测预警工作已在我国发展了近10年，国内对这一工作亦积累了一定的经验，监测方法也很多样。边坡变形破坏监测按照监测对象可分为四大类，即位移监测、物理场监测、地下水监测和外部诱发因素监测（5.2.1已作详细介绍）。

6.2.3　搬迁避让

（1）雨天避让措施。对灾害隐患点和变形边坡采取雨天临时避让措施，各镇在防灾预案的基础上编制安全转移预案，雨天对受威胁户向转移地点安排。应根据就近原则、转移地（接受户）不受地质灾害或其他灾害威胁的原则进行操作。

（2）搬迁避让措施。对一些危险性大、危害性严重的地质灾害，防治费用超过搬迁费用或再建房仍然受地质灾害威胁的，采用搬迁避让措施。

通过野外调查和资料搜集发现，岩质边坡大多为层状倾斜岩质边坡，存在结构面发育现象。桩锚工程是目前边坡地质灾害治理中采用的主要工程措施之一。在滑坡治理工程中，常用的治理措施主要有支挡工程、排水工程、减荷压脚工程以及滑带土改良工程等。在这些治理措施中，支挡工程的发展与应用较为迅速，抗滑桩工程和锚固工程作为一种以横向受力为主的支挡结构在滑坡治理工程中广泛应用，主要因其具有施工方便、工期短、抗滑效果好、对地质环境影响小等优点，在边坡地质灾害防治过程中普遍使用。

6.3　考虑滑床复合倾斜岩体综合地基系数的抗滑桩受力特征研究

6.3.1　传统设计方法的不足

（1）传统设计方法多以滑动面为界，将抗滑桩分为上、下两段，建立各自的坐标系独立进行受力特征的分析，如图6.12所示。如果将上段（受荷段）视为悬臂梁（固定支座），则抗滑桩桩顶处桩身位移最大，而滑动面处桩身位移为零；相对于上段（受荷段），下段（嵌固段）滑动面处位移最大，导致桩身位移在滑动面处不连续，造成理论与实际不符[202]。

（2）传统设计方法多将滑床地层视为均质体，没有考虑滑床为层状岩体这一特性时对抗滑桩受力特征的影响。

6.3.2　基本假定及力学模型的建立

基于“K”法分析抗滑桩的特点，滑动面下（嵌固段）视为Winkler弹性地基梁。

根据弹性地基局部变形理论以及简化计算的目的，基本假定如下：

（1）抗滑桩按弹性地基梁考虑。

（2）抗滑桩滑动面接近水平，并不考虑桩侧摩阻力和黏着力、桩身轴力以及桩底应力的影响。

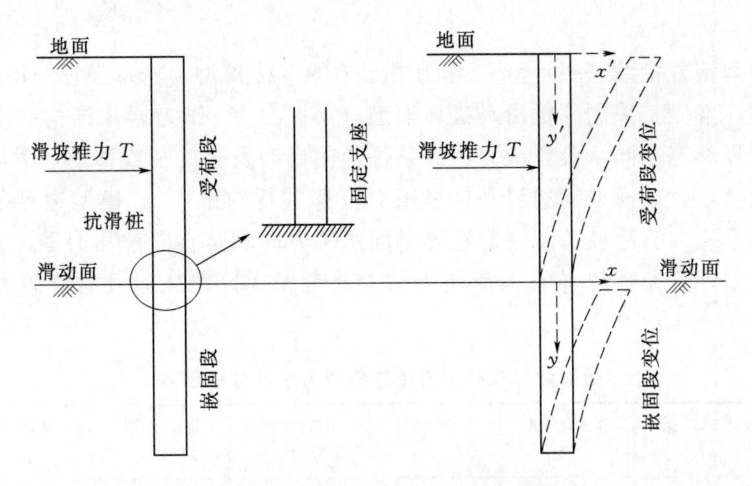

图 6.12 传统设计方法抗滑桩受力特征

(3) 滑动面处垂直于桩轴的剪力 Q_A和弯矩 M_A。

(4) 在滑坡推力的作用下，桩岩相互作用为一空间问题，为简化计算的目的，将其简化为沿滑体主滑方向的垂直剖面上，化空间问题为平面问题。

桩前以岩土体结构面与抗滑桩的交点为分界点进行分层，分层如图 6.13 所示。

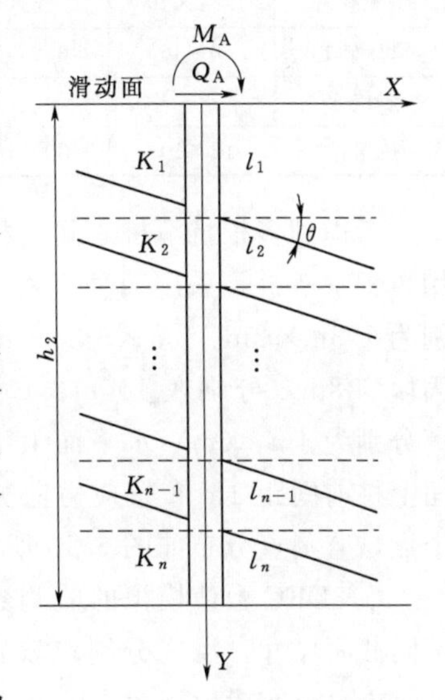

图 6.13 滑床分层示意图

考虑滑床复合倾斜岩体综合地基系数的弹性抗滑桩嵌固段受力特征研究是建立在多层地基横向受荷桩挠曲微分方程的基础上，采用线弹性地基反力法求解该微分方程。求解微分方程之前，首先需确定滑床岩体不同倾角的综合地基系数。

6.3.3 综合地基系数的确定

在抗滑桩工程中抗滑桩对桩前滑床结构应力场的影响具有一定的区域性，为此开展相应的数值模拟计算，研究其有效影响范围。选择对桩前岩土体中 X 方向应力的分布规律进行相关研究，由于桩截面尺寸影响桩身稳定性，桩前岩土体中 X 方向的应力会随着深度的变化而变化，所以通过改变桩截面尺寸和监测桩前距滑动面不同深度处 X 方向的应力来探究抗滑桩的有效影响范围与以上两者的关系。

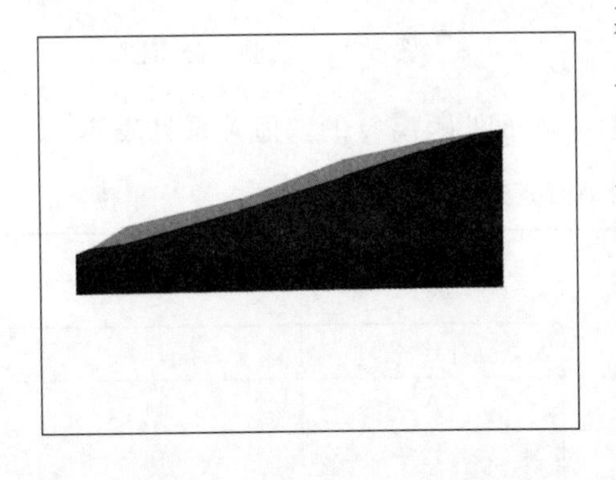

图 6.14 3DEC 离散元模型图

建立 3DEC 离散元模型（图 6.14），最大边界尺寸为 500m×145m×24m，坡脚 10°，桩附近以 1m 为单位进行网格剖分。其余部分以 6m 为单位进行剖分。离散元模型中坐标原点位于左下角。

选用理想弹塑性模型（$cons=2$）作为岩土体的本构模型，选取莫尔-库仑破坏准则作为岩土体的破坏准则，采用库伦滑动破坏模型（$jcons=1$）作为岩体结构面本构模型。由于模型四周边界形态不同，设置应力边界条件会使模型发生旋转或移动，滑体距离四周边界有一定的距离，所以模型的边界条件采用对位移进行约束[203]。模型边界条件：滑坡左右两侧边界水平方向、滑坡模型底部边界平面水平方向和竖直向位移为零，上边界面不加约束。数值模型计算参数以马家沟滑坡为参考并考虑库区滑床软硬岩物理力学参数（表 6.2）。

表 6.2　数值计算模型中岩土体物理力学参数取值表

材料类型	体积模量 /Pa	剪切模量 /Pa	法向刚度 /kPa	切向刚度 /kPa	重力密度 /(kN·m^{-3})	黏聚力 /Pa	内摩擦角 /(°)
滑体	10×10^6	10×10^6	—	—	19.2	0.2×10^6	15
滑床软岩	1.67×10^9	0.56×10^9	—	—	24.3	2.9×10^5	20
滑床硬岩	10×10^9	10.9×10^9	—	—	26.5	6.6×10^6	48
岩层面	—	—	1×10^8	1×10^7	—	0.2×10^6	26
抗滑桩	12×10^9	30×10^9	—	—	30	—	—

考虑到多根抗滑桩之间会相互影响，从而影响试验结果的规律性。故本次数值试验采用单根抗滑桩，采用三种工程中常用的截面尺寸，分别为 1.5m×2m、2m×3m、3m×4m，桩长 22m，嵌固段为 8m，分别在 106m、104m 处（距滑动面处距离分别为 4m、6m）水平面上沿桩中轴线取测线，平面上桩前间距 1m 布置应力监测点，每条测线 13～15 个点，监测点分布如图 6.15 所示。

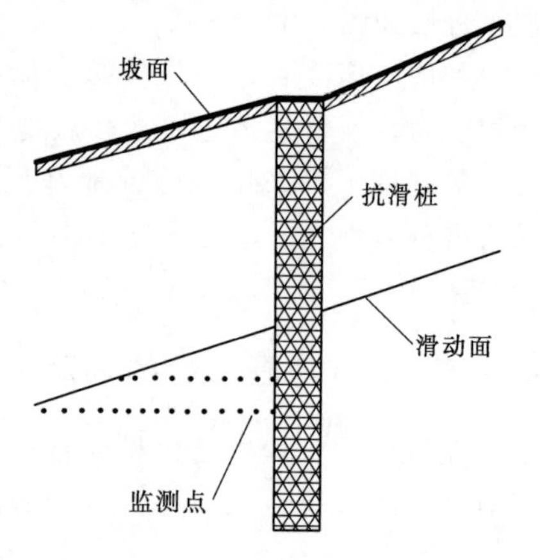

图 6.15　监测点分布图

由 3DEC 数值模拟的监测数据可以得出抗滑桩取不同截面尺寸，滑床分别取软岩和硬岩情况下有、无桩时应力分布对比规律（图 6.16～图 6.19）。

由图 6.16～图 6.19 可以看出，在抗滑桩附近，有桩和无桩情况下，应力差较大；随着与抗滑桩水平距离的增大，在有桩和无桩情况下的应力越来越接近，趋于重合。桩影响范围 x 与桩截面宽度 b、距滑动面处距离 y 的取值关系见表 6.3。

表 6.3　桩影响范围 x 与桩截面宽度 b、距滑动面处距离 y 的取值关系　　单位：m

岩体软硬	y	b		
		1.5	2	3
硬岩	4	7	10	15
	6	5	9	14
软岩	4	8	12	16
	6	6	11	15

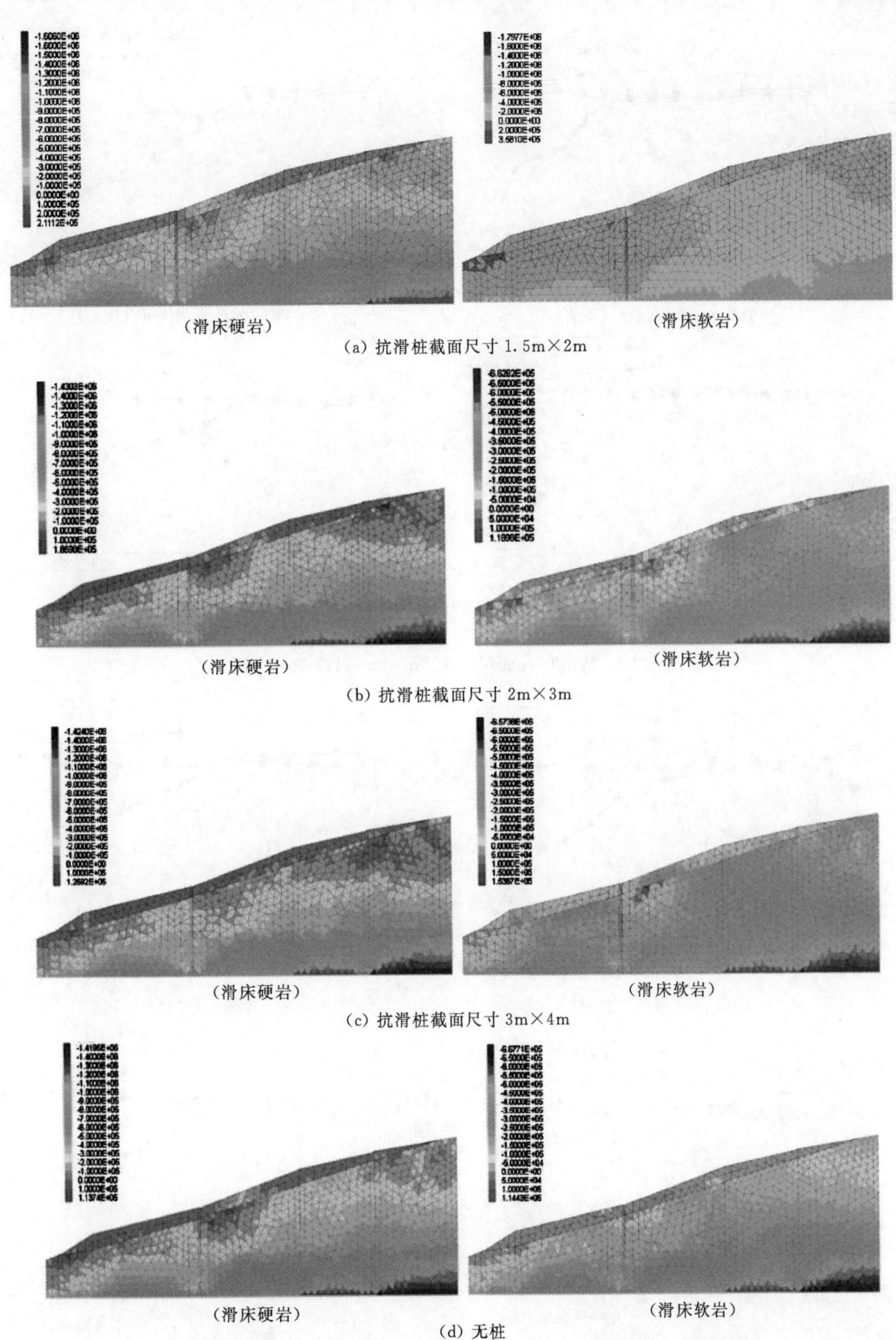

（滑床硬岩）　（滑床软岩）

(a) 抗滑桩截面尺寸 1.5m×2m

（滑床硬岩）　（滑床软岩）

(b) 抗滑桩截面尺寸 2m×3m

（滑床硬岩）　（滑床软岩）

(c) 抗滑桩截面尺寸 3m×4m

（滑床硬岩）　（滑床软岩）

(d) 无桩

图 6.16　3DEC 计算模型 X 方向应力分布图

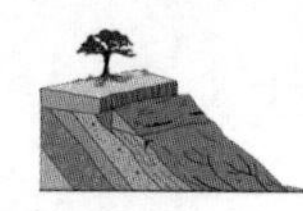

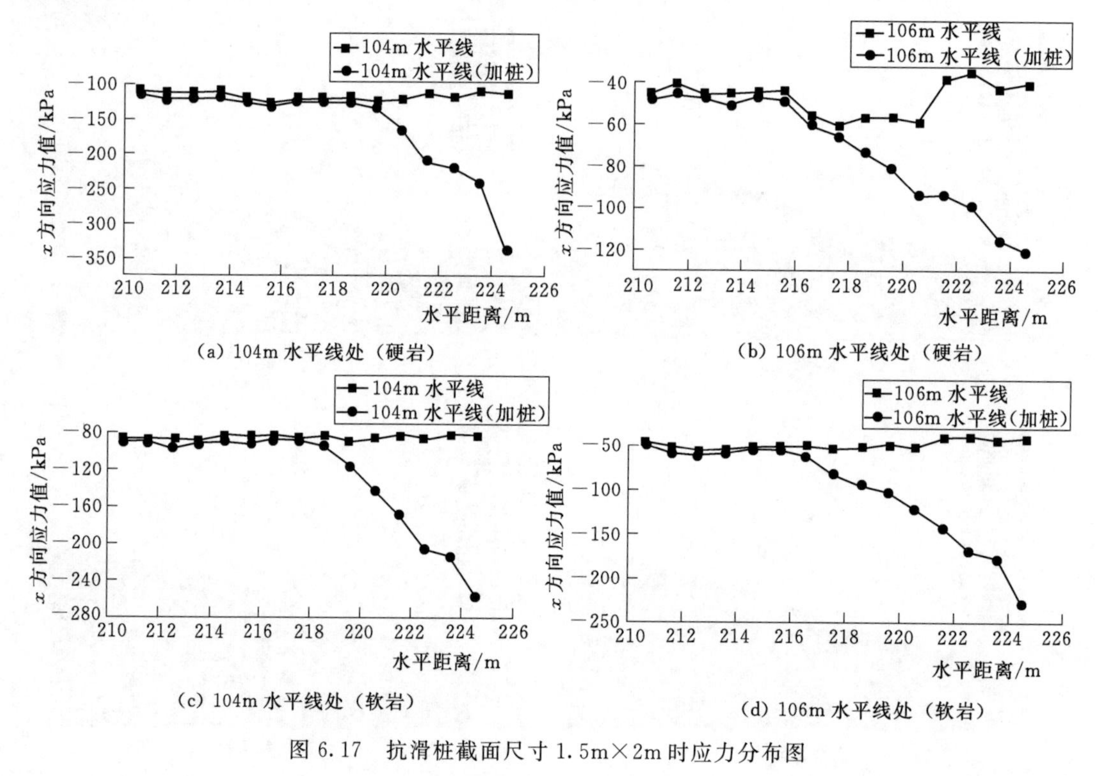

(a) 104m 水平线处（硬岩）　　(b) 106m 水平线处（硬岩）

(c) 104m 水平线处（软岩）　　(d) 106m 水平线处（软岩）

图 6.17　抗滑桩截面尺寸 1.5m×2m 时应力分布图

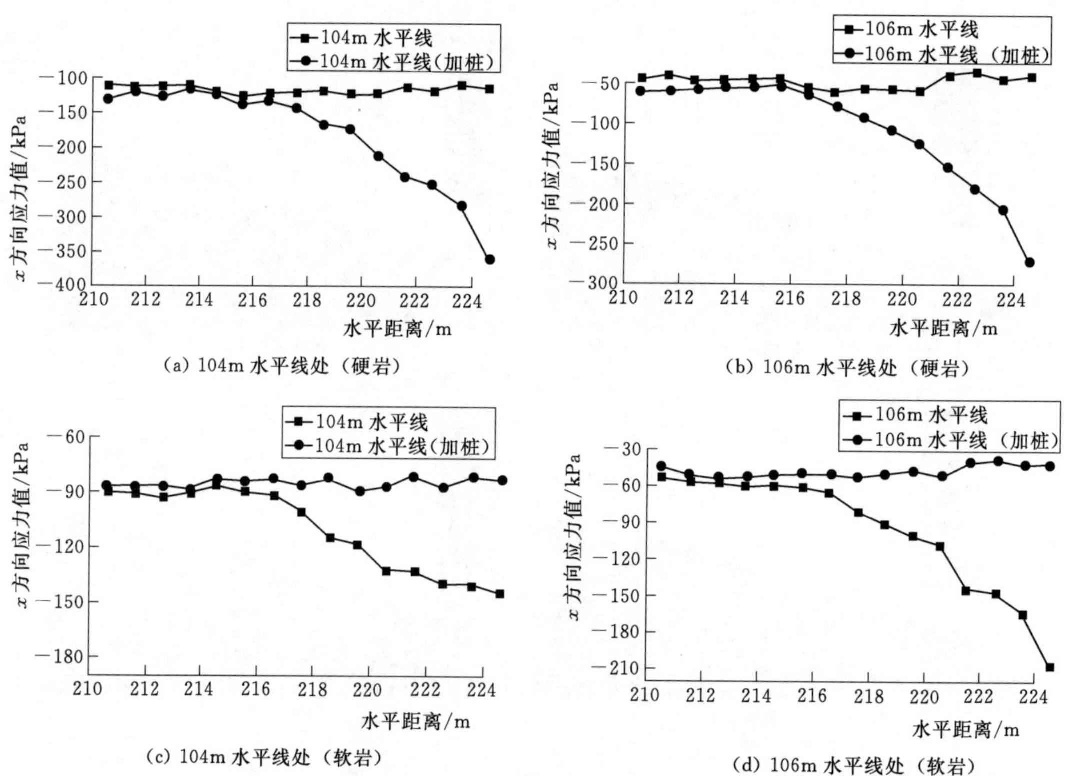

(a) 104m 水平线处（硬岩）　　(b) 106m 水平线处（硬岩）

(c) 104m 水平线处（软岩）　　(d) 106m 水平线处（软岩）

图 6.18　抗滑桩截面尺寸 2m×3m 时应力分布图

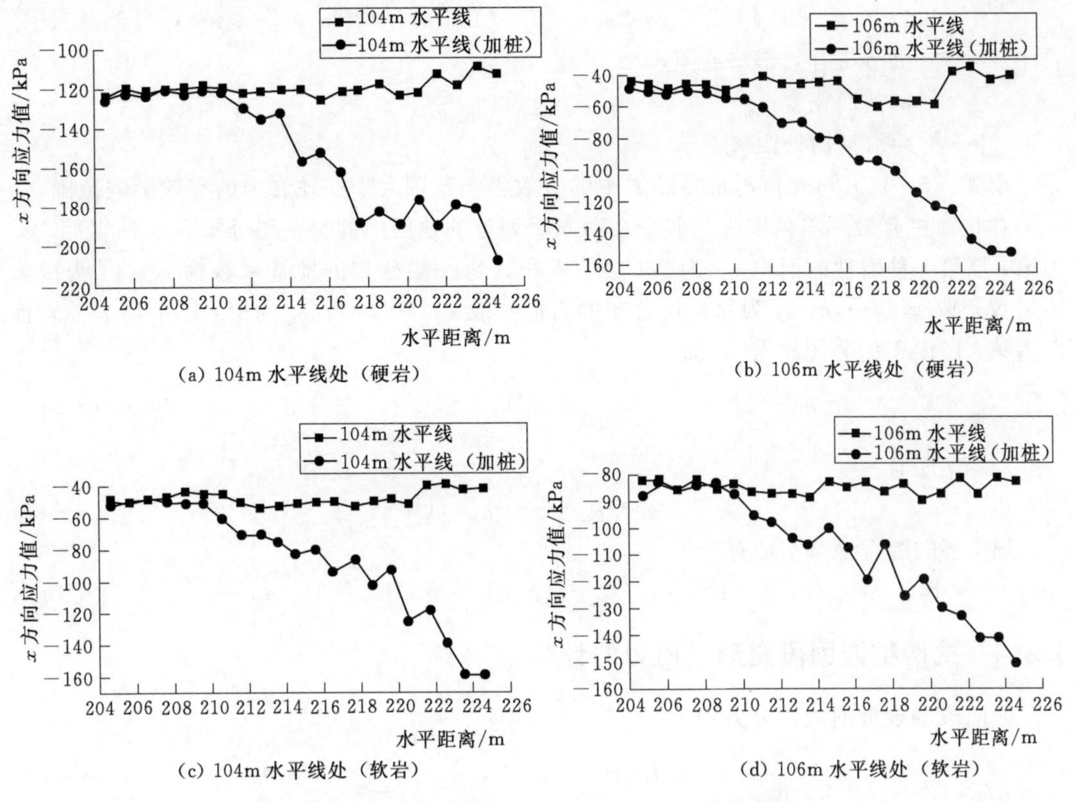

(a) 104m 水平线处（硬岩）

(b) 106m 水平线处（硬岩）

(c) 104m 水平线处（软岩）

(d) 106m 水平线处（软岩）

图 6.19 抗滑桩截面尺寸 3m×4m 时应力分布图

利用以上取值关系表的数据，通过 Matlab 编程拟合分别在硬岩和软岩时，桩影响范围 x、桩截面宽度 b、距滑动面处距离 y 的关系曲面图，并给出拟合公式，相关系数分别为 0.98 和 0.95（图 6.20）。

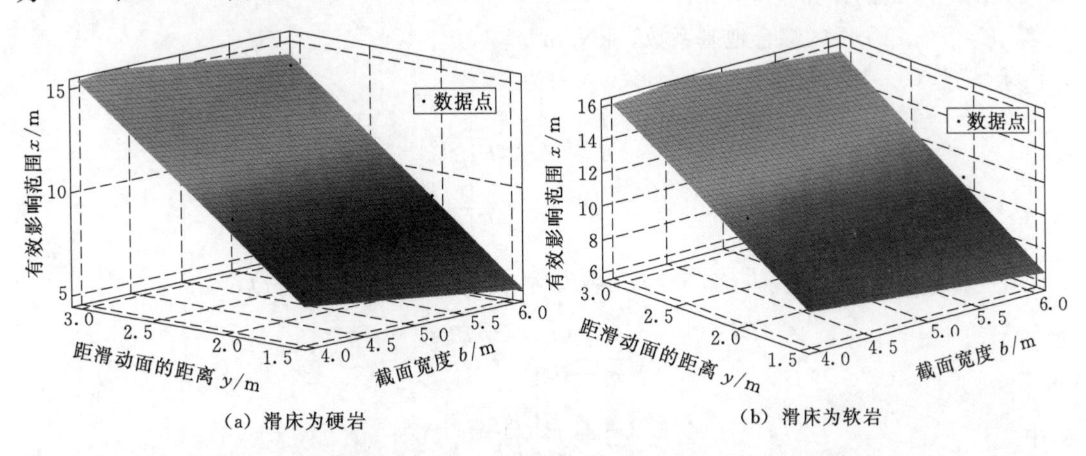

(a) 滑床为硬岩

(b) 滑床为软岩

图 6.20 桩影响范围 x、桩截面宽度 b、距滑动面处距离 y 的关系曲面图

滑床为硬岩时，拟合公式[204]为

$$x=5.571b-0.667y+1.261, R^2=0.98 \tag{6-15(a)}$$

滑床为软岩时，拟合公式[204]为

$$x=5.428b-0.667y+2.619, R^2=0.95 \quad (1.5\text{m}\leqslant b\leqslant 4\text{m}, 0\leqslant y\leqslant 8\text{m}) \tag{6-15(b)}$$

式中　x——抗滑桩有效影响范围；

b——桩截面宽度；

y——距滑动面处距离。

由式（6-15）可知抗滑桩在软岩中的有效影响范围大于在硬岩中的有效影响范围。

在抗滑桩有效影响范围内，假定在图6.7划分的地层中的每一层分布有n种岩性，s_{ij}为第i层第j种岩性的面积，s_i为第i层的面积，每一层分布的地基系数为K_{ij}（i为滑床地层数，取$1,2,\cdots,m$；j为每一层分布的岩性，取$1,2,\cdots,n$）；α_{ij}为第i层中第j种岩性所占第i层面积的分担比[205]，即

$$\alpha_{ij}=\frac{s_{ij}}{s_i} \tag{6-16}$$

对第i层有

$$\alpha_{i1}+\alpha_{i2}+\cdots+\alpha_{in}=1 \tag{6-17}$$

第i层的综合地基系数有

$$K_{Zi}=\alpha_{i1}K_{i1}+\alpha_{i2}K_{i2}+\cdots+\alpha_{in}K_{in} \tag{6-18}$$

6.3.4　抗滑桩嵌固段变形、内力的计算

嵌固段的挠度曲线微分方程为

$$EI\frac{d^4x_i}{dy_i^4}=-x_iK_{Zi}B_P \quad \left(0\leqslant y_i\leqslant l_i, \sum_{i=1}^{n}l_i=h_2\right) \tag{6-19}$$

式中　EI——桩身抗弯刚度，kN·m²；

y_i——桩身任一截面的埋深，m；

x_i——桩身任一截面的水平位移，m；

B_P——桩的计算宽度，m；

K_{Zi}——第i层的综合地基系数，kN/m³。

求解式（6-19）可得各点的变形、内力为

$$\left.\begin{aligned}\begin{bmatrix}x_y\\ \varphi_y\\ M_y\\ Q_y\end{bmatrix}_i&=\begin{bmatrix}g_1 & \dfrac{1}{\beta_i}g_2 & \dfrac{1}{EI\beta_i^2}g_3 & \dfrac{1}{EI\beta_i^3}g_4\\ -4\beta_i g_4 & g_1 & \dfrac{1}{EI\beta_i}g_2 & \dfrac{1}{EI\beta_i^2}g_3\\ -4EI\beta_i^2g_3 & -4EI\beta_i g_4 & g_1 & \dfrac{1}{\beta_i}g_2\\ -4EI\beta_i^3g_2 & -4EI\beta_i^2g_3 & -4\beta_i g_4 & g_1\end{bmatrix}\begin{bmatrix}x_f\\ \varphi_f\\ M_f\\ Q_f\end{bmatrix}_{i-1}\\ \sigma_y&=K_{Zi}x_y\end{aligned}\right\} \tag{6-20}$$

其中

$$\beta=\sqrt[4]{\frac{B_pK_{Zi}}{4EI}}$$

$$g_1=g_1(\beta_1y_1)=\cosh\beta_1y_1\cos\beta_1y_1$$

$$g_2=g_2(\beta_1y_1)=\frac{1}{2}(\cosh\beta_1y_1\sin\beta_1y_1+\sinh\beta_1y_1\cos\beta_1y_1)$$

$$g_3=g_3(\beta_1y_1)=\sinh\beta_1y_1\sin\beta_1y_1$$

$$g_4=g_4(\beta_1 y_1)=\frac{1}{4}(\cosh\beta_1 y_1\sin\beta_1 y_1-\sinh\beta_1 y_1\cos\beta_1 y_1)$$

式中：x_f、φ_f、M_f、Q_f——第 $i-1$ 层面处位移、转角、弯矩、剪力。

由于上述计算过程较为复杂，因此采用 Matlab 编写了考虑滑床复合倾斜岩体综合地基系数的抗滑桩位移、转角、弯矩、剪力计算程序。在嵌固段滑动面处弯矩和剪力、桩底边界条件已知，且分层的各段间是连续的情况下，运用循环语句先计算滑动面处的位移和转角，最后用克隆运算符计算弹性抗滑桩嵌固段的位移、转角、弯矩、剪力。

6.3.5 其他计算方法

采用把复合岩层地基系数换算成均质体的等效法[206]和把滑床岩体等效成水平的非均质体的不同地基系数法与本文修正方法进行对比分析。

1. 等效法

等效法即把复合岩层的地基系数按深度加权平均换算成相当于均质体的地基系数，然后按照均质体来计算抗滑桩的变位和内力。

2. 水平层状地基系数法

水平层状地基系数法是对于水平岩层把抗滑桩嵌固段按照地层岩性进行分层（图 6.21），基于多层地基横向受荷桩挠曲微分方程，利用线弹性反力法求解该微分方程，从而求得抗滑桩嵌固段的变形、内力。

6.3.6 实例分析

1. 工况一

三峡地区某滑坡滑床为下伏侏罗系遂宁组（J_{3S}）砂岩、砂质泥岩，为单斜岩层。抗滑桩嵌固段依次穿过粉砂质泥岩、侏罗系遂宁组砂岩、砂质泥岩，地基系数分别为 $1.5\times10^5\text{kN/m}^2$、$3.9\times10^5\text{kN/m}^2$、$2.5\times10^5\text{kN/m}^2$；地层产状为 270°∠28°。滑坡计算模型如图 6.22 所示。

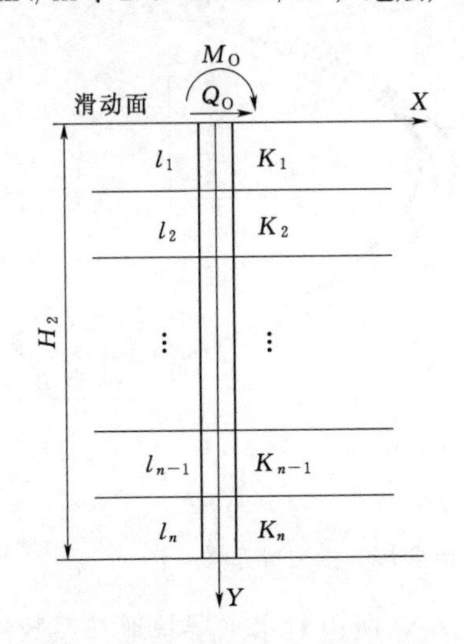

图 6.21 水平层状地基系数法分层示意图

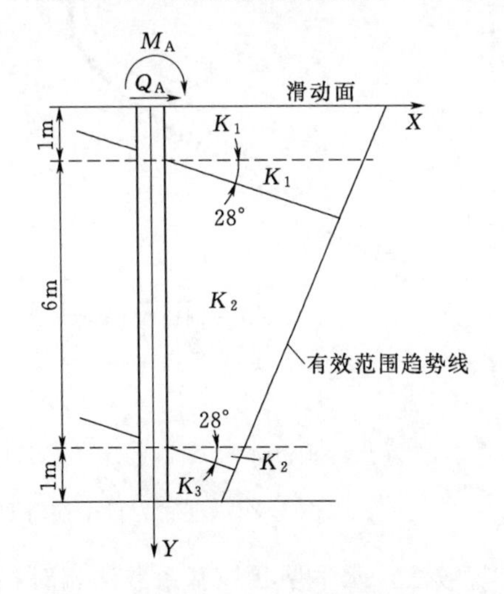

图 6.22 滑坡计算模型

由式（6-15）可知抗滑桩在软岩中的有效影响范围大于在硬岩中的有效影响范围。为安全起见，本次采用抗滑桩在软岩中的有效影响范围进行考虑滑床复合倾斜岩体综合地基系数的弹性抗滑桩受力分析，由式（6-16）和式（6-17）可得第一层的综合地基系数 K_{Z1} 为 1.5×10^5 kN/m²，第二层的综合地基系数 K_{Z2} 为 2.71×10^5 kN/m²，第三层的综合地基系数 K_{Z3} 为 3.74×10^5 kN/m²，根据研究区工程地质条件及相关规范，在设计时，桩底为自由端，编写 Matlab 程序计算抗滑桩嵌固段位移、转角、弯矩、剪力，并与水平层状地基系数法、等效法对比，计算结果如图 6.23 所示。

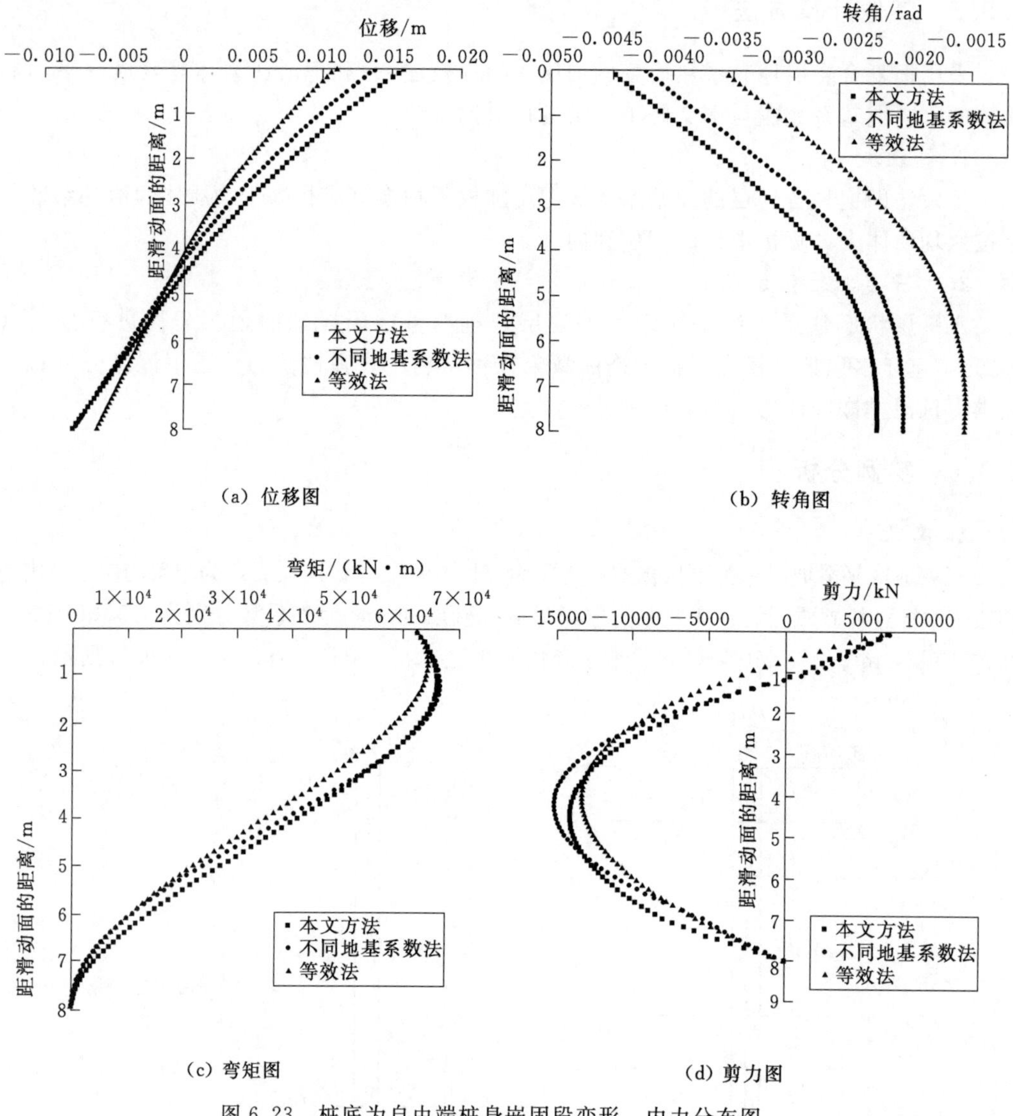

(a) 位移图　　(b) 转角图

(c) 弯矩图　　(d) 剪力图

图 6.23　桩底为自由端桩身嵌固段变形、内力分布图

对比等效法，水平层状地基系数法相对误差较小，所以对水平层状地基系数法和本文修正方法进行对比分析。由上述计算结果可知，当桩底边界条件为自由端时，滑面处位移相差较大，本文修正方法比水平层状地基系数法在滑面处的位移大 14.6%，转角增大

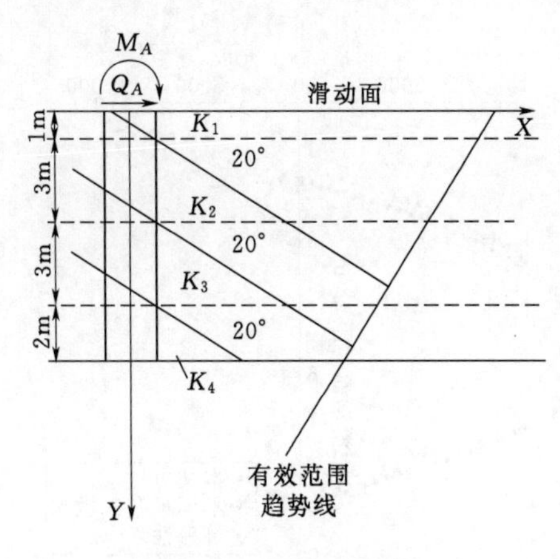

图 6.24　滑坡计算模型

7%，弯矩最大值有所减小，剪力最大值减小7.5%，相差1097kN。

由滑动面处的连续边界条件，已知滑动面处的位移反求桩顶的位移为14.6cm，与现场监测的位移15cm相差2.6%。

2. 工况二

西南地区某路堑边坡滑床为紫红色粉砂质泥岩、青灰色泥质粉砂岩为主的复合岩层边坡，抗滑桩嵌固段依次穿过紫红色粉砂质泥岩、青灰色泥质粉砂岩，地基系数分别为1×10^5kN/m^2、3×10^5kN/m^2，地层产状为270°∠30°。滑坡计算模型如图6.24所示。

由式（6-15）可知抗滑桩在软岩中的有效影响范围大于在硬岩中的有效影响范围。为安全起见，本次采用抗滑桩在软岩中的有效影响范围进行考虑滑床复合倾斜岩体综合地基系数的弹性抗滑桩受力分析，由式（6-16）和式（6-17）可得第一层的综合地基系数K_{Z1}为1×10^5kN/m^2，第二层的综合地基系数K_{Z2}为1.43×10^5kN/m^2，第三层的综合地基系数K_{Z3}为2.03×10^5kN/m^2，第四层的综合地基系数K_{Z4}为1.76×10^5kN/m^2，根据研究区工程地质条件及相关规范，在设计时，桩底为自由端，编写Matlab程序计算抗滑桩嵌固段位移、转角、弯矩、剪力，并与水平层状地基系数法、等效法对比，计算结果如图6.25所示。

由上述计算结果可知，当桩底边界条件为自由端时，滑面处位移相差较大，本文修正方法比水平层状地基系数法在滑面处的位移大37%，转角增大26.3%，弯矩最大值有所减小，剪力最大值增大3.6%。

由滑动面处的连续边界条件，已知滑动面处的位移反求桩顶的位移为4.35cm，与现场监测的位移5cm相差1.3%。

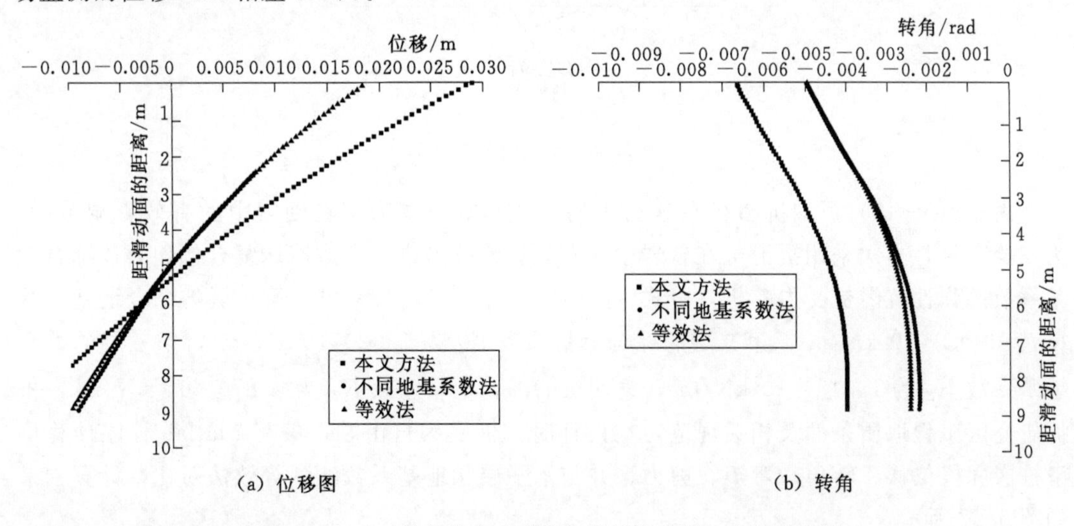

图 6.25（一）　桩底为自由端桩身嵌固段变形、内力分布图

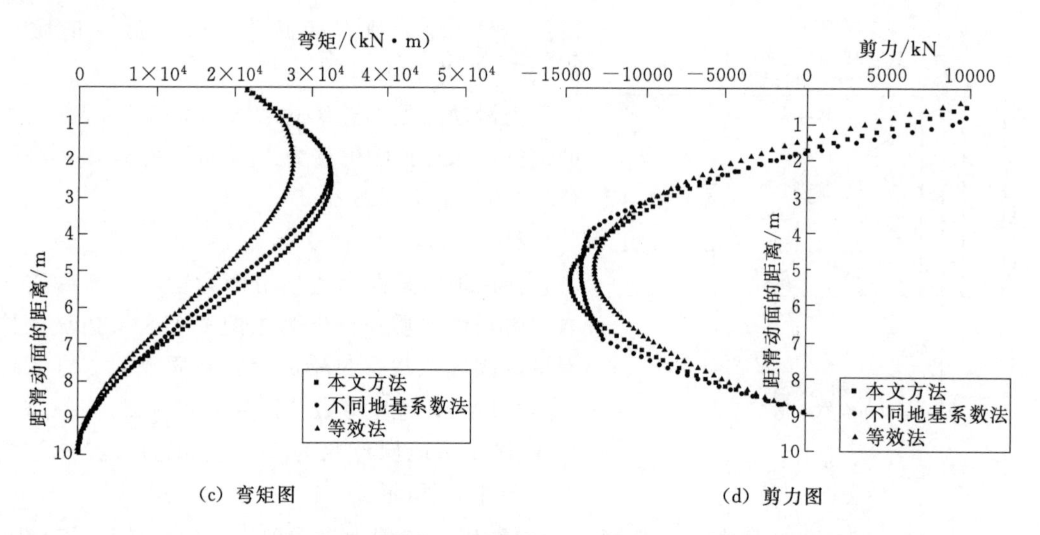

(c) 弯矩图　　(d) 剪力图

图 6.25（二）　桩底为自由端桩身嵌固段变形、内力分布图

3. 工况三

西南地区某滑坡滑床为碳质泥灰岩、灰岩、松散堆积体为主的复合岩层路堑边坡，抗滑桩嵌固段依次穿过碳质泥灰岩、坚硬石灰岩、砂质泥岩、粗粒花岗岩，地基系数分别为 $0.12\times10^5\,kN/m^2$、$2.0\times10^5\,kN/m^2$、$0.8\times10^5\,kN/m^2$、$1.2\times10^5\,kN/m^2$，地层产状为 270°∠20°。滑坡计算模型如图 6.26 所示。

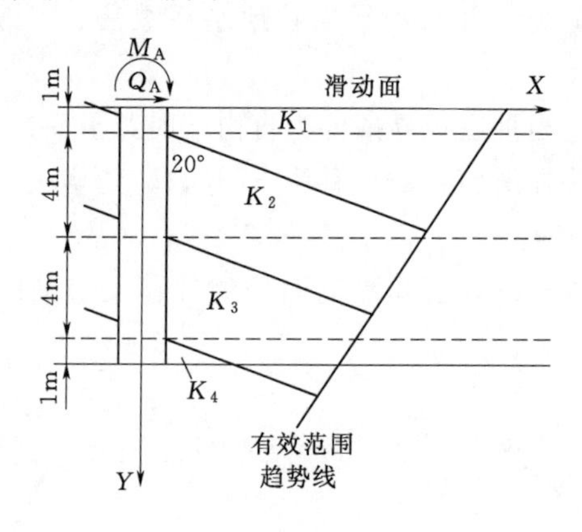

图 6.26　滑坡计算模型

由式（6-15）可知抗滑桩在软岩中的有效影响范围大于在硬岩中的有效影响范围。为安全起见，本次采用抗滑桩在软岩中的有效影响范围进行考虑滑床复合倾斜岩体综合地基系数的弹性抗滑桩受力分析，由式（6-16）和式（6-17）可得第一层的综合地基系数 K_{Z1} 为 $0.12\times10^5\,kN/m^2$，第二层的综合地基系数 K_{Z2} 为 $1.02\times10^5\,kN/m^2$，第三层的综合地基系数 K_{Z3} 为 $1.313\times10^5\,kN/m^2$，第四层的综合地基系数 K_{Z4} 为 $0.876\times10^5\,kN/m^2$，根据研究区工程地质条件及相关规范，在设计时，桩底为自由端，编写 Matlab 程序计算抗滑桩嵌固段位移、转角、弯矩、剪力，并与水平层状地基系数法、等效法对比，计算结果如图 6.27 所示。

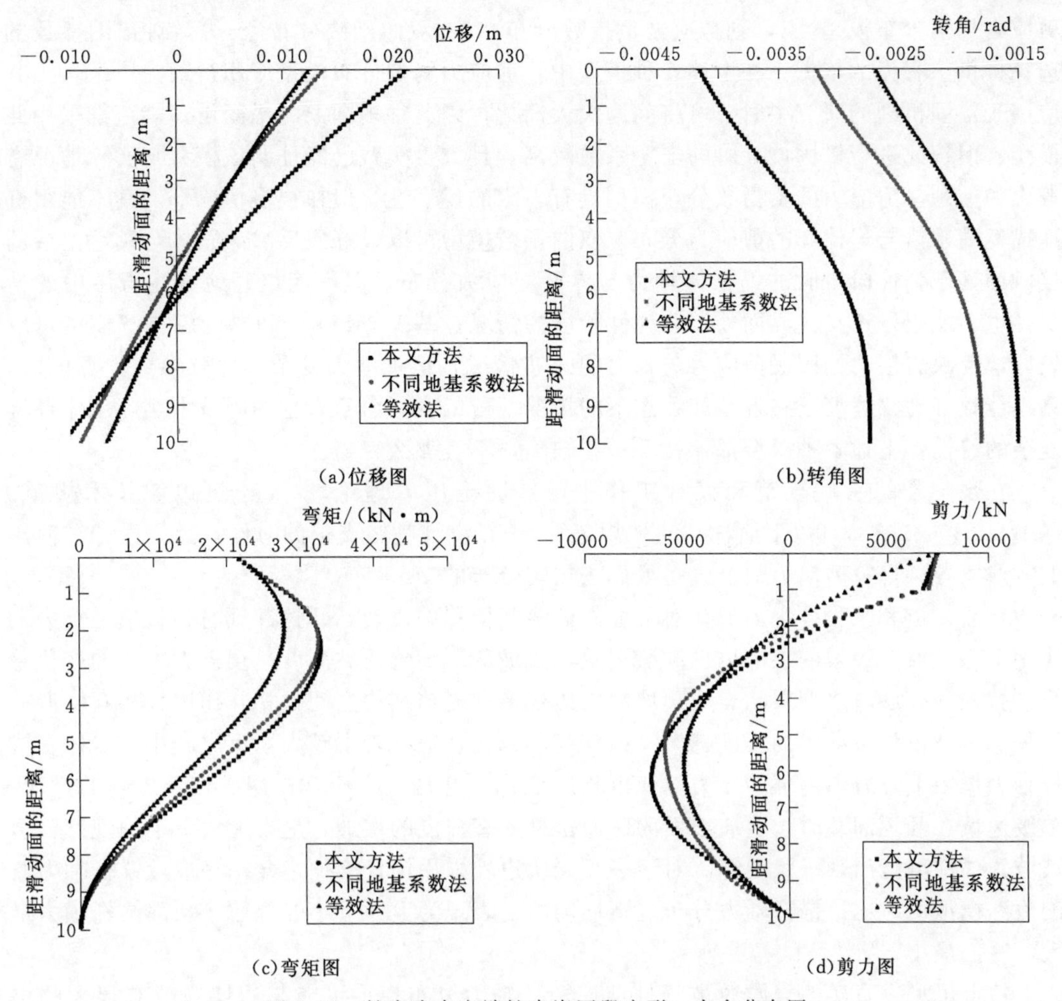

图 6.27 桩底为自由端桩身嵌固段变形、内力分布图

由上述计算结果可知，当桩底边界条件为自由端时，滑面处位移相差较大，本文修正方法比水平层状地基系数法在滑面处的位移大 35.8%，转角增大 23.3%，弯矩最大值有所增大，剪力最大值减小 9.8%。

6.4 基于荷载传递法的锚杆内力分布及锚固段设计方法研究

6.4.1 传统设计方法的不足

在进行锚固结构设计时，分析清楚锚固机理是最重要的。其中一个最关键的问题就是锚固段长度的确定，而锚固段长度影响着锚固段的锚固力，它的变化情况又直接关系着锚固段剪应力分布规律。

国内外学者在锚固段力学传递模型方面进行了大量的卓有成效的研究工作，从最初的剪应力均匀分布模型[207]，到剪应力负指数分布[208]、双曲函数分布[209]等，对锚固参数的选择提供了有力的依据。在上述各种模型中，剪应力均匀分布模型应用得最为广泛，因其应用于锚固机理的研究中时，可将问题大大简化，因此很多国家的锚固设计规范都采用此模型。但按此进行锚固设计时的安全系数较高，且大量实践已经证明该模型与实际情况有较大的差别。剪应力的负指数分布模型具有一定的代表性，但在很多情况下，其不能很好地描述灌浆体与岩体间的剪应力分布。双曲函数模型可以较好地反映灌浆体与黏性土层的接触面处于弹性阶段时的锚杆体轴力与界面剪应力分布，但不能很好地描述岩层中的情况，也不能很好地描述界面处于非弹性阶段的情况。基于 Mindlin 问题的解析解模型可以较好地反映岩层中锚固段剪应力与轴力的分布情况，但推演太复杂，部分参数计算困难，且不能很好地描述处于临近破坏状态下的情况。可以说，由于岩土锚固技术实际工作环境复杂的特性，上述各种模型都存在着一些缺陷，不是那么完美。

在现阶段的一些规范和设计工作中，借助土压力理论，《建筑边坡技术规范》(GB 50330—2013)（以下简称“边坡规范”）中在设计喷锚支护的时候，为了设计和使用的方便，各种计算剪应力的公式是近似按均匀分布的。

科研人员和工程技术人员在对边坡的监测和模拟中发现，开挖卸载时，边坡在重力的作用下，一般在边坡的顶部出现卸荷裂隙，边坡变形随着边坡高度呈现上大下小的变化趋势，打入锚杆后，典型层状岩质边坡的岩体变形和支挡结构之间是相互作用、相互协调的过程。边坡位移被约束的程度越大，锚杆变形越大，锚杆轴力越大，反之越小。岩体受锚杆轴力作用下，岩体内部的压力应变也相应变化，这是一个相互作用、相互影响的过程。单级边坡在开挖卸载时，边坡坡面的侧面位移随着深度的增加，呈现上大下小的规律，边坡坡顶局部可能出现了张裂缝。对于多级岩质边坡采用锚杆支护，开挖完成后锚杆轴力监测值和模拟值对比，锚杆轴力分布是不均匀的，表现为上大下小的规律，顶部锚杆轴力最大，底部最小。

综上可见，真实的岩质边坡锚杆剪应力、轴力分布模型可能与边坡规范有很大的出入。边坡规范在全国范围内施行多年来，按边坡设计的岩质边坡不计其数，从效果来说，应该是好的。但是这种套用土质边坡的理论来处理岩质边坡的问题，可能使边坡工程出现极大的浪费，相对比较保守，且其安全性和可靠度也令人担忧。而当前很多工程都是处于典型层状岩体中，但目前没有关于层状岩体锚固方案的设计，因此，研究新的岩质边坡锚杆内力分布模型、提出新的边坡锚固段设计方案是必要的、迫切的。

6.4.2 基本假定及力学模型建立

本书将锚杆视做桩，采用荷载传递法来推导锚杆锚固段荷载传递的基本微分方程，结合开尔文（Kelvin）问题和布西涅斯克（Boussinesq）问题的位移解，推求锚固段的应力分布函数，提出新的边坡锚固段设计方案。

6.4.2.1 布西涅斯克问题的位移解

锚杆或锚索在进行锚固工程使用之前一般都要进行抗拔试验，以确定其基本的物理参数。抗拔试验一般采用两种方法：常规拉拔试验和改进型拉拔试验。由于常规拉拔试验在拉拔过程中得到的结果并非严格意义上的半无限空间体边界上受集中力作用，因此受边界

条件的影响比较大。为了消除边界条件的影响，目前拉拔试验逐渐采用改进型拉拔试验方法对锚杆或锚索进行拉拔试验，具体的示意图如图 6.28 和图 6.29 所示。

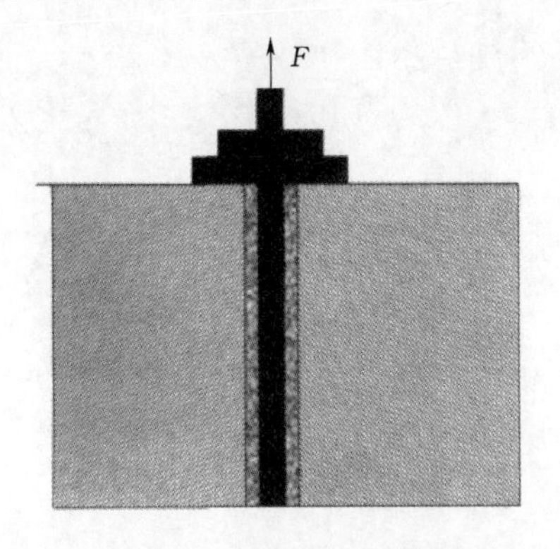

图 6.28 常规拉拔试验图

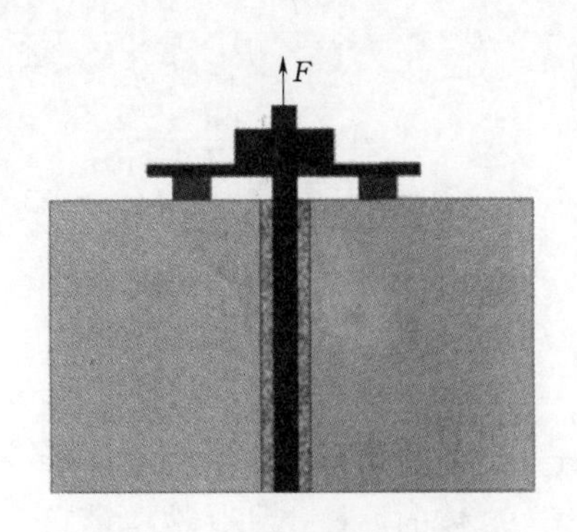

图 6.29 改进型拉拔试验图

根据图 6.29，锚固段受力可以认为是无限半空间体边界上某点受到集中力的作用而引起空间内某点的位移解的问题，则根据此理解作出如下假定[213]：

(1) 锚杆或锚索比较长，在锚杆或锚索受拉情况下，注浆材料与杆体和岩体均为弹性状态，且在拉力 F 的作用下，杆体与注浆材料没有出现开裂和脱离的现象。

(2) 浆体材料很薄。

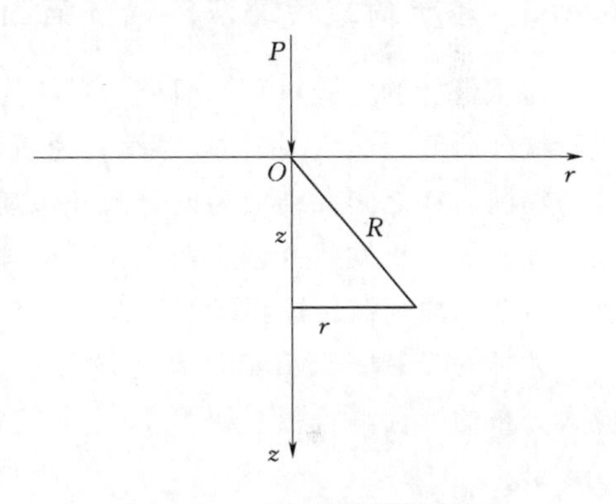

图 6.30 布西涅斯克计算图

全长注浆锚索或锚杆的力学模型可以理解为半无限空间体边界上受一法向集中力 P 的作用，计算图如图 6.30 所示，则空间内某点位移计算式为

$$u=\frac{(1+v)P}{2\pi E}\left[\frac{rz}{R^3}-(1-2v)\frac{r}{R(R+z)}\right] \tag{6-21}$$

$$w=\frac{(1+v)P}{2\pi E}\left[\frac{2(1-v)}{R}+\frac{z^2}{R^3}\right] \tag{6-22}$$

其中 $$R=\sqrt{r^2+z^2}$$

式中 v——岩体的泊松比；

E——岩体的弹性模量。

式 (6-21) 所表示的是径向位移，式 (6-22) 所表示的是轴向位移，故本次轴向位移推导采用式 (6-22)。

6.4.2.2 开尔文模型

在无限体内一点承受集中力 P 的作用，此问题即为开尔文问题，它对应的基本解是 Kelvin 解，利用这些基本解可解决很多全空间和半空间的受力问题。开尔文模型如图 6.31 所示。设集中力 P 沿 z 方向作用在坐标原点 O，边界条件应满足以下条件：

(1) 在无穷远处所有应力分量均趋于零。

(2) 在 O 点处应力的奇异性相应于集中力的幅度 P。

开尔文问题沿 z 方向的位移 $u(z)$ 为

$$u(z)=A\left[\frac{2(1-2v)}{R}+\frac{1}{R}+\frac{z^2}{R^3}\right] \tag{6-23}$$

其中

$$A=\frac{P}{16\pi G(1-v)}$$

$$R=\sqrt{x^2+y^2+z^2}$$

$$G=\frac{E}{2(1+v)}$$

图 6.31　开尔文模型

式中　A——锚杆体截面积；

G——岩体剪切模量；

v、E——岩体的泊松比和弹性模量。

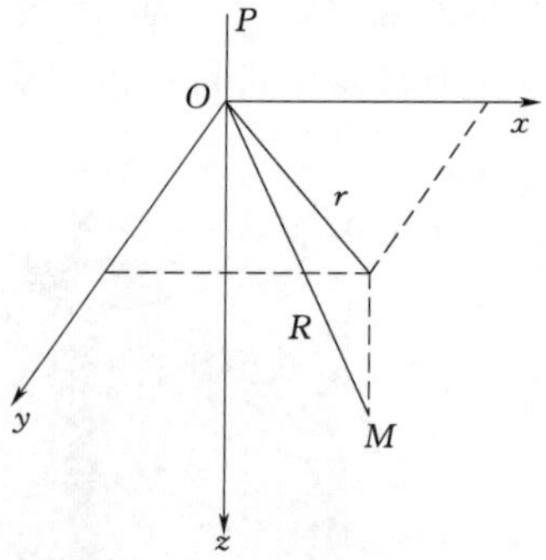

6.4.3　基于荷载传递法的锚杆锚固段荷载变形分析

对于锚杆的锚固机理的研究，目前还没有统一的理论，国内外主要是从两个方面对其进行展开研究[211]：①锚固段载荷传递机理，特别是注浆岩石锚杆中锚杆与灌浆体、灌浆体与周围岩体之间黏结应力的分布和传递机理的研究，这是从微观方面进行分析；②从锚固体加固效果出发研究岩土锚固作用机理，可以理解为宏观分析研究。很多学者利用力学理论对锚固段荷载传递机理进行解析分析。

尤春安[212]基于 Mindlin 问题的位移解，推导了全长黏结式锚杆剪应力、轴向载荷等应力分布的弹性解；张季如等[209]在假定锚固体与岩土体之间的剪切力与剪切位移呈线性增加关系的基础上，建立了锚杆荷载传递的双曲函数模型。本书将从另外一个角度，即引入在桩基沉降计算中常用的荷载位移法对锚杆锚固段进行分析，结合布西涅斯克问题和开尔文问题的位移解，推求锚固段的应力分布函数，提出新的边坡锚固段设计方案，并依据基于 Mindlin 问题的位移解，提出典型层状岩体锚固段的设计方法，以此试图能够对锚固段的荷载传递机理有更深一步的认识。

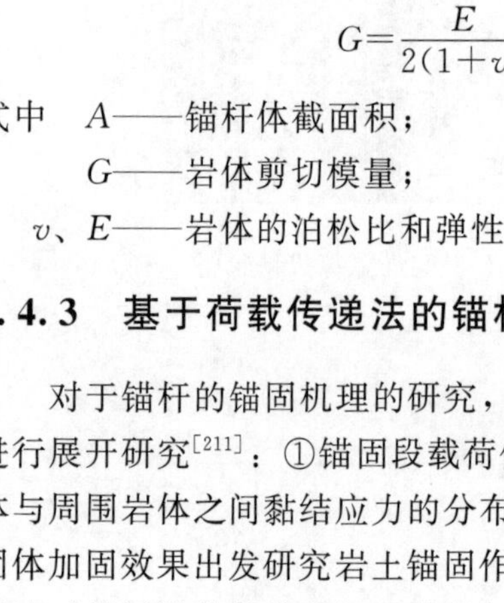

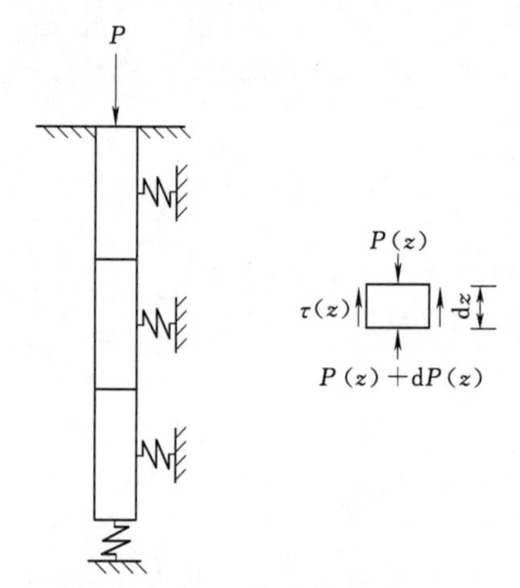

图 6.32　荷载传递法力学模型示意图

6.4.3.1　荷载传递法的锚杆锚固段荷载变形分析

荷载传递法[213]首先是由 Seed 和 Reese 在 1955 年提出的，是研究桩基础的一种最普遍的方法。其基本概念是把桩看作由许多弹性单元组成，每一单元与土体之间（包括桩尖）都用非线性弹簧联系（图 6.32），这些非线性弹簧表示桩侧摩阻力（或桩尖阻力）与剪切位移（或桩端位移）之间的关系，通常统称为荷载传递函数或 $\tau-z$ 曲线。一旦桩土间的这种关系曲线获得后，就可以求得在竖向荷载下桩侧摩阻力和桩身轴力分布以及桩身各截面处的位移。

荷载传递法的基本方程为

$$\frac{d^2 s}{d z^2}=\frac{U}{A_p E_p}\tau(z) \tag{6-24}$$

式中 U——桩截面周长；

A_p——桩截面积；

E_p——弹性模量。

6.4.3.2 基本微分方程分析

1. 开尔文问题的位移解

(1) 基本微分方程。将锚杆视作桩，来分析其荷载传递过程。其受力与图 6.31 相似，取图 6.31 中的微段进行受力分析，即

$$P(z)=P(z)+dP(z)+c\tau(z)dz \tag{6-25}$$

其中

$$c=\pi d$$

式中 c——锚杆体的周长；

d——锚杆体直径。

则式 (6-25) 简化为

$$\frac{dP(z)}{dz}=-\pi d\tau(z) \tag{6-26}$$

微元体受荷后所产生的弹性变形为

$$du(z)=-\frac{P(z)}{E_p A_p}dz \tag{6-27}$$

由式 (6-26) 和式 (6-27) 可得

$$E_p A_p \frac{d^2 u(z)}{d z^2}-\pi d\tau(z)=0 \tag{6-28}$$

即为基于荷载传递法的锚杆锚固段的基本微分方程。

(2) 锚固段荷载传递函数（τ-z 曲线）。结合式 (6-24) 及式 (6-28)，可以得到锚固段的剪应力的分布函数为

$$\tau(z)=\frac{E_g dP}{8\pi G z^3} \tag{6-29}$$

对式 (6—29) 沿锚固段长度积分即得锚杆锚固段的轴力分布函数为

$$N(z)=\pi d\int_z^{+\infty}\tau(z)dz=\pi d\int_z^{+\infty}\frac{E_p dP}{8\pi G z^3}dz=\frac{E_p d^2}{16G z^2}P \tag{6-30}$$

式 (6-29) 和式 (6-30) 即为锚杆锚固段的剪应力、轴力分布函数[217]。

(3) 锚固段合理长度的探讨。当锚固段长度远远大于锚杆体直径时，锚固力的大小与锚固段长度几乎没有关系；当锚固段长度增加到足够长后，再增加锚固段的长度，对极限锚固力的影响微乎其微。应该说，存在着一个临界的锚固段长度，超过这个长度后，锚固力不仅不再增长，反而会增加工程成本，带来工程浪费。锚杆在工作期间如果不被破坏，其所受到的外力合力 N 必须小于锚杆的设计拉力值 F，即

$$\int_0^z N(z)dz\leqslant F \tag{6-31}$$

结合式 (6-31)，可以得到锚固段长度的数学表达式，即

$$L \geqslant K \frac{E_{\mathrm{p}} \mathrm{d}^2 P}{16GF} \tag{6-32}$$

式中 K——安全系数。

2. 基于布西涅斯克问题的位移解

在式（6-21）中，$R=\sqrt{r^2+z^2}$，E、μ 为岩体的弹性模量和泊松比。若 $r=0$，则 $R=z$，则在对称轴方向上某点位移的布西涅斯克解为

$$w=\frac{(1+\mu)(3-2\mu)P}{2\pi E} \tag{6-33}$$

对式（6-33）进行两次求导可得

$$\frac{\mathrm{d}^2 w}{\mathrm{d}\, x^2}=\frac{(1+\mu)(3-2\mu)P}{\pi E z^3} \tag{6-34}$$

其中
$$G=\frac{E}{2(1+\mu)}$$

故

$$\frac{\mathrm{d}^2 w}{\mathrm{d}\, x^2}=\frac{(3-2\mu)P}{2\pi G z^3} \tag{6-35}$$

由式（6-24）和式（6-35）可以得到锚固段的剪应力的分布函数为

$$\tau(z)=\frac{(3-2\mu)\mathrm{d}\, E_{\mathrm{p}} P}{8\pi G z^3} \tag{6-36}$$

对式（6-36）沿锚固段长度积分即得锚杆锚固段的轴力分布函数为

$$N(z)=\pi d\int_{\tau}^{+\infty}\tau(z)\mathrm{d}z=\pi d\int_{\tau}^{+\infty}\frac{(3-2\mu)E_{\mathrm{p}}\mathrm{d}P}{8\pi G z^3}\mathrm{d}z=\frac{(3-2\mu)E_{\mathrm{p}}\mathrm{d}^2}{16G z^2}P \tag{6-37}$$

根据合力公式，结合式（6-31），可以得到锚固段长度的数学表达式，即

$$L \geqslant K\frac{(3-2\mu)E_{\mathrm{p}}\mathrm{d}^2}{16GF}P \tag{6-38}$$

3. 基于 Mindlin 问题的位移解

（1）内力分布。尤春安[212]利用 Mindlin 问题的位移解导出全长黏结式锚杆受力的弹性解，得到锚固段的剪应力的分布函数为

$$\tau(z)=\frac{P}{\pi a}\left(\frac{1}{2}tz\right)\mathrm{e}\left(-\frac{1}{2}t z^2\right) \tag{6-39}$$

其中
$$t=\frac{1}{(1+\mu)(3-2\mu)a^2}\left(\frac{E}{E_{\mathrm{p}}}\right)$$

式中 a——锚杆体半径。

将式（6-39）进行积分，可获得锚杆轴力沿锚杆的分布为

$$N=P\mathrm{e}^{-\frac{1}{2}tz^2} \tag{6-40}$$

令 τ 的一阶导数等于0，可获得最大剪应力的位置和大小分别为

$$z=\sqrt{\frac{1}{t}} \tag{6-41}$$

$$\tau_{\max}=\frac{P}{2\pi a}\sqrt{\frac{t}{e}} \tag{6-42}$$

(2) 层状岩体锚固段长度的确定。层状岩体中各层岩层厚度不同，物理参数不同，为了确定层状岩体锚固段的长度，首先根据规范确定岩体的计算锚固范围，接着采用等效法即采用计算锚固范围内岩体弹性模量和泊松比按厚度进行加权换算，即将多层弹性模量和泊松比换算为一个相当于均质体时的复合弹性模量和泊松比，再以均质体分析锚固段内力分布，从而确定层状岩体锚固段长度。

当计算锚固范围岩层为三层时，复合弹性模量和泊松比为

$$E'=\frac{E_1h_1+E_2h_2+E_3h_3}{h_1+h_2+h_3} \tag{6-43}$$

$$\mu'=\frac{\mu_1h_1+\mu_2h_2+\mu_3h_3}{h_1+h_2+h_3} \tag{6-44}$$

冯金健[215]认为：锚注体界面剪应力小于 0.1MPa 时（相当一个 50kg 的人对地面单位面积上所产生的压力），可近似认为剪应力为零，把锚固段起点到界面，剪应力等于 0.1MPa 处的距离称为有效锚固段长度。故层状岩体的有效锚固段长度l_e为当锚固段界面剪应力等于 0.1MPa 时锚固段起点到该处的距离。

由剪应力的分布函数可知

$$l_e=K\sqrt{\frac{lambertw\left(-\frac{4\pi^2a^2\tau^2}{P^2t}\right)}{t}}(\tau=0.01) \tag{6-45}$$

式中 $lambertw(\cdot)$ ——朗伯特函数，若 $\omega e^{w}=x$，则 $\omega=lambertw(x)$。

为了保证锚固段不发生破坏，则要求

$$\tau_{\max}\leqslant\tau' \tag{6-46}$$

式中 τ'——岩层的黏结强度。

6.4.4 锚固段应力分布影响因素

6.4.4.1 外荷载 *P* 的影响

假定对锚杆施加不同的拉拔荷载，其值分别为 60kN、80kN、100kN 和 120kN，其他参数与算例中参数相同，根据式（6-29）、式（6-30）、式（6-36）和式（6-37）可绘制出两种方法在不同荷载级别下的锚固段轴力、剪应力分布曲线，如图 6.33 和图 6.34 所示。

两种方法的剪力、轴力在锚固段的分布趋势一致：

从图 6.32 可以看出，随着外载荷的增加，锚固段注浆体与外面岩土界面上的剪应力不断增大，这说明增加预应力载荷可以有效地增强锚杆的锚固效果。不同荷载级别作用下界面上的剪应力有效值所对应的锚固深度是一定的，并不随着荷载的变化有太大的变化。

从图 6.33 可以看出，随着外载荷的增加，锚固段轴力不断增大，锚固段注浆体处于受拉状态下，锚固段拉应力越大，易造成注浆体受拉开裂。不同荷载作用级别下锚固段轴力分布范围是一定的，并不随着外荷载的变化而变化。

6.4.4.2 孔径 *d* 的影响

假定对不同孔径的锚杆施加 $P=100$kN 的荷载，采用当今锚杆经常采用的几种孔径，孔径 d 分别为 0.05m、0.07m、0.1m 和 0.15m，其他参数与算例中参数相同，根据式（6-29），式

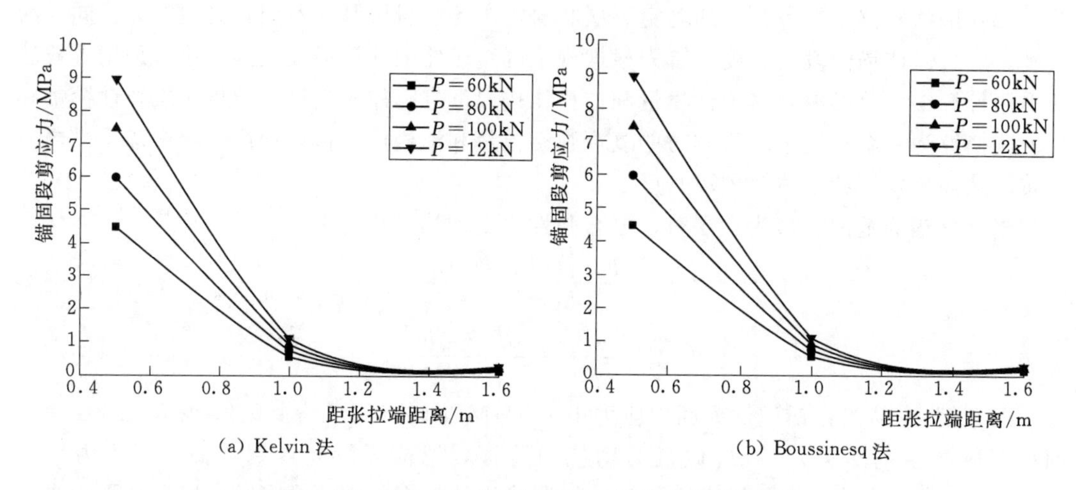

(a) Kelvin 法　　(b) Boussinesq 法

图 6.33　两种方法在不同外载时的剪应力分布曲线

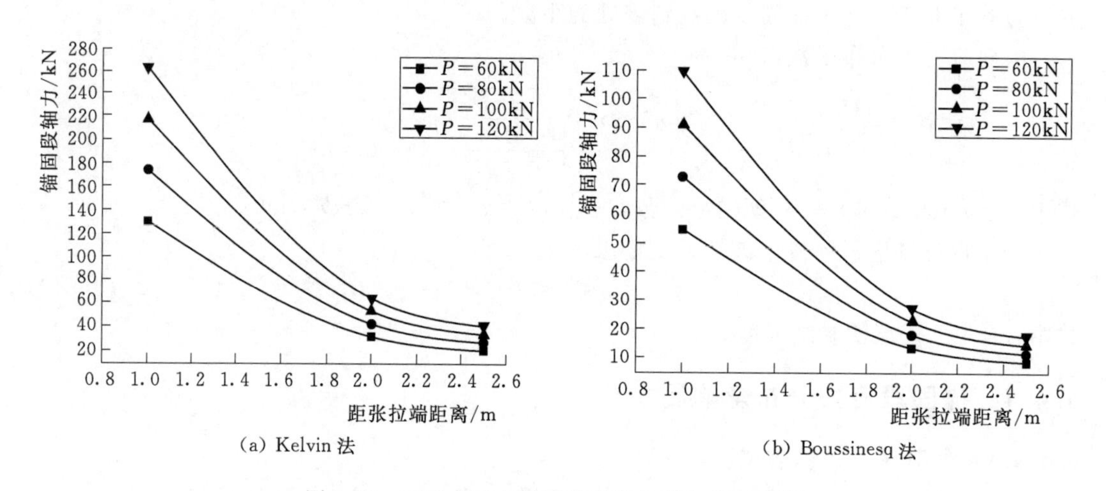

(a) Kelvin 法　　(b) Boussinesq 法

图 6.34　两种方法在不同外载时的轴力分布曲线

(6-30)、式 (6-36) 和式 (6-37) 可绘制出两种方法在不同锚杆孔径下的锚固段轴力、剪应力分布曲线，如图 6.35 和图 6.36 所示。

两种方法的剪力、轴力在锚固段的分布趋势一致。锚固段应力分布是很不均匀的，剪应力和轴力的最大值都出现在锚固段端部，随着锚固段长度的增加，剪应力和轴力都呈下降趋势，在锚固段远端趋于 0。随着锚杆体直径 d 的增大，剪应力和轴力在锚固段端部都急剧增大，并且在较大的锚杆体直径 d 的情况下应力沿锚固段长度衰减得较快。应力主要分布在锚固段前端，表明锚固体直径的增大对锚固段的应力分布改善并不显著。

6.4.4.3　不同弹性模量比值 E_p/E 的影响

假定对不同弹性模量比值 E_p/E 的锚杆施加 $P=100$kN 的荷载，孔径 d 为 0.12m，E_p/E 分别为 20、30、40、50，其他参数与算例中参数相同，根据式 (6-29)、式 (6-30)、式 (6-36) 和式 (6-37) 可绘制出两种方法在不同岩土体时下的锚固段轴力、剪应力分布曲线，如图 6.37 和图 6.38 所示。

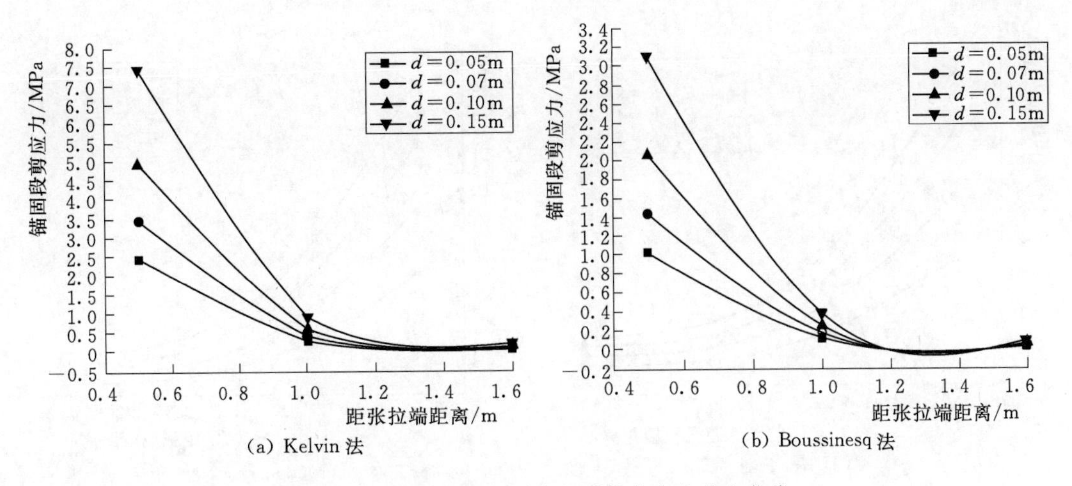

图 6.35 两种方法不同直径时的剪应力分布曲线

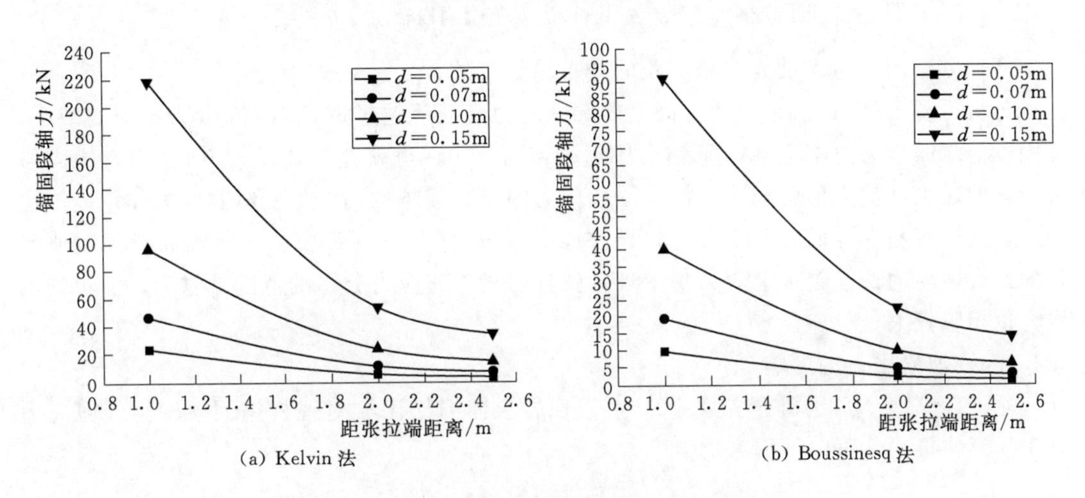

图 6.36 两种方法不同直径时的轴力分布曲线

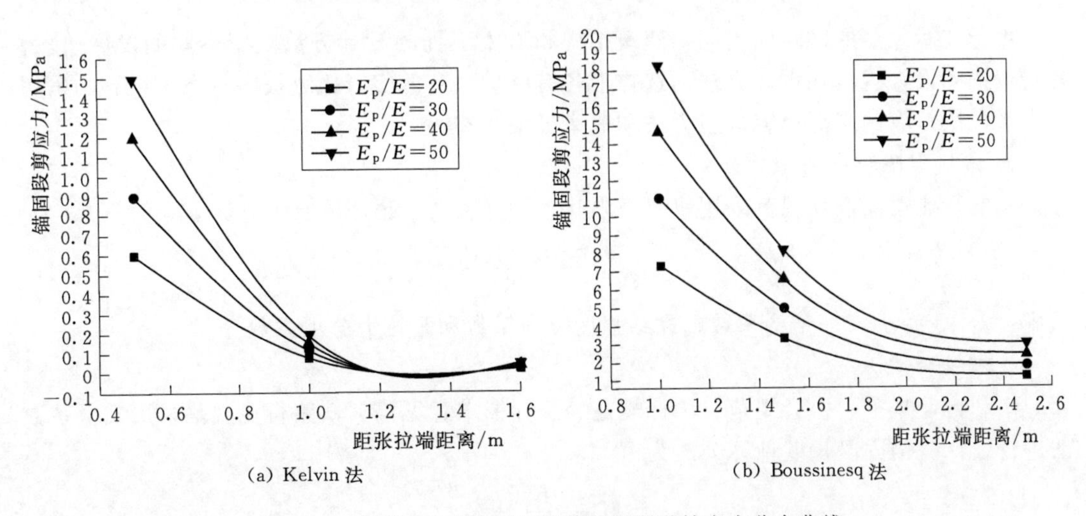

图 6.37 两种方法不同 E_p/E 值锚固段黏结应力分布曲线

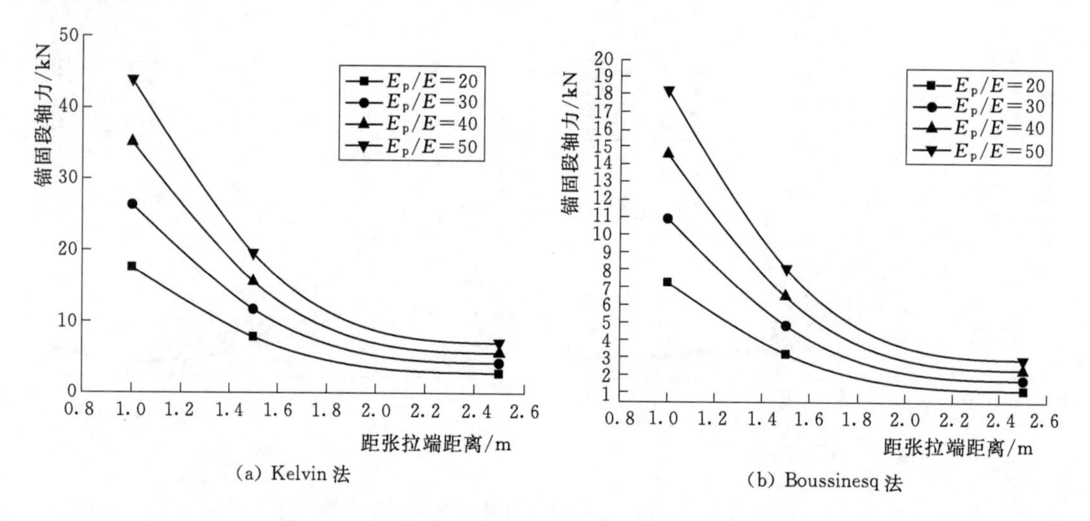

图 6.38　两种方法不同 E_p/E 值锚固段轴力分布曲线

两种方法的剪力、轴力在锚固段的分布趋势一致。

分析可得：E_p/E 值越大，锚固段前端的应力衰减就越迅速，而随着 E_p/E 值的减小，锚固段前端的应力急剧下降，至锚固段远端接近于 0，也就是说，E_p/E 值越小，锚固段所受到的最大剪应力值就越小，沿锚固段应力的分布就越均匀，但同时其应力作用范围也较小，这样容易在界面处发生破坏，导致锚固系统失效；E_p/E 值越大，锚固段顶端所受到的最大剪应力值就越大，应力集中现象就越明显，其应力分布的范围就越广，但不均匀程度也相应较大。

6.4.4.4　泊松比 μ 的影响

通过计算结合张建超等文献［216］发现岩土体泊松比 μ 对锚杆锚固段轴力、剪应力分布的影响很小，可以不用考虑。

6.4.5　其他计算方法

由于技术发展的侧重面不同，建筑结构和岩土工程的设计方法处于不同的发展阶段。各行业锚固设计规范在设计方法的选择上各有侧重，有的实行概率极限状态法，有的采用安全系数法，有的则混用容许应力法和概率极限状态法。

1. 概率极限状态法

水电行业锚固设计规范采用概率极限状态设计方法，锚固段长度计算公式为

$$L_1 \geqslant \frac{\gamma_0 \psi \gamma_d \gamma_c \gamma_p P_m}{\pi D C} \tag{6-47}$$

式中　γ_d、γ_c、γ_p——结构系数、黏结强度分项系数和张拉力分项系数。

2. 安全系数法

水利行业规范、协会规范、国标规范、国标征求意见稿、铁路行业规范采用安全系数法进行设计。锚固段长度计算公式为

$$L_a = \frac{K P_t}{\pi D \tau_q} \tag{6-48}$$

式中 P_t——锚杆（索）的设计轴向拉力值；

τ_q——灌浆石与岩土孔壁间的黏结强度。

$$L_a = \frac{K N_t}{\pi D f_{mg} \psi} \tag{6-49}$$

式中 N_t——轴向拉力设计值；

f_{mg}——灌浆结石与岩土孔壁间的黏结强度标准值。

$$L_a = \frac{K N_t}{\pi D q_r} \tag{6-50}$$

式中 N_t——轴向拉力设计值；

q_r——灌浆结石与岩土孔壁间的黏结强度设计值（取 0.8 倍的标准值）。

$$L_a = \frac{KT}{\pi D f_{mg} \psi} \tag{6-51}$$

式中 T——轴向拉力设计值；

f_{mg}——灌浆结石与岩土孔壁间的黏结强度极限值。

$$L_{sa} = \frac{F_{s2} P_t}{\pi d_s \tau_u} \tag{6-52}$$

式中 P_t——设计锚固力；

τ_u——灌浆结石与岩土孔壁间的黏结强度设计值。

3. 容许应力法与概率极限状态法

国标建筑边坡设计规范则混用容许应力法和极限状态设计法。锚固段长度计算公式分别为

$$L_a \geqslant \frac{N_{ak}}{\xi_1 \pi D f_{rb}} \tag{6-53}$$

式中 N_{ak}——轴向拉力标准值；

f_{rb}——地层与锚固体黏结强度特征值。

$$L_a \geqslant \frac{\gamma_0 N_a}{\xi_3 n \pi D f_b} \tag{6-54}$$

式中 N_a——轴向拉力设计值；

f_b——锚索（杆）与锚固砂浆间的黏结强度设计值。

4. 对比分析

对比式（6-47）～式（6-54），可以看出：式（6-47）为承载能力极限状态设计公式，锚固力采用设计值，胶结材料与孔壁黏结强度自然也应采用设计值；式（6-48）为传统的总安全系数法，K、τ_q既非对应于分项系数的设计值，也非标准值；式（6-49）～式（6-50）为非严格意义上的总安全系数法，式中既有传统意义上的安全系数 K，也有对应于概率极限状态的设计值、标准值等；式（6-49）～式（6-51）形式上基本相同，但由于黏结强度取值规定的不同（分别取为标准值、设计值、极限标准值），直接导致式（6-49）～式（6-51）的设计安全度也不同；式（6-52）也非严格意义上的传统安全系数法，式中除了有传统意义上的安全系数 F_{s2} 外，还有对应于概率极限状态的设计值，锚索轴向拉力与黏结强度均取为设计值；式（6-53）采用容许应力法，黏结强度 f_{rb}采用容许

值，锚固拉力 N_{ak} 相应用标准值；式（6-54）为承载能力极限状态设计公式，黏结强度 f_b 用设计值，锚固拉力 N_a 相应地也用设计值。根据极限状态设计理论，考虑分项系数后，荷载设计值总是大于标准值，抗力设计值一定小于标准值。显然，式（6-49）与式（6-51）混用设计值、标准值、极限值，而又没有相应的分项系数支撑，属于设计方法上的误用。

由上述分析可知，各行业（包括国标）锚固规范在设计方法上存在各自为阵的尴尬情况，甚至同出一源。基本相同的规范在荷载取值上多有混用，容易给设计人员造成误解，其结果是变相改变了安全度，要么造成浪费，要么造成潜在危险[220]。

6.4.6　实例分析

采用洪海春等[218]文献中的案例。构皮滩水电站是贵州省余庆县境内的长江上游南岸最大支流乌江中游河段，装机容量为 3×10^3 kW，坝高 230.5m，是世界第 3 高拱坝。右岸拱肩槽下游山体边坡位于泄洪雾化保护区且坡体三面临空，在变形区域高程 715～760m 以上的开挖有发展的趋势。设计开挖坡比为 1∶0.4，边坡岩性为二叠系 P_1m^1 和 P_1q 中厚层或块状含碳泥质生物碎屑灰岩，岩性比较坚硬，但是，岩体卸荷及溶蚀较强。胶结材料采用水泥浆或水泥砂浆，抗压强度为 30～35MPa，凝聚力为 0.7～0.8MPa，内摩擦系数为 0.8～0.9。锚杆锚固体的弹性模量 $E_p=5\times10^5$ MPa，外界岩土体的弹性模量 $E=2\times10^3$ MPa，岩土体泊松比 $\mu=0.3$，锚固体直径径为 0.15m，设锚杆的张拉荷载 $P=1000$kN，采用工程类比法得出胶结材料与孔壁的真实黏结强度 $q=0.95$MPa，安全系数 $K=2$。

采用《建筑边坡技术规范》(GB 50330—2013）中技术锚固段长度的方法，即

$$l_a=\frac{KP_t}{\pi Dq} \tag{6-55}$$

式中　P_t——锚杆（索）的设计轴向拉力值；

q——灌浆石与岩土孔壁间的黏结强度。

通过式（6-40）、式（6-46）和式（6-55）进行锚固段长度计算，代入以上参数，则三种结果见表 6.4。

表 6.4　　三种公式锚固段长度计算结果

方法	规范法	开尔文法	布西涅斯克法
锚固段长度 L/m	4.47	1.82	3.38

分析三种公式的计算结果：

（1）规范法即《建筑边坡技术规范》(GB 50330—2013)。中锚固段的计算方法，其结果最大，基于开尔文问题的位移解计算的锚固段长度最小。

（2）三种方法中，在规范法中，影响锚固段长度的因素主要是锚固段与岩土体间的黏结强度和锚固段的直径；在另外两种方法中，影响锚固段长度的因素主要是锚固体的弹性模量与岩土体的弹性模量和泊松比，所以在计算锚固段的长度时，锚固段与岩土体间的黏结强度和锚固体和岩土体的物理力学参数的选取至关重要。

(3) 由于规范法在计算过程中，是将锚固体剪应力视为均匀分布的，所以计算结果相对有所保留，而另外两种方法则避免了这一问题。当锚固体和岩土体的物理力学性质相差较大时，采用基于开尔文问题的位移解较为合理；当锚固体和岩土体的物理力学性质较为相近时，采用基于布西涅斯克问题的位移解较为合理。

参考文献

[1] 吉汝安. 贵州第四纪地层及有关问题的探讨 [J]. 贵州地质，1989 (1)：49-59.

[2] 杨瑞东，吴祥和，颜承锡，等. 贵州石炭纪地层沉积地球化学特征 [J]. 贵州工业大学学报：自然科学版，1991 (3)：34-41.

[3] 王立亭，陆彦邦，赵时久，等. 中国南方二叠纪岩相古地理与成矿作用 [M]. 北京：地质出版社，1994.

[4] 董卫平. 贵州省岩石地层 [M]. 武汉：中国地质大学出版社，1997.

[5] 杨有龙. 贵州省晚二叠系龙潭组地层厚度分布特征 [J]. 西部探矿工程，2015，27 (10)：152-156.

[6] 何树兴. 贵州寒武系九门冲组地层研究 [D]. 贵阳：贵州大学，2016.

[7] 焦大庆，马永生，邓军，等. 黔桂地区二叠纪层序地层格架及古地理演化 [J]. 石油实验地质，2003，25 (1)：18-27.

[8] 孟庆芬，邓军. 贵州南部二叠系层序地层格架 [J]. 现代地质，2003，17 (1)：68-74.

[9] 林春明，杨湘宁，卓弘春，等. 贵州台地相区宗地剖面晚石炭世一早二叠世早期层序地层特征 [J]. 地质论评，2005，51 (6)：92-134.

[10] 杨逢清，殷鸿福，喻建新，等. 贵州威宁岔河陆相二叠系-三叠系界线地层研究 [J]. 中国科学：地球科学，2005，35 (6)：519-529.

[11] 邹灏，陈洪德，林良彪，等. 贵州平塘地区上二叠统长兴组沉积相与层序地层特征 [J]. 中国地质，2011，38 (1)：25-32.

[12] 常晓琳，石和，李奎，等. 贵州平塘县甘寨二叠纪剖面生物地层研究及年代地层界线讨论 [J]. 微体古生物学报，2012，29 (4)：391-401.

[13] 王立亭. 贵州古地理的演变 [J]. 贵州地质，1994，11 (2)：133-140.

[14] 周国正. 贵州省织金矿区晚二叠世晚期潮坪相沉积特征 [J]. 中国煤炭地质，2009，21 (7)：19-23.

[15] 熊孟辉，秦勇，易同生. 贵州晚二叠世含煤地层沉积格局及其构造控制 [J]. 中国矿业大学学报，2006，35 (6)：778-782.

[16] 王安华，牟军，黄道光，等. 贵州安顺旧州晚二叠世龙潭期沉积特征及地质意义 [J]. 贵州地质，2010，27 (4)：241-244.

[17] 罗进雄，何幼斌，王丹，等. 贵州桐梓松坎二叠系岩石特征及沉积环境分析 [J]. 科技导报，2013，(2)：37-44.

[18] 姚智. 贵州西部崩塌滑坡地质模式及其敏感地层研究 [J]. 贵州地质，1994，11 (3)：224-233.

[19] 沈春勇. 乌江思林水电站主要工程地质问题综述 [J]. 贵州水利发电，2003，17 (2)：18-20.

[20] 卿三惠，黄润秋. 何家寨隧道地质灾害整治实践与探讨 [J]. 地球与环境，2005，33 (S1)：392-398.

[21] 邹林. 洪渡河石垭子水电站地质条件综述 [J]. 贵州水力发电，2005，19 (3)：38-41.

[22] 徐必根，潘鼓，唐绍辉. 山岭隧道围岩力学行为数值模拟研究 [J]. IM&P 化学矿物与加工，2007 (12)：14-16.

[23] 赵帅军，许模. 贵州某隧道隧址区岩溶发育特征探讨 [J]. 四川水利，2008 (4)：32-34.

[24] 闫建. 贵州典型岩层组合层状边坡失稳机理及稳定性评价理论研究——以牟珠洞滑坡为例 [D].

贵阳：贵州大学，2009.

[25] 张显书. 贵州地区二叠系地层工程地质特征及边坡稳定性研究 [D]. 武汉：中国地质大学（武汉），2009.

[26] N R Barton. A model study of rock - jointed deformation [J]. International Journal of Rock Mechanics and Mining Sciences & Geomechanics Abstracts，1972，9 (5)：579 - 582.

[27] H R Pratt，A D Black，W S Brown，et al. The effect of s peciment size on the mechanical pro perties of unjointed diorite [J]. International Journal of Rock Mechanics and Mining Sciences，1972，9 (4)：513 - 516.

[28] 黄建陵，方理刚. 钻孔千斤顶确定岩体变形参数试验 [J]. 长沙铁道学院学报，2003，22 (2)：32 - 35.

[29] Muller L. 岩石力学 [M]. 李世平，冯震海，等，译. 北京：煤炭工业出版社，1981.

[30] Muller L. 岩石力学基本原理及其在地面-地下工程稳定性分析中的应用 [J]. 水电站设计，1987，1：1 - 4.

[31] 吴琼. 复杂节理岩体力学参数尺寸效应及工程应用研究 [D]. 北京：中国地质大学，2012，115 -117.

[32] Beiniawski Z T. Determining rock mass deformability [J]. International Journal of Rock Mechanics and Mining Sciences，1978，15 (5)：237 - 247.

[33] Serafim J L，Pereira J P. Consderations on the geomechanical classification of Bieniawski [C]. Proceedings of the sym Posium on engineering geology and underground o Penings，Portugal：Lisboa，1983.

[34] Barton N. Some new Q value correlations to assist in site characterisation and tunnel design [J]. International Journal of Rock Mechanics and Mining Sciences，2002，39：185 - 216.

[35] Singh S. Time - de pendent deformation modulus of rocks in tunnels [D]. M. E. Thesis，Civil Engineering de Partment，University of Roorkee，India：180.

[36] Serafim J L，Pereira J P. Consderations on the geomechanical classification of Bieniawski [C]. Proceedings of the sym Posium on engineering geology and underground o Penings，Portugal：Lisboa，1983.

[37] E Hoek，M S Diederichs. Em pirical estimation of rock mass modulus [J]. International Journal of Rock Mechanics & Mining Sciences，2006，43 (2)：203 - 215.

[38] 卢书强，许模. 基于 GSI 系统的岩体变形模量取值及应用 [J]. 岩石力学与工程学报，2009，28 (增 1)：2736 - 2742.

[39] 张志刚，乔春生. 改进的节理岩体变形模量经验确定方法及其工程应用 [J]. 工程地质学报，2006，14 (2)：233 - 2380.

[40] 徐光黎，潘别桐. 晏同珍. 节理岩体变形模量估算新方法 [J]. 地球科学，1991，16 (5)：573 -580.

[41] 陈庆发，周科平，胡建华，等，缓倾薄层弱结构松动圈声波测试时测孔布置的理论依据与验证 [J]. 中南大学学报（自然科学版），2009，40 (5)：1406 - 1410.

[42] 张志强. 非贯通裂隙岩体破坏细观特征及其宏观力学参数确定方法 [D]. 西安：西安理工大学，2009.

[43] 杨旭，王国平. 基于损伤力学的岩体宏观力学参数的研究 [J]. 勘察科学技术，2003，3：14 -17.

[44] Kavanagh K T，Clough R W. Finite element application in the characterization of elastic solid [J]. Int. J. Solids Structures，1972 (7).

[45] 冯夏庭，张治强，杨成祥，等. 位移分析的进化神经网络方法研究 [J]. 岩石力学与工程学报，

1999，18（5）：497-502.

[46] 邓勇. 边坡岩体力学参数反分析遗传-神经网络算法［J］. 地下空间与工程学报，2007，3（4）：752-757.

[47] Goodman R E，Taylor R L，Brekke T L. A medol for the mechnanics of jointed rock［J］. ASCE J. Soil Mech. Foundation Div. SM 3：637-659.

[48] 晏长根，伍法权，祁生文，等. 随机节理岩体变形与强度参数及其尺寸效应的数值模拟研究［J］. 岩土工程学报，2009，31（6）：879-885.

[49] 朱维申，王平. 节理岩体的等效连续模型与工程应用［J］. 岩土工程学报，1992，14（2）：1-10.

[50] 薛廷河，何满朝. 复杂岩体力学参数的确定方法［J］. 中国矿业大学学报，2001（5）：26-29.

[51] Skempton A W，Hutchinson J N. Stability of natural slops and embankment foundatinon［C］. Proc. 7th Int. Conf. on Soil Mech and Foundn Engng，291-340.

[52] UNESCO. Multilingual Landslide Glossary. The international geotechnical societies，UNESCO working party for world landslide inventory［M］. Canada：Bitech Pubs，1993.

[53] E Hoek，J W Bray. 岩石边坡工程［M］. 卢世宗，译. 北京：冶金工业出版社，1983.

[54] 孙广忠. 工程地质与地质工程［M］. 北京：地震出版社，1993.

[55] 王恭先. 高边坡设计与加固问题的讨论［J］. 甘肃科学学报，2003，15（专辑）：5-9.

[56] 华安增，张子新. 层状非连续岩体稳定学［M］. 徐州：中国矿业大学出版社，1997.

[57] 张倬元，王兰生，王士天. 工程地质分析原理［M］. 2版. 北京：地质出版社，1994.

[58] 何光春，王多垠. 边坡工程处治［M］. 北京：人民交通出版社，2003.

[59] 陈沉江，潘长良，曹平，等. 层状岩质边坡蠕变破坏及其影响因素分析［J］. 勘察科学技术，2001，（6）：43-48.

[60] 彭仕雄，邓良胜，蒙玉霖，等. 紫坪铺工程复杂结构层状岩质高边坡变形破坏模式研究［J］. 水利水电技术，2002，（11）：27-29.

[61] 蔡美峰，何满朝，等. 岩石力学与工程［M］. 北京：科学出版社，2002.

[62] Cundall P A. A computer model for simulating progressive large scale movements of blocky rock system［C］. Proceedings of the symposium of the international society of rock mechanics，Nancy，France，1971.

[63] 石根华，任放. 块体系数下不连续变形数值分析方法［M］. 北京：科学出版社，1993.

[64] Itasca. FLAC-3D version 2. 1. User's Gudie［S］. Menneapolis：ICG，2002.

[65] Gen-hua Shi. Numerical manifold method［C］//The second international conference on analysis of discontinuous deformation. Kyoto University，Japan，1997.

[66] 祝玉学. 边坡可靠性分析［M］. 北京：冶金工业出版社，1993.

[67] 郑颖人，刘兴华. 近代非线性科学与岩石力学问题［J］. 岩土工程学报，1996，18（1）.

[68] 王树仁，何满潮，王健，等. 复杂工程条件下边坡工程稳定性研究［M］. 北京：科学出版社，2007.

[69] Fellenius W. Calculation of the stability of the earth dams［C］. Washington：1936（4）：445.

[70] Bishop A W. The use of the slip circle in the stability analysis of slopes［J］. Geotechnique，1955（5）：7-17.

[71] Moregenstern N R，Prince E. The analysis of the stability of general slope surfaces［J］. Geotechnique，1965，15（1）：79-93.

[72] Janbu N. Application of composite slip surface for stability analysis［C］. Sweden，1954.

[73] Goodman R E，Bray J W. Toppling of rock slopes［C］. Rock Engineering for Foundations & Slopes，ASCE，2014：201-234.

[74] 郑颖人，方玉树．岩质边坡支挡结构上岩体压力计算方法探讨［J］．岩体力学与工程学报，1997(6)：529-535.

[75] 郑颖人，赵尚毅，时卫明．边坡稳定性分析的一些进展［J］．地下空间，2001，21（5）：450-454.

[76] 杨明成，郑颖人．基于极限平衡理论的局部最小安全系数法［J］．岩石工程学报，2002，24（3）：600-604.

[77] 朱禄娟，谷兆祺，郑榕明，等．二维边坡稳定方法的统一计算公式［J］．水力发电学报，2002(3)：21-29.

[78] 王清，陆新．用有限元强度折减法进行加筋挡土墙稳定性分析［J］．后勤工程学院学报，2006，1：63-66.

[79] 韩光，李连崇，王大国．流内耦合作用下节理岩质边坡火稳过程的 RFPA 模拟分析［J］．辽宁科技大学学报，2008，31（2）：116-121.

[80] 邓琴，郭明伟，李养元，等．基于边界元法的边坡矢量和稳定分析［J］．岩石力学，2010，31(6)：1971-1976.

[81] 王泳嘉，邢纪波．离散元法及其在岩石力学中的应用［M］．沈阳：东北工学院出版社，1991.

[82] 刘可定，贺续文．基于离散单元法密集节理岩体边坡稳定性分析［J］．路基工程，2011，155(2)：56-59.

[83] Finlay P J，Fell Robin. Landslides：risk perception and acceptance［J］. Canadian Geotechnical Journal，1997，34（2）：169-188.

[84] Mirco Galli，Fausto Guzzetti. Landslide vulnerability criteria：a case study from Umbria，central Italy［J］. Environ Manage，2007，40：649-664.

[85] Candan Gokceoglu. Discussion on "landslide hazard zonation of the Khorshrostam area，Iran" by A. Uromeihy and M. R. Mahdavifar，Bull Eng Geol Environ 58：207-213［J］. Bulletin of Engineering Geology and the Environment，2001，60：79-80.

[86] 许冲，戴福初，徐锡伟．汶川地震滑坡灾害研究综述［J］．地质论评，2010，6（6）：860-874.

[87] 樊晓一，乔建平，陈永波．层次分析法在典型滑坡危险度评价中的应用［J］．自然灾害学报，2004，13（1）：72-76.

[88] 阮沈勇，黄润秋．基于 GIS 的信息量法模型在地质灾害危险性区划中的应用［J］．成都理工学院学报，2001，28（1）：89-92.

[89] 王卫东，陈燕平，钟晨．应用 CF 和 Logistic 回归模型编制滑坡危险性区划图［J］．中南大学学报（自然科学版），2009，40（4）：1127-1132.

[90] 向喜琼，黄润秋．基于 GIS 的人工神经网络模型在地质灾害危险性区划中的应用［J］．中国地质灾害与防治学报，2000，11（3）：23-27.

[91] 戴福初，姚鑫，谭国焕．滑坡灾害空间预测支持向量机模型及其应用［J］．地学前缘，2007，14(6)：153-159.

[92] Heim A. Bergsturz und menschenleben［J］. Fretz and Wasmuth Verlag，1932：218.

[93] Terzaghi K. Mechanisms of landslides，in applications of geology to engineering practice［J］. Geological Society of America Spec Publications Berkeley Volume：83-123.

[94] Saito M. Forecasting time of slope failure by tertiary creep［C］. Proceedings of 7th international conference on soil mechanicsand foundation engineering，Mexico：677-683.

[95] Tavenas F，Leroueil S. Creep and failure of slopes in clays［J］. Can-Geotech J 18（1）：106-120.

[96] Fukuzono T. A new method for predicting the failure time of a slope［C］. Proceedings of the fourth international conference and field workshop onlandslides（Tokyo，1985）. Tokyo University Press，1985：145-150.

[97] Voight B. A relation to describe rate-dependent material failure［J］. Science，1989（243）：200.

[98] Voight B. Materials science law applies to time forecasts of slope failure landslide news [M]. Tokyo: Japan Landslide Society, 1989: 8-10.

[99] Kennedy B A, Niermeyer K E. Slope monitoring system used in the prediction of a major slope failure at the chuquicamata mine, chile [C]. Proceedings of symposium on planning open pit mines, Johannesburg: 215-225.

[100] Kennedy B A, Niermeyer K E, Fahm B A. A major slope failure at the chuquicamata mine, chile [J]. Min Eng AIMS, 12 (12): 60.

[101] 崔政权，李宁. 边坡工程：理论与实践最新发展 [M]. 北京：中国水利水电出版社，1999.

[102] 苏爱军，冯宗礼. 滑坡预报方法探讨 [J]. 水文地质工程地质，1990 (5): 50-51.

[103] 周创兵，张辉，彭玉环. 蠕变-样条联合模型及其在滑坡时间预报中的应用 [J]. 自然灾害学报，1996 (4): 62-69.

[104] 陈明东，王兰生. 边坡变形破坏的灰色预报方法 [C] //中国地质学会工程地质专业委员会. 全国第三次工程地质大会论文选集（下卷）. 1988: 8.

[105] 晏同珍. 滑坡动态规律及预测应用 [C] //中国地质学会工程地质专业委员会. 全国第三次工程地质大会论文选集（下卷）. 1988: 7.

[106] 李天斌，陈明东，王兰生. 滑坡实时跟踪预报 [M]. 成都：成都科技大学出版社，1999.

[107] 王志旺，马水山. 滑坡体的分形结构特征及其预测意义 [J]. 岩石力学与工程学报，2001 (S1): 1699-1701.

[108] 刘文军，贺可强. 堆积层滑坡位移矢量角的 R/S 分析——以新滩滑坡分析为例 [J]. 青岛理工大学学报，2006 (1): 32-35, 67.

[109] 沈强，陈从新，汪稔. 边坡位移预测的 RBF 神经网络方法 [J]. 岩石力学与工程学报，2006 (S1): 2882-2887.

[110] 许强，黄润秋，李秀珍. 滑坡时间预测预报研究进展 [J]. 地球科学进展，2004, 19 (3): 478-483.

[111] 许强，曾裕平，钱江澎，等. 一种改进的切线角及对应的滑坡预警判据 [J]. 地质通报，2009 (4): 501-505.

[112] 李秀珍，许强，黄润秋，等. 滑坡预报判据研究 [J]. 中国地质灾害与防治学报，2003, 14 (4): 5-11.

[113] Caine N. The rainfall intensity-duration control of shallow landslides and debris flows [J]. Geografiska Annaler, 1980, 62A (1-2): 23-27.

[114] Glade T. Models applied to different regions in New Zealand. In: 23rd general assembly of the European Geophysical Society [J]. hydrology & oceans atmosphere. Anonymou, Annales Geophysicae, 16 (Suppl.): 24-70.

[115] 吴树仁，梅应堂. 长江三峡黄蜡石和黄土坡滑坡分形分维分析 [J]. 地球科学，2000, 25 (1): 61-65.

[116] 李媛. 区域降雨型滑坡预报预警方法研究 [D]. 北京：中国地质大学（北京），2005.

[117] 殷坤龙. 滑坡灾害预测预报 [M]. 武汉：中国地质大学出版社，2004.

[118] 唐辉明. 斜坡地质灾害预测与防治的工程地质研究 [M]. 北京：科学出版社，2015.

[119] 李长江，麻土华，李炜，等. 滑坡频度-降雨量的分形关系 [J]. 中国地质灾害与防治学报，2010, 21 (1): 91-97.

[120] Al Ito T, Matsui T. Methods to estimate lateral force acting on stabilizing piles [J]. Soil and foundations, 1975, 15 (4): 43-59.

[121] Al Ito T, Matsui T, Hong W P. Design method for the stability analysis of the slope with landing pier [J]. Soils and Foundations, 1979, 19 (4): 43-57.

[122] Hassiotis S, Chameau J L, Gunaratne M. Design method for stabilization of slope with piles [J]. Journal of Geotechnical and Geoenvironmental Engineering, 1997, 123 (4): 313-323.

[123] Cai F, Ugai K. Numerical analysis of the stability of a slope reinforced with piles [J]. Soil and Foundations, 2000, 40 (1): 73-84.

[124] 戴自航，沈蒲生．抗滑桩内力计算悬臂桩法的改进［J］．湖南大学学报：自然科学版，2003，30 (3)：81-85.

[125] 戴自航，彭振斌．抗滑桩内力计算“K”法的改进与应用［J］．地质与勘探，2002，38 (3)：79-83.

[126] 刘可定，刘小聪．弹性抗滑桩内力计算的有限差分法［J］．中外建筑，2007 (2)：73-76.

[127] 戴自航，沈蒲生，彭振斌．弹性抗滑桩内力计算新模式及其有限差分解法［J］．土木工程学报，2003 (4)：99-104.

[128] 杨佑发．弹性抗滑桩内力计算的有限差分“$m-K$”法［J］．重庆建筑大学学报，2002，24 (1)：13-18.

[129] Mylonakis G, Gazetas G. Settlement and additional internal forces of grouped piles in layered [J]. Géotechnique, 1998, 48 (1): 55-72.

[130] 詹红志，王亮清，王昌硕，等．考虑滑床不同地基系数的抗滑桩受力特征研究［J］．岩土力学，2014 (S2).

[131] 张永兴，董捷，黄治云．合理间距条件悬臂式抗滑桩三维土拱效应试验研究［J］．岩土工程学报，2009，31 (12)：1874-1881.

[132] 尤迪．岩质顺层边坡中抗滑桩的内力特性与计算方法研究［D］．武汉：中国科学院武汉岩土力学研究所，2009.

[133] 钱同辉，唐辉明，夏文才，等．框架式抗滑桩的模型试验研究［J］．华中科技大学学报，2011，39 (12)：119-122.

[134] 刘洪佳，门玉明，李寻昌，等．悬臂式抗滑桩模型试验研究［J］．岩土力学，2012，33 (10)：2960-2966.

[135] Cai F, Ugai K. Numerical analysis of the stability of a slope reinforced with piles [J]. Soils Found, 2000, 40 (1): 73-84.

[136] Jeong S, Kim B, Won J, et al. Uncoupled analysis of stabilizing piles in weathered slopes [J]. Computers and Geotechnics, 2003, 30: 671-682.

[137] Martin G R, Chen C Y. Response of piles due to lateral slope movement [J]. Computers and Structures, 2005, 83: 588-598.

[138] Won J, You K, Jeong S, et al. Coupled effects in stability analysis of pile-slope systems [J]. Computers and Geotechnics, 2005, 32: 304-315.

[139] Wei W B, Cheng Y M. Strength reduction analysis for slope reinforced with one row of piles [J]. Computers and Geotechnics, 2009, 36 (7): 1176-1185.

[140] 胡新丽，张永忠，李长冬，等．库水位波动条件下不同桩位抗滑桩抗滑稳定性研究［J］．岩土力学，2011，32 (12)：3679-3684.

[141] 张晓平，王思敬，王幼明，等．二维离散元模拟抗滑桩的折算方法研究［C］// 中国科学院地质与地球物理研究所第十届（2010 年度）学术年会论文集（下）．2011：271-278.

[142] 于洋，孙红月，尚岳全．基于桩周土体位移的双排抗滑桩计算模型［J］．岩石力学与工程学报，2014 (1)：172-178.

[143] 陈国周．岩土锚固工程中若干问题的研究［D］．大连：大连理工大学，2008.

[144] 侯朝炯，勾攀峰．巷道锚杆支护围岩强度强化机理研究［J］．岩石力学与工程学报，2000 (3)：342-345.

[145] 陈安敏，顾欣，顾雷雨，等. 锚固边坡楔体稳定性地质力学模型试验研究 [J]. 岩石力学与工程学报，2006 (10)：2092-2101.

[146] 张玉军. 非饱和地质体中水-应力耦合二维有限元方法及对锚杆支护的分析 [J]. 岩土力学，2006 (2)：233-237.

[147] 熊文林，何则干，陈胜宏. 边坡加固中预应力锚索方向角的优化设计 [J]. 岩石力学与工程学报，2005 (13)：2260-2265.

[148] 赵杰. 边坡稳定有限元分析方法中若干应用问题研究 [D]. 大连：大连理工大学，2006.

[149] 闫建. 贵州典型岩层组合层状边坡失稳机理及稳定性评价理论研究——以牟珠洞滑坡为例 [D]. 贵阳：贵州大学，2009.

[150] 贵州省地质矿产局. 贵州省区域地质志 [M]. 北京：地质出版社，1987.

[151] GB/T 50218—2014. 工程岩体分级标准 [S]. 北京：中国计划出版社，2014.

[152] 谭文辉，周汝弟，王鹏，等. 岩体宏观力学参数取值的 GSI 和广义 Hoek-Brown 法 [J]. 有色金属：矿山部分，2002，54 (4)：16-18.

[153] Hoek E，Diederichs M S. Empirical estimation of rock mass modulus [J]. International Journal of Rock Mechanics & Mining Sciences，2006，43：203-215.

[154] Sonmez H，Gokceoglu C，Ulusay R. Indirect determinationof the modulus of deformation of rock masses based on the GSI system [J]. International Journal of Rock Mechanics and Mining Sciences，2004，41 (5)：849-857.

[155] 谷德振. 岩体工程地质力学基础 [M]. 北京：科学出版社，1979.

[156] GB 50021—2001. 岩土工程勘察规范（2009 年版）[S]. 北京：中国建筑工业出版社，2009.

[157] GB 50487—2008. 水利水电工程地质勘察规范 [S]. 北京：中国计划出版社，2008.

[158] 刘汉超，陈明东，等. 库区环境地质评价研究 [M]. 成都：成都科技大学出版社，1993.

[159] 王刘洋. Rosenblueth 法在土坡可靠度分析中的应用 [J]. 岩土工程技术，2005 (2).

[160] 张明. 结构可靠度分析——方法与程序 [M]. 北京：科学出版社，2009.

[161] 雷远见，王水林. 基于离散元的强度折减法分析岩质边坡稳定性 [J]. 岩土力学，2006，27 (10)：1693-1698.

[162] 王永嘉. 离散元法及其在岩土力学中的应用 [M]. 沈阳：东北大学出版社，1991.

[163] 殷坤龙. 滑坡灾害预测预报 [M]. 北京：中国地质大学出版社，2004.

[164] DZ/T 0221—2006. 崩塌、滑坡、泥石流监测规范 [S]. 北京：中国标准出版社，2006.

[165] 张桂荣，殷坤龙. 区域滑坡空间预测方法研究及结果分析 [J]. 岩石力学与工程学，2005，(23)：4297-4302.

[166] 吴益平，殷坤龙，陈丽霞. 滑坡空间预测数学模型的对比及其应用 [J]. 地质科技情报，2007 (6)：95-100.

[167] 许冲，徐锡伟. 逻辑回归模型在玉树地震滑坡危险性评价中的应用与检验 [J]. 工程地质学报，2012，20 (3)：326-333.

[168] 张桂荣，殷坤龙. 基于 GIS 的陕西省旬阳地区滑坡灾害危险性区划 [J]. 中国地质灾害与防治学报，2003，14 (4)：39-43.

[169] Mayoraz F，Vulliet L. Neural networks for slope movement prediction [J]. International Journal of Geomechanics，2002，2 (2)：153-173.

[170] 李越超. 基于 QPSO-LSSVM 的边坡变形预测 [J]. 山地学报，2015 (3)：374-378.

[171] 俞俊平，陈志坚，武立军. 基于多因素位移时序 PSO-SVM 的边坡变形预测 [J]. 勘察科学技术，2015 (1)：1-5.

[172] 高彩云. 基于智能算法的滑坡位移预测与危险性评价研究 [D]. 北京：中国矿业大学（北京），2016.

[173] 冉佳鑫. 垮梁子滑坡GMD预警预报模型研究［D］. 成都：成都理工大学，2016.

[174] 李潇. 基于EMD与GEP的滑坡变形预测模型［J］. 大地测量与地球动力学，2014（2）：111-114.

[175] 宋磊. 边坡变形预测与位移速率预警阈值方法研究［D］. 成都：西南交通大学，2015.

[176] 黄海峰，易武，刘艺梁，等. 滑坡位移预测的SVR-MIV变量筛选方法研究［J］. 地下空间与工程学报，2016（1）：213-219.

[177] R Nishii，N Matsuoka. Monitoring rapid head scarp movement in an alpine rockslide［J］. Engineering Geology，2010，115（1-2）：49-57.

[178] 许强，汤明高，黄润秋. 大型滑坡监测预警与应急处置［M］. 北京：科学出版社，2015.

[179] 乔建平. 长江三峡库区重点滑坡段危险性评价及预测预报研究［M］. 成都：四川大学出版社，2009.

[180] 胡高社，门玉明，刘玉海，等. 新滩滑坡预报判据研究［J］. 中国地质灾害与防治学报，1996（s1）：67-72.

[181] 李天斌，陈明东，王兰生. 滑坡实时跟踪预报［M］. 成都：成都科技大学出版社，1999.

[182] 晏同珍. 滑坡动态规律及预测应用［C］//全国第三次工程地质大会论文选集，1988.

[183] Caine N. The rainfall intensity-duration control of shallow landslides and debris flows［J］. Geografiska Annaler A，1980，62（1-2）：23-27.

[184] 李巍岳，刘春，Marco Scaioni，等. 基于滑坡敏感性与降雨强度-历时的中国浅层降雨滑坡时空分析与模拟［J］. 中国科学：地球科学，2017，（4）：473-484.

[185] 陈喜昌，石胜伟，胡时友. 斜坡地质灾害的空间预测问题［J］. 工程地质学报，2007，15（2）：179-185.

[186] 李哲，梁允，熊小伏，等. 基于层次分析法的输电线塔基降雨滑坡预警方法［J］. 智能电网，2014（9）：29-33.

[187] 向波，周立荣，马建林. 基于岩体结构面分级的抗剪强度确定法［J］. 岩石力学与工程学报，2008，27（S2）：3547-3552.

[188] GB/T 20486—2006. 江河流域面雨量等级［S］. 北京：中国标准出版社，2006.

[189] 常保平. 抗滑桩的桩间土拱和临界间距问题探讨［C］//滑坡文集（第十三集）. 北京：中国铁道出版社，1998，73-78.

[190] 周德培，肖世国，夏雄. 边坡工程中抗滑桩合理桩间距的探讨［J］. 岩土工程学报，2004，26（1）：132-135.

[191] 周应华，周德培，冯君. 推力桩桩间土拱几何力学特性及桩间距的确定［J］. 岩土学，2006，27（3）：455-457.

[192] 王乾坤. 抗滑桩的桩间土拱和临界间距的探讨［J］. 武汉理工大学学报，2005，27（8）：64-67.

[193] 喻学文. 抗滑桩间距计算的研究［J］. 铁道运营技术，2004，10（2）：1-3.

[194] 铁道部第二勘测设计院. 抗滑桩设计与计算［M］. 北京：中国铁道出版社，1983.

[195] 戴自航. 抗滑桩滑坡推力和桩前滑体抗力分布规律的研究［J］. 岩石力学与工程学报，2002，21（4）：517-521.

[196] 郑明新. 滑坡推力特征及其对抗滑效果的评价［J］. 中国矿业，2003，12（8）：58-61.

[197] 徐良德，尹道成，刘惠明. 抗滑桩模型试验第二阶段报告［C］//滑坡文集（第七集），北京：中国铁道出版社，1990：92-99.

[198] 李海光. 新型支挡结构设计与工程实例［M］. 北京：人民交通出版社，2004，10.

[199] 吴恒立. 计算推力桩的综合刚度原理和双参数法［M］. 2版. 北京：人民交通出版社，2000.

[200] 程良奎. 岩土锚固研究与新进展［J］. 岩石力学与工程学报，2005（21）：5-13.

[201] 程良奎，胡建林，张培文. 岩土锚固技术新发展［J］. 工业建筑，2010（1）：98-101.

[202] 戴自航，彭振斌．抗滑桩内力计算“K”法的改进与应用［J］．地质与勘探，2002，38（2）：79-83．

[203] 葛云峰，唐辉明，熊承仁，等．滑动面力学参数对滑坡稳定性影响研究——以重庆武隆鸡尾山滑坡为例［J］．岩石力学与工程学报，2014，33（S2）：3873-3884．

[204] 李长冬，胡新丽，汤旻烨，等．二维黄金分割法在抗滑桩截面优化设计中的应用［J］．地质科技情报，2007，26（5）：91-94．

[205] 董捷，刘世安，董荣书，等．抗滑桩锚固段地基侧向抗力系数KH的取值分析［J］．贵州工业大学学报：自然科学版，2005，34（3）：130-133．

[206] 赵明华．桥梁桩基计算与检测［M］．北京：人民交通出版社，2000．

[207] 闫莫明，徐祯祥，苏自约．岩土锚固技术手册［M］．北京：人民交通出版社，2004．

[208] 程良奎，李象范．岩土锚固·土钉·喷射混凝土——原理、设计与应用［M］．北京：中国建筑工业出版社，2008．

[209] 张季如，唐保付．锚杆荷载传递机理分析的双曲函数模型［J］．岩土工程学报，2002（2）：188-192．

[210] 朱训国．全长注浆锚杆的解析本构模型研究［C］//中国岩石力学与工程学会．第九届全国岩石力学与工程学术大会论文集，2006：7．

[211] 程良奎，韩军，张培文．岩土锚固工程的长期性能与安全评价［J］．岩石力学与工程学报，2008（5）：865-872．

[212] 尤春安．全长黏结式锚杆的受力分析［J］．岩石力学与工程报，2000（3）：339-341．

[213] 钟闻华．深长桩荷载传递特性与相互作用理论及应用研究［D］．南京：东南大学，2005．

[214] 许锡宾，刘涛，褚广辉．基于荷载传递法的锚杆锚固段荷载变形分析［J］．重庆交通大学学报（自然科学版），2010（2）：216-219，293．

[215] 冯金健．锚固系统应力传递规律及内锚固段设计方法研究［D］．长沙：中南大学，2009．

[216] 张健超，贺建清，蒋鑫．基于Kelvin解的拉力型锚杆锚固段的受力分析［J］．矿冶工程，2012（4）：16-19．

[217] 邹德兵，刘麟．内锚固段长度计算公式比较研究［J］．人民长江，2012（5）：32-35．

[218] 洪海春，胡毅夫，刘志明，等．预应力锚索锚固段剪应力分布与锚固段长度研究［J］．岩土力学，2006（S2）：926-930．